中国房地产估价师与房地产经纪人学会

地址：北京市海淀区首体南路 9 号主语国际 7 号楼 11 层

邮编：100048

电话：(010) 88083151

传真：(010) 88083156

网址：http://www.cirea.org.cn

　　　http://www.agents.org.cn

全国房地产经纪人协理职业资格考试用书

房地产经纪操作实务
（第五版）

中国房地产估价师与房地产经纪人学会　编写

王　霞　主　编

黄　英　副主编

中国建筑工业出版社
中国城市出版社

图书在版编目(CIP)数据

房地产经纪操作实务 / 中国房地产估价师与房地产
经纪人学会编写；王霞主编；黄英副主编. — 5 版. —
北京：中国建筑工业出版社，2024.1（2024.8 重印）
全国房地产经纪人协理职业资格考试用书
ISBN 978-7-112-29598-2

Ⅰ. ①房… Ⅱ. ①中… ②王… ③黄… Ⅲ. ①房地产
业－经纪人－中国－资格考试－自学参考资料 Ⅳ.
①F299.233.55

中国国家版本馆 CIP 数据核字(2024)第 012371 号

责任编辑：毕凤鸣
文字编辑：白天宁
责任校对：李美娜

全国房地产经纪人协理职业资格考试用书
房地产经纪操作实务
（第五版）
中国房地产估价师与房地产经纪人学会　编写
王　霞　主　编
黄　英　副主编
＊
中国建筑工业出版社、中国城市出版社出版、发行（北京海淀三里河路 9 号）
各地新华书店、建筑书店经销
北京红光制版公司制版
北京中科印刷有限公司印刷
＊
开本：787 毫米×960 毫米　1/16　印张：16¾　字数：315 千字
2024 年 1 月第一版　2024 年 8 月第二次印刷
定价：40.00 元
ISBN 978-7-112-29598-2
（42319）

目　　录

第一章 房地产经纪业务类型及流程

房地产经纪业务是指房地产经纪机构从事的以提供促成房地产交易为核心服务并从中获取报酬的工作。房地产经纪服务有基本服务和延伸服务之分：基本服务是指房地产经纪机构为促成房地产交易提供的一揽子必要服务，包括提供房源客源信息、带客户看房、协助签订房屋交易合同、协助办理不动产登记等；延伸服务是指房地产经纪机构接受交易当事人委托提供代办贷款等额外服务。房地产经纪人员要了解房地产经纪业务的主要类型、服务内容、服务流程等，进而为客户提供规范的服务。

第一节 房地产经纪业务类型及服务内容

一、房地产经纪业务分类

按不同的分类标准，房地产经纪业务可分为不同类型：

（1）根据标的房地产所处的市场类型，可以分为新建商品房经纪业务和存量房经纪业务。新建商品房经纪业务是指以促成房地产开发企业新建商品房交易为主的业务，如新建住宅小区的销售代理、写字楼招租代理等；存量房经纪业务是指以促成二手房交易为主的业务。目前，随着城市化进程的推进，我国大中城市中房地产经纪机构的业务主要以存量房经纪业务为主。

（2）根据房地产交易的类型，可以分为房地产买卖经纪业务和房地产租赁经纪业务。租赁经纪业务相对稳定，受房地产市场波动影响小，买卖经纪业务收益高，但受房地产市场波动影响较大，两种业务可互为补充，目前多数房地产经纪机构同时开展这两种经纪业务。

（3）根据标的房地产的用途，可以分为居住房地产经纪业务（或住宅经纪业务）和商业（含办公）房地产经纪业务。居住房地产包括公寓、别墅、普通商品住宅等，商业（含办公）房地产又可分为零售物业（如购物中心、百货店、家居中心，专卖店等）、各类批发市场、物流仓储用房、酒店、写字楼等类型。居住房地产经纪业务市场需求大、促成交易所需时间较短，多数房地产经纪机构都以居住经纪业务为主，目前开展商业（含办公）房地产经纪业务的主要是一些专业的房地产咨询机构。

（4）根据房地产经纪服务的方式，可以分为房地产居间①业务和房地产代理业务。在居间业务中，房地产经纪机构属于中立的第三方，只为房地产交易双方提供交易合同的订立机会或媒介服务；而在代理业务中，房地产经纪机构则是代表交易双方中某一方与另一方进行交易，通常可分为买方代理和卖方代理两类。关于房地产居间与房地产代理的区别，可参见《房地产经纪综合能力（2024）》房地产经纪概述一章中的内容。

【例题 1-1】 下列房地产经纪服务属于商业房地产租赁业务的是（   ）。

A   为客户寻找适合长期持有的商业店铺

B   为客户寻找可以承租五年以上的写字楼

C   为客户寻找适合长期租住的公寓

D   为房地产开发企业销售新开发的公寓

二、我国现行房地产经纪业务类型

按照上述分类，现阶段我国房地产经纪实践中的主要业务类型有存量房买卖居间业务、存量房租赁居间业务和新建商品房销售代理业务。存量房买卖居间是指房地产经纪机构及经纪人员按照房地产经纪服务合同的约定，为存量房买卖双方报告订立房地产买卖合同的机会或者提供订立房地产买卖合同的媒介服务，并收取佣金②的行为。

存量房租赁居间是指房地产经纪机构及经纪人员按照房地产经纪服务合同约定，为存量房租赁双方报告订立房屋租赁合同的机会或者提供订立房屋租赁合同的媒介服务，并收取佣金的行为。

实践中要注意区分存量房租赁居间业务与存量房租赁托管（代管）、转租经营（包租）业务的不同，后两者属于房屋租赁经营的范畴。存量房租赁托管（代管）是指专业机构接受房屋权利人的委托，提供房屋出租、代收租金、房屋出租后的维修管理等服务，并收取管理费或服务费的行为。托管服务是租赁经纪服务的延伸服务。在托管模式下，房屋所有权人与租客签订租赁合同，房屋租赁企业与房屋所有权人签订托管（代管）合同。存量房转租经营是指专业机构承租他人的房屋后对房屋进行装饰装修改造、增配家具家电，再以出租人身份将房屋转租

---

① 本书中所称的居间与民法典中的"中介"含义一致。

② 佣金是指房地产经纪机构完成受托事项后，由委托人向其支付的报酬。

给其他承租人，以及根据承租人需要提供保洁等后续服务，向承租人收取租金和服务费的行为。在转租经营模式下，房屋所有权人与房屋租赁企业签订租赁合同，房屋租赁企业与租客签订租赁合同。存量房租赁居间与托管、转租经营业务最大的不同是前者只是提供信息及交易撮合服务，赚取佣金；后两者除提供信息外，还提供后续管理服务，收取管理或服务费，转租经营业务还可能收取部分租金差价。

新建商品房销售代理是指房地产经纪机构接受委托，按照房地产经纪服务合同的约定，以房地产开发企业的名义销售商品房，并向房地产开发企业收取佣金的行为。近年来，房地产开发企业越来越重视房地产经纪机构这一销售渠道，新建商品房销售代理业务呈上升趋势。

【例题1-2】房屋租赁代管和包租业务属于(　　)服务的范畴。

A. 房屋租赁经营　　　　　　　　　　B. 房屋租赁居间

C. 房地产租赁经纪　　　　　　　　　D. 房屋租赁中介

三、房地产经纪服务的内容

在存量房买卖居间业务中，房地产经纪机构提供的服务主要包括：提供买卖信息；提供交易流程、交易风险、市场行情和交易政策等咨询；房屋实地查看和权属调查；发布房源信息及进行广告宣传；协助议价、交易撮合、订立房屋买卖合同；代办抵押贷款（如有需要）；协助交易资金监管及结算；协助缴纳税费，协助办理不动产登记；协助交验房屋等。

在存量房租赁居间业务中，房地产经纪机构提供的服务主要包括：提供租赁信息；提供市场行情和相关政策咨询；实地查看房屋和权属调查；发布信息及进行广告宣传；协助议价、交易撮合、订立房屋租赁合同；代办房屋租赁合同备案手续（如有需要）；协助缴纳税费；协助交验房屋等。

在新建商品房销售代理业务中，房地产经纪机构提供的服务内容主要包括：市场调研；项目本体分析、竞争产品分析、客户定位等项目营销策划咨询；项目宣传及推广；商品房销售；协助签订商品房买卖合同及房屋交验等。

第二节　存量房买卖居间业务流程

简单概括，存量房买卖居间业务的基本流程可分为五个阶段：①接受委托阶段；②调查推广阶段；③匹配带看阶段；④洽谈签约阶段；⑤结算交验阶段。存量房买卖居间业务的基本流程如图1-1所示。

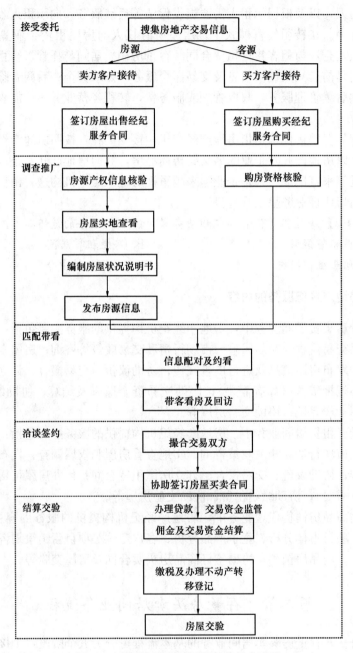

图 1-1　存量房买卖居间业务的基本流程

一、接受委托阶段

（一）搜集房地产交易信息

房地产交易信息包括房源信息、客源信息和房地产价格信息。交易信息是开展房地产经纪业务的前提，在卖方市场（供不应求，卖方占优势的市场）上，房源信息的搜集尤为重要。房地产经纪人员要掌握房源、客源开发的方法。房地产经纪人员为更好地协助卖方确定挂牌价格、协助买卖双方议价，需要搜集房地产价格及影响因素等信息。这部分内容在第二章专门介绍。

（二）客户接待

1. 卖方客户接待

接待卖方客户的基本流程如下：

（1）主体身份识别。为辨别委托人是否有权利处置房屋，需辨识其身份，包括是否是房屋所有权人、是否具有完全民事行为能力等。如客户不是房屋所有权人，提醒其须提供房屋所有权人出具的书面授权委托书。如房屋所有权人不具有完全民事行为能力，提醒其需要由监护人代为委托，有的还需要办理监护公证。监护公证需要由未成年人的监护人到正规的公证机构办理，需要携带监护人的身份证明、户口本、未成年人的户口本、亲属关系证明（若监护人与被监护人的户口在同一本户口本，且监护人为户主，则无需提供）、结婚证等资料。

（2）了解房屋本身的权利、实物等状况。为了解房屋是否符合出售条件，需了解房屋产权是否是共有，共有人是否同意出售；是否设有抵押，抵押权人是否同意出售；是否是限制出售的房产，如经济适用住房、未购公有住房等。除此之外，经纪人员要关注楼市限售政策，有的城市要求新购住房产权证满一定年限，才可上市交易或办理转让公证手续，经纪人员要注意核验委托房屋产权证书的年限是否符合出售条件。此外，经纪人员还应了解房屋本身是否存在一些对使用房屋有影响的不良因素，如是否属于"凶宅"、是否存在嫌恶设施、是否存在漏水等问题。

（3）了解卖房原因和资金要求。为了解卖方对付款方式的要求，需要询问其对资金需要的迫切程度，如是否需要一次性付款，能否接受买方商业贷款或公积金贷款等。

（4）告知委托人必要事项。经纪人员需告知房屋交易的一般程序及可能存在的风险，经纪服务的内容、收费标准和支付时间，房屋交易税费政策，房款交付程序，以及须由委托人协助的事宜、提供的资料等。

（5）告知委托人近期类似房地产成交价格，协助委托人初步确定房屋挂牌价格。制定房屋挂牌价格需要尊重卖方的主观意愿，经纪人员不宜代替委托人自行确定挂牌价。

卖方客户接待时，需要查看或提醒委托人准备的材料包括：①房地产权属证书原件；②房屋所有权人的身份证明原件；③共有人同意出售证明；④受托人身份证明原件、授权委托书等。

2. 买方客户接待

接待买方客户的基本流程如下：

（1）核实买方的主体资格。经纪人员要查看买方客户的身份证明原件，辨别客户身份，包括是否具有购房资格、是否具有贷款资格等。如果购房人不具有完全民事行为能力，需要提醒其由监护人出面代为办理购房事宜。如父母为未成年子女购房，应由父母代为办理，若子女与父母的户口在一起，且户主为父亲或母亲的，不必做监护公证，若监护人只有1人时，则必须做监护公证。

如果客户是受他人之托办理购房事宜，提醒其需要提供购房人的身份证明、购房人委托其办理购房事宜的授权委托书等证明材料。

对有限购要求的城市，还要根据限购政策提供相关材料，如购房人的社保证明或个人所得税证明。

（2）沟通购房需求。包括区域、面积、户型、楼层、建筑年代等。

（3）询问购房预算。包括购房资金、是否需要贷款等。如未成年人购房且需要办理贷款的，需要监护人和未成年人作为共同购房人。

（4）告知房屋交易的一般程序及可能存在的风险。

（5）告知经纪服务的内容、收费标准和支付时间。

（6）告知拟购房屋的市场信息，提出建议。

（三）签订房屋买卖经纪服务合同

在确定卖方有权出售房屋，且委托出售的房屋具备出售条件后，房地产经纪人员应当尽快与卖方签署房屋出售经纪服务合同。接待买方客户且了解其需求后，与买方签订房屋购买经纪服务合同，明确委托事项和权限。实践中，由于我国目前房地产经纪业务普遍采取多家委托的方式，即买卖双方可能同时委托多家经纪机构提供经纪服务，因此他们可能对签订经纪服务合同有所抵触。但为了确保经纪业务的安全性，应尽量说服客户签订经纪服务合同，明确双方的权利义务。经纪服务合同应约定需要卖方协助的工作，包括协助到登记部门查询房地产权属信息、房屋实地查看等。这部分内容在第三章专门介绍。

二、调查推广阶段

（一）信息核验

对卖房委托而言，信息核验是指对房源的产权信息进行核验，即到房地产管理部门或不动产登记部门查询委托出售房屋的产权情况，查明其是否存在抵押、查封及其他限制出售的情形，确保其具备出售条件；对买房委托而言，是对购房人的购房资格进行核验，在有限购要求的城市，需要到房地产主管部门查询购房人的家庭所拥有的住房数量，每个城市的要求有所不同，要根据当地要求做好核验。

（二）房屋实地查看

除核验产权信息外，房地产经纪人员还要到房源现场进行查看，实践中也称之为实勘。房地产经纪人员要仔细核对委托出售的房屋是否真实存在并与房地产权属证书描述信息一致，还要重点了解房屋的区位状况、实物状况和物业管理状况。

（三）编制房屋状况说明书

对通过产权核验和实地查看得到的信息，要做好记录，并据此编制房屋状况说明书，让卖方签字确认。房屋状况说明书既可以作为房源的档案资料，也可以用于房源宣传推广，这部分内容在第四章专门介绍。

（四）发布房源信息

实地查看房屋后，房地产经纪人员要根据房屋实际状况向卖方提供挂牌价格建议，最终由卖方确定房屋挂牌价格。经纪人员要将收集到的房源信息及卖方确定的挂牌价格及时发布出去，吸引客源。发布的房源信息包括房屋的位置、面积、用途、建成年代、户型、报价、经纪人员的联系方式等。发布房源信息要真实，符合依法可以租售、租售意思真实、房屋状况真实、租售价格真实、租售状态真实的要求。房源信息的发布渠道包括经纪机构的门店和网站，以及专门的房地产信息发布平台等。发布房源信息还要遵循国家有关广告发布的法律要求。这部分内容在第二章专门介绍。

三、匹配带看阶段

（一）信息配对及约看

房地产经纪人员将房源信息和客源信息进行匹配，为买方推荐合适的房源。看房前，经纪人员要与买卖双方提前约定好看房时间，带好相关资料。

（二）带客看房及回访

根据与客户约定的时间带客户看房，带看时要按照房屋状况说明书向买方介绍房屋的基本情况及优缺点。经纪人员需向买方一次性书面告知房屋的基本情况。看房后，经纪人员要对买方进行回访，了解其对所看房屋的满意程度。根据买方反馈，进一步分析买方的购买需求，再次匹配带看，直到满意为止。这部分内容在第四章专门介绍。

四、洽谈签约阶段

（一）撮合交易双方

如果买方对所看房屋比较满意，经纪人员通常要再次核查房屋产权状况，确认房屋是否可以交易，并再次确认买方是否具备购房资格，必要时了解其征信状况，预判买方的贷款资质。核实无误后，经纪人员协助买卖双方协商价格，直至买卖双方达成一致。需要注意的是，根据当前的法律法规，房地产可以带抵押过户，即卖方无需在过户之前偿还房屋已有的抵押贷款、注销抵押登记，就可以办理房屋转移登记，再利用买方申请的房屋抵押贷款偿还房屋原有的抵押贷款。这样做的好处是可以减轻卖方需要提前偿还贷款的资金压力，目前有些城市已经开始试点。经纪人员要了解各地带押过户的流程及要求，如果当地允许存量房买卖带押过户，需要在撮合交易双方时向买卖双方说明，由买卖双方协商确定是否办理带押过户。

（二）协助签订房屋买卖合同

买卖双方达成交易意向后，房地产经纪人员要协助买卖双方洽谈房屋买卖合同的相关条款。房屋买卖合同应使用政府部门制定的示范合同文本。合同签订前，房地产经纪人员要做到以下几点：①告知买卖双方签约的注意事项；②查验房地产权属证书及买卖双方的相关证件；③为买卖双方详细讲解合同条款，重点讲解双方权利义务、违约条款、违约金、付款方式等条款。

买卖双方对上述告知事项知晓并理解后，可签订房屋买卖合同。如果买卖双方还未与房地产经纪机构签订房地产经纪服务合同，需在这个阶段补充签订。根据交易的具体情况，如房屋有无抵押、买方是否贷款等，签订相关的补充协议。如所在城市有房屋买卖合同登记备案的要求，房地产经纪人员要协助进行备案。这部分内容在第五章专门介绍。

一宗房地产买卖，签订房屋买卖合同后，该套房源信息要及时从所有发布渠道撤下。

五、结算交验阶段

（一）佣金及交易资金结算

佣金是房地产经纪服务的合法报酬，买卖双方签订房地产买卖合同后，经纪机构就可以按照房地产经纪服务合同的约定收取佣金。对房地产经纪服务收费有相关规定的城市，房地产经纪机构制定的佣金标准要符合规定，并明码标价，不得索取佣金以外的其他报酬，更不得赚取房屋交易差价。

买方要按照买卖合同约定的价款及支付方式向卖方支付相应的款项（一般先支付一定比例的首付款）。在实行交易资金监管的城市，房地产经纪人员要向买卖双方推荐进行交易资金监管以确保交易安全，并协助办理监管手续。如买卖双方坚持自行划转交易资金，则需要买卖双方签订交易资金自行划转的声明。交易资金结算的内容在第六章专门介绍。

如买方需要办理抵押贷款，房地产经纪人员要告知买卖双方贷款办理的流程及要求，如经纪服务合同约定由经纪人员代办的，要按合同约定办理。如房屋在出售前已设定抵押，卖方既可以先行办理抵押权注销手续，也可以选择"带押过户"。

（二）缴税及办理不动产转移登记

资金监管及贷款获得批准后，房地产经纪人员要协助买卖双方到税务部门缴纳税费，并到不动产登记机构办理转移登记手续。登记部门向买方发放新的不动产权证书后，大部分交易资金（一般是除尾款外的全部价款）可划转到卖方账户。

（三）房屋交验

卖方收到大部分交易资金后，依据买卖合同约定的时间向买方交付房屋。房地产经纪人员要协助买方对房屋内部进行查验，包括房屋内部是否完好，赠送的装修、家具是否齐全等；协助结算物业服务费，水、电、燃气、电话费，维修资金等费用；协助完成燃气、网络等过户手续；协助买方点收钥匙，并让买卖双方在房屋交接单上签字确认。这部分内容在第七章专门介绍。

【例题 1-3】下列存量房买卖居间服务的相关工作中，属于应在接受委托阶段完成的是（　　）。

A. 签订房地产经纪服务合同　　　　　B. 房屋实地查看
C. 带领客户看房　　　　　　　　　　D. 佣金结算

第三节　存量房租赁居间业务流程

存量房租赁居间的业务流程与存量房买卖居间经纪业务大致相同，只是不涉及代办抵押贷款、交易资金监管和不动产转移登记等环节，存量房租赁居间业务的基本流程如图1-2所示。

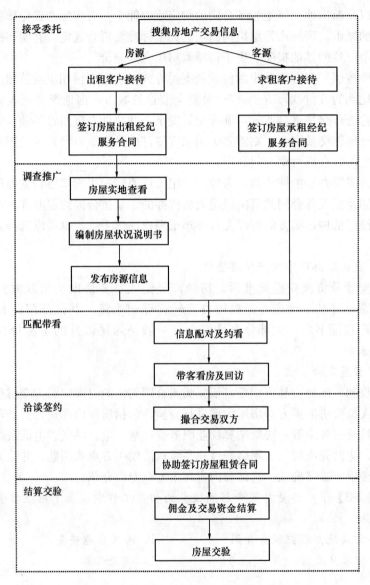

图 1-2　存量房租赁居间业务的基本流程

一、接受委托阶段

（一）搜集房地产交易信息

为更好地开展存量房租赁居间业务，经纪人员要不断搜集信息，积累客户。

存量房租赁经纪业务中的房源信息是指出租客户委托房地产经纪机构出租房屋的信息，包括出租方的信息和出租房屋的信息两部分。存量房租赁经纪业务客源信息是委托求租房屋相关的信息，包括承租方的信息及其房屋需求信息。房地产经纪人员为更好提供租赁市场信息咨询，还要搜集所负责区域的房屋租金信息。这部分内容在第二章专门介绍。

（二）客户接待

1. 出租客户接待

接待出租客户的基本流程如下：

（1）主体身份识别。查看出租客户真实有效的身份证明及房地产权属证书，以确保其有权出租房屋。如房屋为多人共有，提醒客户需要提供共有人同意出租的书面证明。如客户受他人之托办理房屋出租事宜的，提醒其需提供有权出租房屋的权利人出具的授权委托书。房屋属于转租的，提醒其需提供房屋所有权人同意转租的证明。

（2）了解出租房屋的基本情况。包括房屋的位置、面积、结构、附属设施，以及家具和家电等室内设施状况，还要询问出租房屋是否属于法律法规不允许出租的房屋，是否符合当地人均居住面积的最低要求等。

（3）告知委托人必要事项。包括房屋租赁的一般程序，经纪服务的内容、收费标准和支付时间，需要委托人协助的事项、提供的资料等。

（4）告知委托人近期类似房地产租金水平，协助委托人初步确定房屋挂牌租金。

（5）沟通对承租人的特殊要求（如果有）。

出租客户接待时，需要查看或提醒客户准备的文件包括：①房地产权属证书原件及复印件；②房屋所有权人身份证明原件及复印件；③共有人同意出租的证明；④受托人身份证明原件及复印件、授权委托书（如属代办）；⑤房屋所有权人同意转租的书面证明（如为转租）。

2. 承租客户接待

接待承租客户的基本流程如下：

（1）沟通其对房屋的需求。包括区域、面积、户型、附属设施、家具、家电等。

（2）询问承租方租赁用途及心理价位，以更好地匹配相应的住房。

（3）告知承租方经纪服务的内容、收费标准和支付时间。

（三）签订房屋租赁经纪服务合同

在确定出租客户有权出租房屋，且委托出租的房屋具备出租条件后，房地产经纪人员应当尽快与出租方签署房屋出租经纪服务合同；接待承租客户后，与其签署房屋承租经纪服务合同。这部分内容在第三章专门介绍。

【例题 1-4】接待存量房承租客户和购房客户不同的是，接待承租客户时需要询问（　　），而接待购房客户一般不需要。

A. 房屋的面积、户型　　　　　　B. 房屋是否含家具家电

C. 心理价位　　　　　　　　　　D. 房屋的大体区位

二、调查推广阶段

（一）实地查看房屋

房地产经纪人员要亲自到现场查看委托出租的房屋，核实房屋的基本情况，并与出租方提供的房屋资料进行核对，确保两者相符。查看内容主要包括出租房屋的区位状况、实物状况及内部家具家电配备情况等。

（二）编制房屋状况说明书

实地查看房屋后，经纪人员需要编制房屋状况说明书，并请出租方签字确认。出租房源的房屋状况说明书与出售房源的房屋状况说明书的侧重点有所不同，出租房源要注重对房屋内部家具家电配备情况的说明。这部分内容在第四章专门介绍。

（三）发布房源信息

房地产经纪人员根据房屋实际状况向出租方提供挂牌租金建议，由出租方确定最终挂牌租金后，可通过多种渠道发布房源信息。发布的房源信息内容包括房屋的位置、总面积、出租面积、楼层、户型、挂牌租金、家具家电配备、合租或整租（如合租，要说明合租者的基本情况）、经纪人员的联系方式等。这部分内容在第二章专门介绍。

三、匹配带看阶段

（一）信息配对及约看

房地产经纪人员要将房源与客源信息进行匹配，为承租方推荐合适的房源，带看前要与租赁双方预约好时间。

（二）带客看房及回访

带看过程中，要根据房屋状况说明书向承租方详细介绍房屋的基本状况及优缺点。配对和带看可能要反复几次，承租客户才能找到合适的房源。这部分内容在第四章专门介绍。

四、洽谈签约阶段

（一）撮合交易双方

承租人明确承租意向后，房地产经纪人员要再次核查房屋权属状况，确认房屋是否可以出租，以及出租方是否有权出租该房屋。核实无误后，房地产经纪人员要协助租赁双方协商租金，直至双方满意。期间，承租人可能会提出家具、家电配备等方面的要求，经纪人员要积极协调。

（二）协助签订房屋租赁合同

房屋租赁双方对房屋租赁事项达成一致后，可签订房屋租赁合同。合同签订前，房地产经纪人员要做到以下几点：①引导租赁双方协商租赁合同的相关条款，包括租金的缴纳方式等；②查验相关文件，包括租赁双方的身份证明、房地产权属证书、共有人同意出租的证明等；③提醒租赁双方签订合同的注意事项；④为租赁双方详细讲解合同条款，特别是双方的权利义务、违约条款、违约金、付款方式等。

租赁双方理解上述告知事项后，可签订房屋租赁合同。如果租赁双方还未与房地产经纪机构签订房地产经纪服务合同，在这个阶段须补充签订。

租赁双方签订房屋租赁合同后，房地产经纪人员应当协助租赁双方到市、县级人民政府房地产管理部门办理租赁合同登记备案，也可代办具体登记备案事项。

五、结算交验阶段

（一）佣金及交易资金结算

租赁双方按照房地产经纪服务合同的约定向房地产经纪机构支付佣金，房地产经纪机构向佣金交纳方开具佣金发票。

房地产经纪人员应提醒承租方按照合同约定向出租方交纳押金及租金，押金一般为1～3个月的租金，个人承租住房押金一般为1个月租金。出租方向承租方开具押金收据和租金收据。如承租方不能一次性缴足押金和租金，租赁双方须在合同上约定补足的时限及违约责任。这部分内容在第六章专门介绍。

（二）房屋交验

出租方收到租金和押金后，房地产经纪人员要协助租赁双方完成交接手续，安排租赁双方认真填写或核实房屋交接单，直至完成钥匙交接。房地产经纪人员主要协助承租方完成以下事项：①检查房屋内部是否完好，房屋内配备的家具、电器等设施能否正常使用；②记录水、电、燃气表等仪表读数；③协助承租方点收钥匙，并在房屋附属设施、设备清单上签字确认。这部分内容在第七章中详细介绍。

第四节　新建商品房销售代理业务流程

新建商品房销售代理业务一般分为独家代理和共同（联合）代理两种形式。

独家代理是指商品房的出售单独委托给一家房地产经纪机构；共同（联合）代理则是指商品房的出售委托给多家房地产经纪机构，按销售额多少分配收益的一种代理方式。

新建商品房销售代理业务的基本流程包括：①接受委托阶段；②销售筹备阶段；③现场销售阶段；④协助签约阶段；⑤结算佣金阶段。新建商品房销售代理业务的基本流程如图 1-3 所示。

一、接受委托阶段

（一）获取销售代理项目

房地产经纪机构获取销售代理项目的方式可分为"主动寻找"与"被动接受"两种。"主动寻找"即房地产经纪机构主动，通过开展关系营销、参加项目招标投标等多种途径搜寻新建商品房项目销售代理的信息，与项目负责人洽谈，向其展示销售能力以及代理过的成功案例。"被动接受"则是指房地产开发企业在对比不同经纪机构规模、业绩、专长及客源等信息基础上，或依据与房地产经纪机构合作经历，评估并选择最具销售实力的经纪机构，主动与目标房地产经纪机构联系，要求其提供销售代理服务。

（二）签订委托销售合同

新建商品房销售代理业务比较复杂，明确合同基本事项是签订委托销售合同的重要前提。签订合同时还应注意查看房地产开发企业证明材料及项目资料等，严格按照合同的签署要求以避免合同签订中的常见错误。这部分内容在第五章专门介绍。另外，房地产经纪机构应对拟代理的商品房项目的合法性进行把关，对于不符合预售或现售条件的项目应予以拒绝。

二、销售筹备阶段

（一）制定营销策划方案

1. 做好市场定位

合同签订后，房地产经纪机构应根据房地产开发企业提交的项目资料，基于

图 1-3　新建商品房销售代理业务的基本流程

市场调研，对房地产市场现状及政策环境、项目本体特征、项目周边市场的竞争状况、消费者行为及偏好等进行分析，协助房地产开发企业进行精准的项目定位及目标客户定位。

　　伴随销售代理业务竞争日益激烈，有些房地产开发企业将项目前期策划作为项目销售代理的附加服务。前期策划的服务内容大致包括项目所在区域政策环境分析、项目本体优劣势分析、项目竞争产品分析、项目定位及目标客户定位等，其部分内容奠定了后续项目市场定位的基础。

2. 制定营销策略

项目的市场定位明确后，应据此制定后续的营销策略，主要包括项目形象展示、宣传推广媒介策略、公关活动及销售现场包装建议等。营销策略要兼顾项目的营销总费用、预算来编制和实施。

3. 制定销售计划

按照项目销售任务的铺排，可将房地产销售分为预热期、公开销售期、持续在售期和尾盘销售期，不同时期的销售任务量有所不同。销售计划的作用：一是通过对比实际执行效果与计划指标的差异，找到原因并及时调整营销方案，以保证总体销售目标实现；二是不同销售期的营销策略重点不同，如预热期的重点是整个项目的形象推广，无需涉及项目具体情况，该阶段广告的作用尤为突出，而尾盘期则以配套工程竣工为主，可辅助以适度的价格策略。

在销售代理实践中，尤其当主动寻找销售代理项目时，为向房地产开发企业展示公司实力，项目营销策划方案的制定一般在前面所讲的"委托阶段"就已完成，接受委托后的工作则主要是对之前的营销策划方案进行修改完善。

（二）准备销售资料

销售资料包括项目证明文件、销售文件、宣传资料及房地产经纪机构代销的证明文件等。

1. 项目证明文件

国家对未竣工项目和已竣工项目的销售分别设定了不同的法律条件，且要求在项目销售现场予以公示，以便购房客户查阅并实现信息透明化。重要的审批文件包括"五证""两书"。其中，"五证"指《不动产权证书》《建设用地规划许可证》《建设工程规划许可证》《建筑工程施工许可证》《商品房销售（预售）许可证》；"两书"指《住宅质量保证书》《住宅使用说明书》。其中，《不动产权证书》是指证明土地使用者向国家支付土地使用权出让金，获得了在一定年限内某宗国有土地使用权的法律凭证；《建设用地规划许可证》是指建设单位在向自然资源管理部门申请征收、划拨土地前，经城市规划行政主管部门确认建设项目位置和范围符合城市规划的法律凭证；《建设工程规划许可证》是指有关建设工程符合城市规划要求的法律凭证；《建筑工程施工许可证》是指建筑施工单位符合各种施工条件、允许开工的批准文件，是建设单位进行工程施工的法律凭证；《商品房销售（预售）许可证》是指市、县人民政府房地产行政管理部门允许房地产开发企业销售商品房的批准文件；《住宅质量保证书》是指房地产开发企业对销售的商品住宅承担质量责任的法律文件，房地产开发企业应当按《住宅质量保证书》的约定，承担保修责任；

《住宅使用说明书》是指房地产开发企业对住宅的结构、性能和各部位（部件）的类型、性能、标准等作出说明，并提出使用注意事项的文件。

2. 销售文件

（1）价目表

价目表可以标注为每套房的单价，也可总价与单价同时标注。最终确定并用于销售的价目表需要房地产开发企业加盖公章，作为当期交易的价格依据。

房地产经纪人员必须熟悉每个房号对应的实际房源状况以及不同房号之间的差异，为了在销售过程中更好地引导客户，经纪人员应熟记价目表。

（2）销控表

销控表直接体现不同房号（单元）的销售状况，也是避免同一房号重复销售的重要工具之一，有助于准确地向客户推介房屋。因此，房地产经纪人员应及时更新已售房号或未售房号。

（3）客户置业计划表

客户置业计划表，通过载明客户的购房需求，包括意向房屋的位置、面积、楼层、户型、单价、房款及付款方式、贷款总额及年限等信息，并据此为客户制定具体的购房计划。不同面积、不同楼层、不同朝向的房屋总价也不相同，故项目推向市场前应制订完善的客户置业计划，据此向购房人展示不同房屋在不同付款方式下所需支付的金额，有助于客户根据其经济实力选择所需房屋。

（4）须知文件

包括购房须知、购房相关税费须知及抵押贷款须知等。购房须知是指为让购房者明晰购买程序而事先制定的书面文件。购房相关税费须知是指向购房人说明购房相关税费及收费标准的有关文件。抵押贷款须知应由贷款银行提供，一般包括办理抵押贷款的手续和程序、办理抵押贷款的条件和需要提供的资料、抵押贷款的方式、抵押贷款的注意事项等。为便于向购房人介绍购房有关内容，房地产经纪人员对这些须知文件应了然于心。

（5）商品房认购协议书或意向书

商品房认购协议书或意向书是指买卖双方在签署商品房预售合同或买卖合同前所签订的文书，是对双方交易房屋有关事宜的初步确认。即开发企业承诺在一定期间内不将房屋卖给除认购人以外的第三人，认购人则保证在此期间与开发企业商谈买房事项时遵循协议约定条款。商品房认购协议书中一般确认拟购买商品房的位置、朝向、楼层、房价及签订商品房买卖合同的时间，但有的认购协议书较粗略，只是约定买方的购买意向。

（6）商品房买卖合同

买方决定购买后，要与房地产开发企业签订正式的买卖合同。房地产经纪人员要了解合同文本的内容和签订的注意事项。这部分内容在第五章专门介绍。

3. 宣传资料

宣传资料是将项目的定位、产品、建筑风格等信息，以画面、文字、图示的方式传递给客户，以提升客户对项目的感知，一般包括楼书、户型手册、宣传页、宣传片等。

4. 商品房销售委托书

因由房地产经纪机构代理销售，应当向购房人出示商品房的有关证明文件和商品房销售委托书，以便购房人了解委托事项。

（三）布置销售现场

房地产项目销售前，为将项目的品质、房企品牌影响力、服务体验等有形和无形的价值点成功传递给客户，达到促进客户购买决策的效果，需要对包括售楼处、样板间、看房通道、形象墙、导示牌等销售现场进行包装。

（四）配备及培训销售人员

1. 组建销售团队

房地产销售中，一般根据项目的销售阶段、销售目标、宣传推广等因素确定销售人员数量，并根据实际销售情况进行动态调整。招聘销售人员时，应注重基本专业素质和沟通能力的考察。

2. 培训销售人员

培训内容包括房地产开发企业基本情况、销售项目基本情况（周边配套、项目规划、绿化率、得房率等）、项目历史成交数据、销售方法及签订买卖合同的程序等。

3. 项目空看

空看是指房地产经纪人员为了解房地产状况，在带客户看房前，先行查看房屋的行为。空看时经纪人员要完成以下工作：一是深入了解项目的区域特色、开发设计理念、周边规划，以及目前销售的楼栋、户型设计、园林及绿化、是否人车分流等内容；二是到样板间及展示区进行实勘，了解样板间的设计风格、户型特点、房屋优缺点，清晰了解带看的路线、不同户型的楼栋分布、位置、面积区间、是否装修及交付标准等；三是了解可销售的房源，获取可售房源表，熟悉对应的价格区间和户型解析；四是熟悉带看流程，为带客户看房做好准备。

（五）积累客户

在正式开盘前，房地产经纪人员通过项目宣传推广及多种渠道积极拓展客户，吸引潜在购房客户进行电话或现场咨询，以确保正式销售时来访客户的数量及良好的销售氛围，同时通过客户积累可初步了解客户购买需求及购买诚意度，以便更好地调整销售计划与营销方案。

【例题1-5】在新建商品房销售代理业务的销售筹备阶段，为做好营销策划方案，首先需要进行的工作是（　　　）。

A. 做好市场定位　　　　　　　　　B. 制定营销策略

C. 制定销售计划　　　　　　　　　D. 准备项目证明文件

三、现场销售阶段

现场销售是商品房销售代理业务中的主要工作，包括现场接待、了解客户的购买意向和需求、协商谈判、协助签订商品房认购协议书、协助签订商品房买卖合同等关键环节。

（一）现场接待

现场接待是展示项目优势最直观的方式，也是获取购房客户最有效的途径。因此，房地产经纪人员应重视现场接待工作。现场接待的流程一般为：

（1）接待客户。及时接待来访客户，简洁明了地作自我介绍。

（2）介绍项目整体状况。通过讲解区域、沙盘、模型、观看项目影像等，向购房客户介绍项目的基本情况。

（3）推广户型与园区实景。参观样板间及园林等配套景观，突出亮点。

（4）洽谈与意向沟通。返回售楼处与买方客户深入洽谈。

（5）送客并记录客户来访信息。将事前准备好的项目资料及经纪人员个人名片交予客户，感谢客户来访并送客户至售楼处门外，随后及时将客户联系方式、来访目的及购房需求等信息记录下来。

现场接待时除了注重仪容仪表、态度亲和、服务周到外，房地产经纪人员还应做到仔细倾听，及时捕捉购房客户需求，有针对性地介绍产品；熟悉项目及周边竞品情况，客观、全面地回答购房客户提出的问题，展现专业形象。

（二）协商谈判

购房客户达成初步购买意向后，房地产经纪人员应根据客户需求推荐房屋，分别计算客户多个意向房号的房屋总价，并考虑客户的购买力，制定不同的置业计划，计算出不同贷款方式和不同还款方式下的还款额，最终确定意向房号。

四、协助签约阶段

（一）协助客户签订认购协议书

购房客户确定房号后，房地产经纪人员即可协助其签订商品房认购协议书。

签订前，房地产经纪人员要做到以下几点：①确认购房客户是否具有购房资格（限购背景下）与贷款资格（如需要贷款）；②核实购房客户的有效身份证件，如委托他人买房，购房客户应出示经公证的授权委托书；③提醒购房客户查看购房须知、了解购房风险；④向购房客户解释商品房认购协议书条款的内容，尤其是签订认购协议书后是否可更名或换房；约定办理商品房买卖合同签署的时间及所需文件，以及抵押贷款购房手续等。

客户认同商品房认购协议书内容并缴纳认购定金后，即可签订《商品房认购协议书》。协议书签订后，房地产经纪人员应在销控表上注明该套房屋已出售。需要说明的是，认购协议书的签订并不是商品房销售代理业务中必需的流程。这部分内容在第五章中详细介绍。

（二）协助签订商品房买卖合同

在商品房认购协议书约定的时间内，房地产开发企业应与购房人签订商品房买卖合同。签订前，房地产经纪人员应协助做好以下事项：①在商品房认购协议规定时间内预约客户办理《商品房买卖合同》签订手续，并提醒客户应携带的材料；②查验客户《商品房认购协议书》及定金收据，审核客户身份证、户口本、婚姻证明以及其他相关资料；③带领客户向房地产开发企业交纳购房款；一次性付款则交纳全款，抵押贷款则交纳首付款；④在具备网上签订合同条件的城市，通过网签系统填写商品房买卖合同有关内容，并正式打印合同，不具备网上签订条件的地区，则事先准备好商品房买卖合同；⑤就购房事项向购房客户进行说明，包括解释《商品房买卖合同》有关条款、应交纳税费的明细等。

五、结算佣金阶段

房地产开发企业与房地产经纪机构根据房地产经纪服务合同的约定，确认商品房销售代理佣金额。房地产开发企业支付佣金后，房地产经纪机构应开具发票。房地产经纪机构无权向买受人收取任何费用。

需要说明的是，本节介绍的新建商品房销售代理业务流程是较全面的，实际操作中，经纪机构也可能不负责项目营销策划等前期工作，这些工作而是由房地产开发企业自己或其委托的营销策划公司负责的，这种情况下，本节销售筹备阶段的工作内容会有所不同，经纪人员的工作内容是从空看开始的。

房地产经纪人员应按照不同业务的操作流程为交易双方提供规范的服务，同时，在从事经纪活动中，要严格遵守职业道德和执业规则。中国房地产估价师与房地产经纪人学会于2006年制定并发布了《房地产经纪执业规则》，于2013年进行了修订，房地产经纪人员要熟悉这些规则，恪守职业道德。《房地产经纪执业规则》详见附录一。

复 习 思 考 题

1. 现阶段我国房地产经纪主要业务类型有哪些?
2. 各种房地产经纪业务的服务内容主要有哪些?
3. 存量房买卖居间业务的流程是怎样的?
4. 存量房买卖居间业务中需要查看哪些文件?
5. 存量房租赁居间业务的流程是怎样的?
6. 存量房租赁居间业务中需要查看哪些文件?
7. 新建商品房销售代理业务的流程如何?
8. 如何制定新建商品房营销策划方案?
9. 新建商品房销售代理业务中需要准备哪些文件?
10. 房地产经纪执业规则的主要内容有哪些?

第二章　房地产交易信息搜集、管理与利用

房地产交易信息是房地产经纪机构和房地产经纪人员开展业务所必须依托的重要资源，是房地产经纪机构赖以生存和发展的基础资料，也是决定其市场竞争力的重要因素。房地产交易信息包括房源信息、客源信息和房地产价格信息。房地产交易信息的搜集、管理与利用是指对房地产交易信息进行搜寻、鉴别、分类、整理、维护、储存以及查询、分析使用的全过程。房地产交易信息的搜集、管理与利用是房地产经纪人员的核心技能之一，也是房地产经纪人员必须熟练掌握的第一技能。

第一节　房源信息的搜集、管理与利用

一、房源与房源信息

（一）房源

1. 房源的含义

房源是指业主（委托方）出售或者出租的住房、商业用房、工业厂房等房屋，即不动产权利人有意愿出售或出租的房地产。在房地产经纪服务中，一宗房地产要成为房源，必须具备下列两个条件：

（1）可依法在市场上进行交易，即能够出租、转让。不得出租、转让的房屋不能成为房源。

（2）房屋权利人有交易的意愿，并采取了相应的委托行动。若房屋权利人所持有房屋仅用于自住，并无交易意愿，则该房屋就不能成为房源；若房屋权利人对其持有房屋有交易意愿，但未采取委托行动，则房地产经纪机构和房地产经纪人员无从知悉该房屋的存在，这样的房屋也不能成为房源。

2. 房源的属性

房源具有三大属性：物理属性、法律属性和心理属性。房源的物理属性是指房屋自身及周边环境的物理状态，如房屋的地段、建成年代、面积、朝向、户型

和配套设施等，它们决定了房源的使用价值，因此在一定程度上决定了房源的市场价值。在交易过程中房源的物理属性通常是固定不变的，并且不存在物理属性完全相同的两套房源。房源的法律属性主要包括房源的合法用途及其权属状况。房源的权属状况一般由特定的法律文件如《不动产权证书》来界定。房源的心理属性是指委托人在委托过程中的心理状态，而这种心理状态往往会随着时间的推移而发生变化，如因急需现金而售房、因工作地点迁移急需购房或租房等从而对房源的一些要素如挂牌价格、愿意承受的购房价格和租金等产生影响。

3. 房源的分类

为了提高成交效率，房地产经纪人员需要在日常工作中培养房源细分的能力，识别哪类房源属于优质房源，哪类房源的成交率最高。一般来说，房地产经纪人员可以通过比较分析影响房源成交率以及成交周期的若干因素，将房源分成不同的等级。

（二）房源信息

房源信息通常是指与委托出售或出租房屋相关的信息。一个有效的房源信息，包括房地产权利人信息、房地产状况、挂牌要求等基本要素。

1. 房地产权利人信息

房地产权利人信息主要包括委托人的姓名、联系电话等，在签署独家代理委托协议时还需要留下委托人的身份证复印件，以保证信息的真实性。如果委托人不是房屋所有权人，还应要求委托人提供房地产所有权人的相关信息及经公证的授权委托书。

2. 房地产状况

房地产状况包括房源的实物状况、产权状况、区位状况和物业管理状况等。其中房源实物状况包括：建筑规模、空间布局、房屋用途、层高或室内净高、房龄、装饰装修、设施设备、通风、梯户比等。房源的产权状况包括：所占土地使用年限、所有权归属情况、用途、共有情况、出租或占用情况、抵押权设立、所有权是否不明确或归属有争议、是否被依法查封等。房源区位状况包括：坐落、楼层、朝向、交通设施、环境状况、嫌恶设施、景观状况、配套设施等。物业管理状况包括物业服务企业名称、物业服务费标准和服务项目、基础设施的维护情况和小区环境的整洁程度等。为了更好地开展经纪业务，房地产经纪人员应进行房屋实地查看，并详细调查和记录房地产状况的相关信息。

3. 房地产交易信息

房源交易信息包括挂牌价格、挂牌时间、定金数额要求、首付款数额及支付时间要求、房屋权属转移登记时间要求、房屋交付时间要求、户口迁移要求、交易税费数额、交易税费承担方式、付款方式等。

房地产交易信息通常是动态变化的，即当时的挂牌价格、挂牌时间可能随着时间的推移，根据市场和供求关系的变化等而发生变化。

另外，房源的其他信息，如信息来源、委托人是否愿意独家委托等，也应当在房源信息中加以标注。

【例题 2-1】房源信息中与挂牌要求相关的信息，属于(   )。

A. 房地产权利人信息　　　　　　B. 房地产状况信息

C. 房地产交易信息　　　　　　　D. 房地产价格信息

二、房源信息搜集的渠道和方法

房源信息搜集简称房源开发，是房地产经纪人员的一项重要工作。房源信息不会凭空产生，房地产经纪人员必须深入了解搜集房源的渠道、掌握基本的搜集方法，进而获得丰富而有效的房源资料，为房地产经纪服务工作的顺利开展奠定基础。房源信息搜集的渠道和方法包括：

（一）门店接待获取

门店接待获取是指房地产经纪人员利用房地产经纪机构开设的门店，接受房地产权利人委托，从而获得房源信息的方式。门店接待是较为传统的收集房源信息的方式，也是目前最常用的方式之一。

（二）利用媒体获取

利用媒体获取是指房地产经纪人员利用互联网、报纸、杂志、电视、广播等媒体，接受房地产权利人委托，从而获取房源信息的方式。随着现代信息技术的发展，媒体中的网络媒体成为房源获取的主要渠道。实力较强的房地产经纪机构通过建立自己的网站、开发移动 APP，接受房地产权利人委托；更多的房地产经纪机构则通过公共的房地产网络媒体获取房源信息。

（三）通过熟人推荐获取

通过熟人推荐获取是指房地产经纪人员以其优质的专业服务，获得房地产权利人或者客户认可，他们将拥有房源的同事、亲属、朋友等推荐给经纪人员助其获取房源信息的方式。熟人推荐现在越来越受到房地产经纪机构的重视。

（四）社区维护获取

社区维护获取是指房地产经纪人员在居住社区开展宣传活动、陌生拜访或者通过为该社区居民提供房地产咨询服务等，引起业主的关注，从而获取房源信息的方式。对于拥有较多潜在优质房源的大型住宅区，房地产经纪人员应重视这一获取方式的运用。

（五）联系有关单位获取

有关单位是指拥有大量房地产的单位，如房地产开发企业、建筑施工企业、大型企事业单位、资产管理公司、金融机构等。在现实中，常见的情况是：有些房地产开发企业不精通市场营销，故将开发的项目委托给房地产经纪机构销售；有些房地产开发企业自行销售一段时间后，从节约成本的角度出发，将"尾盘"委托给房地产经纪机构销售；有些房地产开发企业由于资金紧张，将开发的房地产用于抵消工程款、材料款，使得建筑施工企业有时也拥有大量的房地产，而建筑施工企业因不擅于市场营销，故委托房地产经纪机构销售。此外，有些大型企事业单位拥有大量的土地，并与房地产开发企业合作开发，在满足单位员工的住房需要后，还剩下大量的房地产，需要房地产经纪机构代理销售。另外，资产管理公司和金融机构往往因为债务人到期未能偿还贷款，而获得了抵押房地产的处分权，他们需要将这些房地产变现，并因此产生房地产经纪服务的需求。

【例题 2-2】下列房源信息的搜集渠道中，通常可批量获取房源信息的方法是（   ）。

A. 门店接待   B. 熟人推荐
C. 社区维护   D. 联系有关单位

三、房源信息管理

房源信息管理包括对房源信息的整理、共享、维护以及更新等内容，是使房源信息得以有效利用，发挥最大作用的基础和前提。

（一）房源信息的整理

房源信息的整理通常包括对房源信息的分类、记录和储存几个环节。房源信息通过加工整理之后，通常以表格、图片、文字报告等形式展现出来。其中表格是最常见的形式。

1. 房源信息的分类

房源信息的分类是将不同的、杂乱无序的房源信息按一定标准、方法加以整理归类。分类的目的主要是便于房地产经纪人员根据客户需求迅速查询到合适房源，并实现配对。房源信息的分类方法多种多样，可以从不同的维度对其进行分类。以住房为例，按照房屋的交易次数可以分为新建住房和二手住房；按照房屋是否建成，新建商品住房又可分为期房和现房；按照装修情况，可分为毛坯房、简装房、精装房；按照建筑层数，可分为平房和楼房；按照建筑高度，可分为低层住宅、多层住宅、中高层住宅、高层住宅；按照建筑形式，可分为独立式住宅、双拼式住宅、联排式住宅、叠拼式住宅、公寓式住宅；按照建筑密度可以分为低密度住宅、高密度住宅；按照建筑结构，可分为板式住宅、塔式住宅、塔板结合住宅；按照楼梯形式，可分为单元式住宅、通廊式住宅、内天井住宅；按照用途，可分为纯住宅、商住楼、酒店式公寓；按照产权及交易政策可分为原私有住房、已购公有住房、商品住房、限价商品住房、经济适用住房、公共租赁住房、廉租住房、未售公有住房、集资合作住房、定向安置房、农民住房等；按照享受的信贷、税收政策，可分为普通住房和非普通住房等。

2. 房源信息的记录和储存

房源信息的记录和储存是对分类后的房源信息进行具体的记载录入，并加以恰当储存的过程。这是房源信息整理过程中最关键的工作。目前，对房源信息的记录和储存可选择的载体主要有以下几种：

（1）纸张

将房源的有关信息记录在纸张上，按照一定的标准装订成册，这是以"纸张"作为载体的房源信息处理方式。这种方式的缺点是对房源资料查询、更新的效率较低。目前，只有小型的单店式房地产经纪机构采用这种方式管理房源信息。

（2）计算机

利用计算机记载、更新房源信息，比"纸张载体"的效率高，但相对于更先进的计算机联机系统，它在信息共享等方面仍存在较大不足，因此具备足够经济实力的经纪机构，往往投入巨大的成本，建立计算机联机系统。

（3）计算机联机系统

互联网技术的发展，使房源信息的处理更为便捷，信息的传递也更为通达。这是目前许多大型房地产经纪机构所采用的房源信息处理方式。它具有超大容量的信息存储、自动化的信息处理和快速传输等特性，大大增强了房源信息处理的效率。计算机联机系统大大增强了房地产经纪人员协同办公的意识，比如某个房地产经纪人员跟业主沟通后，把最新的情况写在备注里，通过联机系统，其他同事很快就可以了解到该信息。

另外，随着互联网的普及，越来越多的人开始利用网络以及移动 APP 搜寻房源信息。许多大型经纪机构顺势而为，建立了自己的网站供用户选择利用，从而扩大了房源的获取机会。与此同时，移动 APP 发展迅速，也成为房源信息记录和储存的重要载体之一。

在房地产经纪实务中，用于记录房源信息的常用表格一般包括楼盘信息调查表（表2-1）、委托出售的房源信息登记表（表2-2、表2-3）以及委托出租的房源信息登记表（表2-4）等，房地产经纪机构也可以根据自身的需要设计相关表格。

楼盘信息调查表　　　　　　　　　　　表 2-1

项目名称：　　　　　　　　　　调研人：　　　　　　　　　调研时间：

楼盘基本信息	地理位置				电话	
	开发企业		销售代理机构			
	占地面积		建筑面积			
	容积率		绿地率			
	物业服务企业		物业服务费			
	总户数		当期户数			
	物业类型	普通住宅、公寓等	产权年限			
	车位配比		交房时间			
	装修标准		开盘时间			
	开盘房源					
	小区内配套					
周边配套	主要交通路线		公园绿化			
	就医条件		银行金融			
	就学条件		娱乐餐饮			
	购物环境					
	周边竞争楼盘					
产品信息	在售户型	一室一厅	二室一厅	三室一厅	……	……	……
	面积区间						
	得房率						
	套数						
	所占比例						
	销售率						
	在售均价						
营销信息	付款方式优惠	一次性		抵押贷款		
	营销推广主题					
	销售方式及现状					
	营销动作					
工程进度						
项目概况						

房源信息登记简表（存量房出售）　　　　　　　　　　表 2-2

委托编号	楼盘名称	具体位置	房号	房型	面积	报价	装修	委托人	联系电话

房源信息登记详表（存量房出售）　　　　　　　　　　表 2-3

※ 房屋地址： ※ 建成年份：　　　　　　　　年　　　　※ 所在片区：
※ 面　　积：□ 建筑面积　　　　　　平方米 ※ 户　　型：□ 平层 □ 复式 □ 跃式 ※ 楼　　型：□ 高层 □ 中高层 □ 多层 □ 别墅 □ 其他 ※ 装　　修：□ 精装 □ 简装 □ 毛坯　　※ 房屋朝向： ※ 所在楼层：　　　　　　　　　　　　※ 最高楼层： ※ 结　　构：□ 砖混 □ 钢混 □ 其他 ※ 居住现状：□ 空房 □ 自住 □ 租户住 □ 其他
※ 产权状况：□ 两证齐全 □ 购房合同 □ 正在办理产权证 □ 使用权公房 ※ 领证时间：　　　　　　年　　　　※ 物业服务费：　　　　　元/（平方米·月） ※ 权证登记：房产证： 　　　　　　　土地证：
※ 基本设施：□天然气　　　□宽带　　　　□有线电视　　□电话 　　　　　　　□车位　　　　□储藏室　　　□电梯　　　　□其他
※ 拟挂牌价格：　　　　　　　　万元　※ 税费承担方式：
※ 个性标签：□无　　　□次新房　　　□即买即住　　　□地铁房
※ 房　　主：　　　　　　　※电　　话：　　　　　※手　　机：
※ 装修及该房屋其他说明：

房源信息登记表（存量房出租）　　　　　　表 2-4

物业地址	面积	楼层	户型	设施设备及家具家电	押金	租金	委托人	联系电话
				□天然气□暖气□热水器□空调□电视□床□衣柜□洗衣机□沙发□冰箱□其他：_____				

（二）房源信息的共享

房源信息的共享模式，房地产经纪机构主要依据市场的现状及其自身的发展与特点设定。目前主要有私盘制、公盘制两种模式，这两种模式各有优劣，适合不同规模、不同发展阶段的房地产经纪机构。

1. 私盘制

私盘制是指房源信息由接受委托的房地产经纪机构的承办人员录入、维护及发布的共享模式。在这种模式下，业主的联络方式只有接受委托的房地产经纪机构的承办人员知道，其他房地产经纪人员只能看到房源的基本情况并且只能通过该承办经纪人员与其委托人（业主）取得联系。当其他房地产经纪人员促成交易后，该承办经纪人员仍可分得部分佣金。私盘制的优点是注重对卖方（或出租方）客户隐私的保护，服务质量高，客户体验较好；缺点是工作效率低，成交速度较慢。

2. 公盘制

公盘制是指在一个房地产经纪机构内部，或者一定区域范围内加盟的房地产经纪机构之间，或者几个房地产经纪机构联盟之间共享房源信息的房源共享模式。在这种模式下，房源的全部信息可以被共享区域内的所有房地产经纪人员查看，所有经纪人员均可与卖方客户取得联系。共享区域可大可小，可以是机构之间或者一个机构内部，也可以是一个机构内部指定区域之间，例如在一个机构的大区内共享或在商圈内共享。公盘制的优点是工作效率高、成交速度快；缺点是可能因频繁打扰卖方客户而降低客户服务体验。公盘制要求机构有较好的管控经纪人员的能力、成熟的分佣体系和完善的信息管理系统，目前国内较大的房地产经纪机构普遍采用公盘制。

（三）房源信息的维护与更新

房源信息的时效性非常强，因此必须实时对房源信息进行维护和更新，以保证其有效性。一般来说，对房源信息的更新要做到以下几点：

1. 周期性访问

对房源的委托人进行周期性访问是保证房源信息时效性的重要手段。为了使房源信息维护与更新在促成房屋交易中发挥更大的作用，房地产经纪人员通常将房源分为不同的级别，并针对不同等级的房源制定不同的访问计划与访问期限。例如，将房源按照销售（出租）的难易度分为 A、B、C、D 四个等级，并制定出房源跟进划分等级表（表 2-5）。

	房源跟进划分等级表		表 2-5
销售（出租）难易度	房源状态	级别	访问期限
较易		A	5 天
一般	有效	B	10 天
较难		C	15 天
暂无法销售、出租	无效	D	1～2 月

表 2-5 中处在可售或可租状态的房源被称之"有效房源"，其在经纪业务中的作用不言而喻。已完成交易的房源或者由于其他原因停止出租与出售的房源属于"无效房源"。值得注意的是，这些无效房源有时容易被房地产经纪人员忽略，因此将其"打入冷宫"，而不再花费时间和精力对它们进行更新。这种做法是不科学的。因为随着时间的推移，"无效房源"也有可能再次变为"有效房源"，从而再次实现交易。

例如，房地产经纪人员将房源 A 销售给业主甲，但该业主入住一段时间后，想换一套更大的房屋，欲将其再次出售。若这时房地产经纪人员对该"无效房源"进行再次访问，该"无效房源"将重新变回"有效房源"，不仅可以代理销售业主甲的房源 A，还可能为业主甲购买新房产提供经纪服务。对于一些租赁的房源，则更频繁地在"有效"与"无效"之间变换，由于租赁期限普遍较短，上一次租约到期时，房源将从原来的"无效"状态转换成"有效"状态。

2. 访问信息累积

随着时间的推移，卖（出租）方的出售或出租心态也会因某些事件的发生而产生变化，因此对房源的每一次访问，都应将有关信息记录下来。这些信息可以反映业主（委托方）的心态变化，业主心态的变化最终会引起房源挂牌与成交价格的变化。访问信息的不断积累将为后续访问提供参考，以获得更准确有效的信息，从而提高成交的概率。

例如，由于对市场信息的了解程度发生变化，市场趋涨或趋跌的氛围会影响业主的心理价位；又或者由于业主急需资金，会调低其心理价位，这些都影响着最终的交易价格、出售的难易程度与期限。

3. 房源状态的更新

一般来说，存量房的房源状态通常可分为有效、定金、签约、无效四种状态。房地产经纪人员要根据每一次的房源带看结果及买卖（租赁）交易进程，录入相应的房源状态，从而实现房源信息的及时更新与循环利用。

房源委托人与客户签订了定金协议，房源将从有效状态转为定金状态；定金状态的房源，若超过预定签约日期仍未签约，出现退定，则该房源变为有效状态；房源委托人与客户签订了交易合同，房源从有效或定金状态转为签约状态，至此交易终止，房源状态将变为无效状态。每一轮交易的结束点将是新一轮交易的起始点，即成交顾客的无效房源可转化为有效房源，房地产经纪人员通过维护成交客户，发掘出新的购房需求，获取委托之后可以进行房源的录入，房源的状态将转为有效，新一轮的房源交易将会开始。

四、房源信息发布

为促成房地产交易，房地产经纪人员要把房源信息发布出去以获得客户的关注。房地产经纪人员在发布房源信息前，需征得委托人书面同意，要在签订房地产经纪服务合同、核验房源产权及房屋实地查看（相关内容及要求详见第三、第四章）之后才能发布房源信息。发布房源信息还要遵循《房地产经纪管理办法》（住房和城乡建设部国家发展和改革委员会人力资源和社会保障部令第 8 号、第 29 号）、《房地产广告发布规定》（国家工商行政管理局令第 80 号）等有关规定。

（一）存量房房源信息发布的相关要求与渠道

1. 存量房房源信息发布的相关要求

存量房房源信息发布的基本要求是房源信息要全面和真实。

房源信息要全面是指房源信息必须包含必要的内容，即必要的房屋状况信息和租售价格信息。必要的房屋状况信息包括房屋的地址、用途、面积、户型、楼层、朝向、装修、建成年份（代）、建筑类型、产权性质和有关图片；租售价格信息包括房屋出租人或者出售人所要求的租金或者售价。

值得注意的是，完整的房源信息不仅包括房源的优势信息，例如房源位于城市中心、空间布局良好、产权明晰等，还要披露房源的瑕疵，如使用维护欠佳、存在嫌恶设施等。房地产经纪人员必须向交易双方全面披露房源的真实信息，以减少纠纷，达成一个相对合理的成交价格。

房源信息要真实是指房源信息内容应当准确、客观。具体地，要符合依法可以租售、租售意思真实、房屋状况真实、租售价格真实、租售状态真实五个标准，这样才可以称为"真房源"。其具体要求是：

（1）依法可以租售，要求房源是依法可以出租或者出售的房屋，并达到法律法规和政策规定的出租或者出售条件，无法律法规和政策规定不得出租或者出售的情形。因此，房源是否可以租售，是要依据法律法规来判断的，而不是听委托人说或经纪人员主观臆断，房地产经纪人员要熟悉法律法规中对房屋出售、出租条件的规定，确保发布的房源信息中的房屋是依法可以租售的。

（2）租售意思真实，要求房源是依法有权出租或者出售的房地产权利人有意愿出租或者出售的房屋，其中委托房地产经纪机构出租或者出售的，应当与房地产经纪机构签订了相应的房地产经纪服务合同或者委托书。这里有两个要点，一是委托人要有权出售或出租该房地产，如果不是房地产所有权人，要依法办理授权委托公证手续；二是经纪机构要获得委托人的书面出售或出租委托公证，如果只是口头委托，经纪机构不得据此发布房源信息，否则可能面临行政处罚。

（3）房屋状况真实，要求房屋的地址、用途、面积、户型、楼层、朝向、装修、建成年份（代）、建筑类型、产权性质以及有关图片，应当真实、完整、准确。在必要的房屋状况外增加房屋其他状况以及图片、视频等信息的，也应当真实、准确。房地产经纪人员发布的房源信息应当是经实地查看和产权核验后确认无误的内容，不仅文字描述要真实，图片信息也要真实，不能故意张冠李戴或者编造虚假的房屋状况信息。

（4）租售价格真实，要求房源信息中标出的租金或者售价，是房屋出租人或者出售人真实要求的租金或者售价，且应当是当前有效的。这里有两个要求，一是房源信息中的挂牌价，应当是委托人的真实报价；二是委托人的报价应当是当前有效的，委托人初次报价后，可能根据市场行情调整报价，经纪人员要根据委托人的最新报价及时更新挂牌价格。

（5）租售状态真实，要求房源处于实际待租或者待售状态，不存在已成交以及出租、出售委托失效的情形。这里有两个要求：一是房源信息中的房屋是随时可以交易的，而不是已经签约或者委托人的出售、出租意向尚不明确的房屋；二是经纪机构与出售或出租委托人之间的委托关系在有效期内，如果超过约定的期限，经纪人员应当及时将房源信息从各类发布渠道撤下。

2. 存量房房源信息发布的渠道

存量房房源信息发布的渠道主要有互联网和经纪门店。

首先是利用互联网。在使用互联网的人数与日俱增、网站功能日益完善的背景下，互联网成为房地产经纪机构发布房源信息重要的渠道之一。一些大型房地产经纪机构都开发了自己的官方网站，并以展示房源信息为主要功能。同时，一些门户网站也建立房产专栏，此类网站具有信息量大、便于查询、更新快、内容全面直观等优点，但有些网站不能与客户及时互动交流，且开发网站或信息发布的成本较高。此外，以移动互联网为依托的移动 APP 在房地产市场交易中的应用日益广泛，很多大型房地产经纪机构推出了与其网站信息同步的移动 APP 应用。随着移动互联网的发展以及智能手机的应用和普及，手机房源 APP 以其快速便捷的优点越来越受到市场的欢迎。

其次是房地产经纪门店。经纪门店是房地产经纪人员的办公场所，经纪人员可以按照机构要求的样式将房源信息展示在门店相应的位置，客户可以方便、直观地了解到门店中的房源信息，到店内与经纪人员交流，委托房地产经纪机构提供经纪服务。这种方式具有便于与客户互动交流、信息更新速度快等优点，但发布房源信息量较小。

（二）新建商品房房源信息发布的相关要求与渠道

1. 新建商品房房源信息发布的相关要求

依据《房地产广告发布规定》（国家工商行政管理总局令第 80 号）等有关规定，发布新建商品房房源广告要符合下列相关要求：

（1）房地产预售、销售广告，必须载明以下事项：①开发企业名称；②中介服务机构代理销售的，载明该机构名称；③预售或者销售许可证书号。广告中仅介绍房地产项目名称的，可以不必载明上述事项。

（2）房地产广告不得含有风水、占卜等封建迷信内容，对项目情况进行的说明、渲染，不得有悖社会良好风尚。

（3）房地产广告中涉及所有权或者使用权的，所有或者使用的基本单位应当是有实际意义的完整的生产、生活空间。

（4）房地产广告中对价格有表示的，应当清楚表示为实际的销售价格，明示价格的有效期限。

（5）房地产广告中的项目位置示意图，应当准确、清楚、比例恰当。

（6）房地产广告中涉及的交通、商业、文化教育设施及其他市政条件等，如在规划或者建设中，应当在广告中注明。

（7）房地产广告中涉及面积的，应当表明为建筑面积或者套内建筑使用面积。

（8）房地产广告涉及内部结构、装修装饰的，应当真实、准确。

（9）房地产广告中不得利用其他项目的形象、环境作为本项目的效果。

（10）房地产广告中使用建筑设计效果图或者模型照片的，应当在广告中注明。

（11）房地产广告中不得出现融资或者变相融资的内容。

（12）房地产广告中涉及贷款服务的，应当载明提供贷款的银行名称及贷款额度、年期。

（13）房地产广告中不得含有广告主能够为入住者办理户口、就业、升学等事项的承诺。

（14）房地产广告中涉及物业管理内容的，应当符合国家有关规定；涉及尚未实现的物业管理内容，应当在广告中注明。

（15）房地产广告中涉及房地产价格评估的，应当表明评估单位、估价师和评估时间；使用其他数据、统计资料、文摘、引用语的，应当真实、准确、表明出处。

2. 新建商品房房源信息发布渠道

新建商品房房源信息发布的常用渠道包括报纸、户外广告、互联网和电视等。

报纸是最传统的媒体，可以兼具图片和文字两块内容，阅读灵活易于保存，读者广泛而稳定。由于房地产市场的区域性，而报纸恰恰契合该特点，房地产经纪机构可以将代理的房源广告图文并茂地发布在报纸上。这种方式具有读者广泛而稳定、版面灵活、时效性强、成本低等优点，但有效时间短、感染力较差。

户外广告是指设置在户外媒介上的广告。常见的户外广告媒介有：路边广告牌、高立柱广告牌、灯箱、霓虹灯广告牌、LED 看板等，目前还有升空气球、飞艇等先进的户外广告形式。户外广告具有很好的形象展示性，但是限于安装等因素，户外广告牌不可能频繁更换，所以户外广告牌的有效时间长。这也决定了使用户外广告牌不能很随意，必须要慎重。

互联网渠道是指利用网站上或移动 APP 的链接、多媒体、短视频、直播等发布房地产广告。与传统的四大传播媒体（报纸、杂志、电视、广播）广告及备受垂青的户外广告相比，通过互联网发布房地产广告具有传播范围广、交互性强、受众数量可准确统计等优点，但相比其他媒体，在一些特定地区或特定人群中互联网的覆盖率偏低。与手机房源 APP 在存量房房源发布中的应用一样，其在新建商品房房源信息发布中，发挥着越来越重要的作用。

电视广告是一种经由电视传播的广告形式。大部分的电视广告是由专业的广告公司制作，并且向电视台购买播放时数。电视广告发展至今，其长度从数秒至数分钟皆有。通过电视发布房地产广告具有普及率高、表现力强、推广迅速等优点，但制作程序比较烦琐，花费成本高。

（三）如何提高房源信息的发布效果

房地产经纪人员发布的房源信息效果如何，主要看信息的查看量及达成交易的房源数量。只有让自己发布的房源信息让更多人看到，才有可能获得更多的客户。为了提高房源信息的发布效果，房地产经纪人员在发布房源时，应特别注意以下几点：

（1）注意完善房地产经纪人员个人信息。经纪人员的信息越完善，越容易得到客户的关注与信任。房地产经纪人员的个人照片是给客户的第一印象，因此，经纪人员在网上注册时要注意自己的网络形象，照片最好为正装标准照；另外关于个人的信息要填写完整，包括所属的经纪机构、职业资格类型、主要负责的区域等，填写的资料越详细，客户将更放心地委托此经纪人员为其提供服务。

（2）重视房源标题。房源信息的标题要突出房屋特点，能吸引客户关注。如果房源信息标题不够吸引人，那么客户可能注意不到，更不要说去仔细查看房源信息了；房源标题不能过于简单，如果客户无法通过标题获得房源的重要信息，则可能会直接跳过。而对于互联网发布的房源信息，标题写得越详细，客户就越容易通过搜索引擎搜索到。

（3）写好房源描述。房源描述是对房源的详细介绍，如果房源标题引起了客户关注，那接下来就要靠房源描述来留住客户，所以房源描述需要简单明了、重点突出、条理清晰。

（4）配好房屋图片。房源图片是房屋的直观展示，比大量的文字更有效。图片拍摄要清晰、角度合理，并且要真实、不弄虚作假。尽量多地展示房源的实际状况，如房屋的全貌、小区的环境以及周边主要的配套设施等。

（5）多渠道发布，并经常维护。可选择在多个渠道发布房源，以提高房源的曝光率，让更多的客户看到房源信息。同时要不断维护房源信息，更新发布日期，避免客户看到了房源信息，却发现发布日期已是数月之前，以为这套房子早已卖出，而失去了促成其交易的机会，因此对尚未成交的房源，要经常更新房源状态。

（四）房源信息发布效果评价

房源信息发布后要及时评价发布效果，一般可通过以下四个反映房源关注度的指标进行评价。

（1）浏览量。浏览量是指一定时期内潜在客户对某条房源信息的浏览总数量。如果累计浏览量大，且有较快增长趋势，则证明房源关注度越高。

（2）关注量。关注量是指某时点关注（收藏）某条房源信息的潜在客户的总数量。关注量比浏览量更能反映潜在客户对房源的关注程度，累计关注量越大，房源关注度越高。

（3）咨询量。咨询量是指一定时期内潜在客户对某条房源进行在线咨询、电话咨询、到店咨询的总数量。一定时期内累计咨询量越大，房源关注度越高。

（4）带看量。带看量是指一定时期内房地产经纪人员带领潜在客户实地查看某房源的总次数。一定时期内累计带看量越大，房源关注度越高。

发布信息的房地产经纪人员要注意以上指标的统计，当相关指标反映出房源关注度高时，可以积极扩大客户的匹配范围；相反，如果相关指标反映关注度不高，可以及时向房屋出售（租）委托方反馈相关情况，必要情况下可以通过更新房源报价或增加房源特色信息等提高房源关注度，以提高促成交易的可能性。

【例题 2-3】下列房源关注度指标中，直接影响房源最终是否成交的指标是（　　）。

A. 浏览量　　　　　　　　　　　B. 关注量
C. 咨询量　　　　　　　　　　　D. 带看量

第二节　客源信息的搜集、管理与利用

一、客源与客源信息

（一）客源

1. 客源的含义

客源是对房源有现时或潜在需求的客户，包括需求人及其需求意向或需求信息等。这种需求包括以获得房屋所有权为目的的购买需求，也包括以暂时获得房屋使用权为目的的租赁需求。

客源严格意义上是指潜在客户，是具有成交意向买房或租房的群体。他们的需求只是一种意向，可能因为种种变故而放弃购买和租赁需求。而能否成为真正的买方或承租方，不仅取决于房地产经纪人员提供的房源信息，还取决于客户本身。

一般而言，客源要满足以下三个条件：①需求意向相对清晰。例如，是购买还是租赁、意向哪个或哪些区域、要求何种房地产、能承受的价格范围或希望的价格范围、有无特殊需要等，需求意向即便不是唯一的，也得有大致的选择范围。②要有购（租）条件，即拥有购（租）房的资格和支付实力。③书面或口头委托房地经纪机构或房地产经纪人员寻找合适的房源。

2. 客源的分类

按客户购买意向、经济承受能力、意向区域范围以及对物业品质要求等因素的不同，可以将客户分为不同等级的客户群，并采取不同的服务策略。

（1）对于购买（租赁）需求强烈、有较强经济实力、预算合理的客户，要重点跟踪。

（2）对于购买（租赁）需求不迫切、有一定购买力、要求较高的客户，要定期跟踪，深入了解客户需求。

（3）对于根本无法成交的客户，要分析并告知其原因，注意保持联系，待时机成熟后促成交易。

（二）客源信息

1. 客源信息的含义

客源信息是指客源自身包含的，有利于成交的，对房地产经纪机构和房地产经纪人员有用的信息。客源信息同样是房地产经纪机构的重要资源。尤其在买方市场①，客源信息对房地产经纪机构尤为重要，一个房地产经纪机构拥有的客源信息越多，其竞争力也就越强。

2. 客源信息的构成要素

一个有效的客源信息包括三个方面的基本要素，分别是客源基础资料、客源的需求信息和客源的交易信息。

客源基础资料主要是指客户的基本信息，又因客户是个人还是单位有所不同。

客源的需求信息是指客户对房源在实物、区位等方面的有关需求。这方面的需求信息很多、很广，常见的客源需求信息有：①房地产基本状况，包括用途、意向区域、面积、户型、朝向、建造年代、楼层、装修等。若目标房地产是住宅，需要了解并掌握客户对卧室、浴室、景观、朝向的需求意向等。②目标房地产价格，包括单价和总价、付款方式、贷款方式、贷款成数等。③配套条件的要求，如商场、会所、学校、交通条件（是否需要邻近地铁站口）等。④特别需求，如车位、通信设施、是否有装修等。⑤需求时间，如必须在何日期之前取得产权或办理入住等。

客源的交易信息是对客户服务直至成交过程的记录，内容包括委托交易编号、委托时间、客户来源、推荐记录、看房记录、洽谈记录和成交记录等。

二、客源信息搜集

（一）客源信息搜集的渠道和方法

善用客户信息，提升成交率是房地产经纪人员的主要工作目标之一。房地产

---

① 买方市场是指供给大于需求，价格有下降的趋势，买方在交易上处于有利地位的市场。在买方市场条件下，买方对商品的选择权很大。

经纪人员只有不断挖掘潜在的客源，才能不断创造工作成果。一个成功的房地产经纪人员必须确保充足的潜在客户数量。

为了开拓充分的客源，房地产经纪人员必须非常努力；同时也必须熟练运用各种开发渠道和方法。

1. 门店接待法

门店接待法是指房地产经纪人员利用房地产经纪机构开设的店面，客户主动上门咨询而得到客户的方式。这种方式是房地产经纪人员获得精准客户的渠道之一。

2. 广告法

广告法是指房地产经纪机构或房地产经纪人员通过在当地主流媒体、房地产专业媒体、门店橱窗或者其他媒介上发布房源信息，利用发布的房源信息吸引潜在客户，从而获得客源信息的方法。目前网络媒体已经成为广告发布的主流渠道。

3. 互联网开发法

互联网开发法主要有四种类型：一是在互联网上发布房源广告从而吸引客户，这也是广告法的一种；二是通过建立公司自己的网站和移动 APP 吸引客户登记求租、求购信息，从而获得客源信息；三是通过第三方网络平台查看求租、求购信息，主动联系信息发布人，从而获取客源信息；四是通过移动 APP 直播引流与求租求购客户互动。如果使用第三种方式，要注意如果有的信息发布者已经注明"免经纪""免中介"等字样，经纪人员不应再联系发布者。

4. 老客户介绍法

老客户介绍法是房地产经纪人员通过自己服务过的客户介绍新客户的开发方式，这种开发方式越来越受到房地产经纪机构和经纪人员的重视。老客户是房地产经纪人员服务质量的最佳证人，因服务中的直接接触而获得的信赖，是房地产经纪人员的宝贵资源。房地产经纪人员依托信赖建立了稳固的客户关系网，客户常常会主动为房地产经纪人员介绍新客户。因此，一个服务质量高、业务素质好、从业时间长的房地产经纪人员，资源积累越多，客源信息也就越源源不断。

5. 人际关系法

人际关系法不仅是指以自己认识的亲朋好友信赖为基础，通过人际关系网络介绍客户，而且包括新的人际关系的开发。这种开拓客源的方法不受时间、场地的限制，是房地产经纪人员可灵活操作的方法。比如与小区保安或者物业服务人员保持长时间的感情沟通，建立信任，获得其推荐的客户。

6. 讲座揽客法

讲座揽客法是通过为社区、团体或特定人群举办讲座来发展客户的方法。讲座内容可以是房地产知识介绍、房地产市场分析、房地产投资信息、房地产交易流程以及产权办证问题等。此种方法常用于在社区拓展业务。

7. 会员揽客法

会员揽客法是指通过成立客户俱乐部或客户会的方式吸收会员并挖掘潜在客户的方法。这种方法通常是大型房地产经纪机构或房地产开发企业通过为会员提供特别服务和特别权益，如服务费折扣、房价优惠等方式吸引准客户入会。例如我国香港地区的"美联会"、深圳的"万科会"，潜在客户为获得产品较大的优惠力度而成为会员，并在需要买房或租房时成为该房地产经纪机构或房地产经纪人员的客户。

8. 团体揽客法

团体揽客法是以团体如公司或机构为对象的客户开发法。房地产经纪机构利用与团体的公共关系发布信息，宣传公司实力，从而争取客户的委托。例如，房地产经纪机构与银行合作，共同宣传房地产抵押贷款代办服务项目，从而争取到该银行办理房地产抵押贷款业务的客户。这种方法通常和讲座揽客法、服务费打折或提供特别服务的方式一并使用，可通过设置咨询台或者争取团体的支持来组织某些活动，以达到争取客户的目的。

以上客源信息搜集方法的优劣势比较详见表2-6。

客源开发渠道和方法比较 表2-6

方法	优势	劣势
门店接待法	准确度高、较易展示企业形象、增加客户的信任感	受门店地理位置影响很大
广告法	获得的信息量大、受众面较广、效果比其他的方式要好很多、间接宣传和推广公司品牌	成本较高、时效性较差
互联网开发法	更新速度快、时效性强	信息难以突出、客户筛选难度大
老客户介绍法	成本很低、客户真实有效	需要长时间积累
人际关系法	成本小、简便易行、客户效率高、成交可能性大	需要具备交际沟通能力

续表

方法	优势	劣势
讲座揽客法	发掘潜在客户、激发购房愿望、培养客户对公司服务的信赖、传播知识、减少未来交易难度	需要精心组织准备工作
会员揽客法	充分利用会员价值	成立客户会的难度大
团体揽客法	强强合作	需要大量公关工作

在实际的房地产经纪活动中，客户开发往往需要灵活运用多种方法。针对不同区域、不同房地产市场和不同的客户类型，适用的方法可能有很大差异。房地产经纪机构和房地产经纪人员应通过实践，不断总结不同方法的适用条件和效果，针对目标客户采用最有效的一种或几种方法的组合，以提高客源开发效率。

【例题 2-4】 下列房地产经纪人员搜集客源的渠道和方法中，可以增加客户信任感，准确度高，但受地理位置局限的是（   ）。

A. 门店接待法   B. 广告法

C. 互联网开发法   D. 人际关系法

（二）客源开发的常用策略

1. 注重营销手段的运用

房地产经纪机构及经纪人员是实现房地产产品从生产者向消费者（从出售人向购买人）转移的专业服务者，市场营销理论同样适用于房地产经纪领域。房地产经纪机构和房地产经纪人员为获取足够的客源，必须集中精力开展市场营销活动，以现代市场营销理论指导客源信息开发和客户关系维护。只有开拓了足够多的客源，并以专业的服务使之成为其终身客户，才能促进房地产经纪机构的可持续发展。

2. 着力打造良好的客户关系

房地产经纪人员应始终关注客户需求，维护客户关系并将其发展成为终身客户。这是房地产经纪人员取得源源不断业务的最重要的保证。基于客户的需求和偏好可将其划分为不同客户群，房地产经纪人员的基本出发点应当是通过关注顾客的需求，以最小的成本与最短的时间，提供相应的服务并达成交易。满意的服务会推动客户介绍身边的朋友成为新客户，而这些客户带来的价值往往比完全从市场中寻找陌生客源大得多，也容易得多。

3. 及时挖掘客户信息

房地产经纪人员通过"观察"能够挖掘出许多潜在客户，多看、多听，并判断出"最有希望的买家""有可能买家"和"希望不大的买家"。通过对客户进行分级，以选择精力投入重点。一个成功的房地产经纪人员要随时随地、连续不断地发掘、收集客户信息，并形成习惯，这样才能积累足够多的客源。一个专业的房地产经纪人员，应努力把握住每一个认识和接触潜在客户的机会，如参加各类聚会、培训和会议时，择机介绍自己，接触更多的人并让更多的人认识自己。对于新发现的客户信息，应将客户的姓名、电话和其他联络方式、需求等及时整理并记录下来，同时应注意保持必要的联络，采用养客策略逐步培养。

4. 善用养客策略

养客是客源开拓中的重要策略，指的是房地产经纪人员将一个陌生的客户转化为积极购买者的过程。潜在客户希望被告知、被传授专业的知识，希望得到专业的服务以帮助他们作出合理的决策。房地产经纪人员在初次接触客户之后，通过利用自己的专业知识、经验和市场信息为客户提供咨询，从而建立信任。房地产经纪人员提供的信息越有价值，提供的解决方案和咨询越有帮助，客户就容易产生信任感，越容易达成交易和建立长期关系。客户某些时候也会有不切实际的价格期望和要求，房地产经纪人员则应通过市场信息的提供和分析，引导客户调整期望，缩短供需差距，以实现促成交易的目的。

5. 择机使用直接回应方法

直接回应方法是通过提供一个诱人的价格或某一种好处，如减免某种费用，或制造某种吸引力等促销手段，吸引客户并得到客户回应，从而获得客户委托的策略。该方法是以客户为中心的营销手段，而不是以自我宣传或广告为中心。直接回应方法的要点是：①提供有价值和有吸引力的卖点；②只有目标客户才能回应并享受这一卖点。如新年将至，某房地产公司打出"新年巨献，成交送电视"的广告，以刺激对此项目观望且有意向的客户即刻购买。实施这种策略需要房地产经纪人员对客户需求进行精准定位，并据此设计促销方式，从而吸引真正的潜在客户。直接回应方法对于快速建立客户联系很有帮助。在客户还未选择经纪机构或者在潜在客户还未转换成为活跃的购买者之前，如某房地产经纪机构针对客户的需求打出"打此电话可获得关于如何避免买楼失误的建议"的广告，将会吸引部分潜在客户致电询问，并由此发展成为该机构的客源。

【例题 2-5】房地产经纪人员进行客源开发时，基于客户的需求和偏好持续提供相应的服务，保持与客户的长期联系并不断达成交易所采取的策略是（　　）。

A. 注重运用营销手段　　　　　　　　B. 着力打造良好的客户关系

C. 及时挖掘客户信息　　　　　　　　D. 善用养客策略

三、客源信息管理

客源信息是房地产经纪机构和房地产经纪人员的宝贵资源，只有加强管理才能发挥其价值，促成交易。客源信息的管理包括对客源信息的整理、共享以及维护和更新等内容，是使客源信息得以有效利用，发挥最大作用的基础和前提。房地产经纪机构对客源信息的管理通常是通过建立一个以客户为中心的记录或数据库来实现的。该数据库中不仅包括房地产经纪机构服务过并完成交易的客户，也包括那些提出需求或来电咨询的潜在客户以及与交易活动有关的关系人或供应商，还包括那些房地产经纪人员旨在为之提供经纪服务的潜在客户或委托人。

房地产经纪机构和人员通过建立客户数据库实现对客户信息的记录、储存、分析和利用。房地产经纪人员将收集的信息分类整理填入表格并建立客户信息数据库，该数据库是客户信息管理的最终成果。房地产经纪机构越来越重视利用客户管理数据库和房源管理软件。这些数据库和软件的强大功能为房地产经纪人员房源管理和利用提供重要保证。

（一）客源信息的整理

客源信息的整理通常包括对客源信息的鉴别和筛选、分类、记录和储存几个环节。客源信息经过加工整理之后，通常以表格、图片、文字报告、数据库等形式展现和储存。

1. 客源信息的鉴别和筛选

客源信息的鉴别和筛选是对客源信息的准确性、真实性、可信性进行分析并对已鉴别的客源信息进行挑选和剔除，将识别出的优质客源作为服务重点的过程。

客源信息的鉴别和筛选应注意以下几点：一是核实委托人的真实性以及联系方式的准确性；二是了解客户的购买能力与其需求是否匹配，如果客户非常年轻，其实际支付能力无法承担其预购房区域的房价，就算房子再好，价格再低还是无济于事；三是需要确认客户是否具有购买自主权，是否是本人买房，能不能最终决定；四是需要确认客户的购买意愿是否强烈，客户是否只是随便看看，不能确定短期是否买房，或是一再挑房子的价格或位置，或是了解了房子的优劣后，态度坚定、执意去看房等。鉴别和筛选客源时，察言观色很重要，应多听、多问，细心捕捉客户信息，并加以综合判断。

2. 客源信息的分类

分类是将不同的、杂乱无序的客源信息按一定标准、方法加以整理归类。客源信息可以按不同的方法进行分类，在实际工作中，通常是按照方便查询的方式进行分类。按照客户特征的不同对客户进行的分类详见表 2-7。

客户分类表

表 2-7

客户特征	客户类别
客户的需求或交易类型	买房客户和租房客户
客户的交易目的	自用客户和投资客户
客户需求的房地产类型	住宅客户、写字楼客户、商铺客户和工业厂房客户及其他客户
客户的性质	机构团体客户和个人客户
与本经纪机构接触的次数	新客户、老客户、潜在客户和关系客户
房地产的价格区间	高价位房地产需求客户、中低价位房地产需求客户、低价位房地产需求客户

还可以按客源购（租）房的急迫性及成交的可能性进行分类：A 类（极有可能成交）客源，是指购（租）房意愿强烈，购房急迫度高，资金实力与需求相匹配的客源；B 类（较大可能成交）客源，是指购（租）房意愿明确，但购（租）房急迫度不高，资金实力与需求相匹配的客源；C 类（一般可能成交）客源，是指购（租）房意愿不太明确，购（租）房急迫度不高，资金实力与需求不太匹配的客源。上述购（租）房急迫度可以根据客源的看房频率、同看房的家庭人数、与经纪人员沟通的频率等情况进行判断。在科学分类的基础上，房地产经纪人员可以对不同类型的客户制定一个详细的客源维护计划，做到不打扰客户正常生活又防止客户流失。对 A 类客源，要及时推荐房源、反馈类似房源成交情况，及时了解客源的最新想法；对于 B 类客源，可定期跟进推荐合适的房源，了解客源动态；对于 C 类客源，可以进行长期培养，不着急推荐房源，定期沟通近期市场变化情况。

3. 客源信息的记录和储存

在房地产经纪服务中，分类后的客户信息可以采用人工或计算机方式来进行记录保存。记录客源信息的常用表格主要包括针对个人客户的客户信息表以及针对机构客户的客户信息表、针对求购客户的登记表以及承租客户的登记表等。这些针对不同群体的表格所包含的基本信息有所不同，房地产经纪人员应根据具体的情况选择使用。一般情况下，房地产经纪人员在取得客户委托后，通常需要在房地产经纪机构规定的时间内将其录入客户管理系统。在录入客源信息时，需要注意将客户的联系方式以及需求的面积、价格、区域等一一进行核实，准确录入各项信息，这样才能保证客源信息的完整性、真实性、唯一性。一般客户管理系统会对房地产经纪人员的客源数量进行限制，即客源上限。在房地产经纪人员的客源达到上限时必须将客源推荐给其他房地产经纪人员，以确保服务质量以及房源与客源的匹配效率。

（1）求购客户信息表（个人客户）（表2-8）

求购客户信息表（个人客户） 表 2-8

A. 客户基础资料					
姓名		性别		年龄	
户籍		家庭人口		子女年龄	
子女入学情况					
联系电话		手机			
B. 需求信息					
房屋用途					
建造年代					
意向区域					
楼层		户型		装修	
面积		朝向		单价	
总价		付款方式		贷款成数	
配套要求					
其他要求					
C. 交易信息					
委托交易编号		委托时间		客户来源	
推荐纪录					
看房纪录					
洽谈纪录					
成交纪录					
其他					

（2）求租客户信息表（个人客户）（表2-9）

求租客户信息表（个人客户）　　　　　表2-9

A. 客户基础资料						
姓名		性别			年龄	
职业		家庭人口			子女年龄	
联系电话		手机				
B. 需求信息						
房屋用途						
合租/整租						
意向区域						
楼层		户型			装修	
面积		朝向			建造年代	
基础设施	电话□宽带□有线□燃气□暖气□其他：					
家具配套	床□衣柜□沙发□茶几□书桌□餐桌□椅子□电视柜□其他：					
家电配套	电视机□洗衣机□冰箱□热水器□抽油烟机□灶具□空调□其他：					
租金		租赁期限				
付款方式	月付□ 季付□ 半年付□ 其他方式：					
其他要求						
C. 交易信息						
委托交易编号		委托时间			客户来源	
推荐记录						
看房记录						
洽谈记录						
成交记录						
其他						

（3）客户信息表（机构客户）（表2-10）

求购或求租客户信息表（机构客户） 表2-10

A. 客户基础资料				
机构名称			性质	
法定代表人				
联系电话			手机	
E-mail			传真	
法定授权委托人				
联系电话			手机	
E-mail			传真	
联系地址				
B. 需求信息				
需求类型	□购买	□租赁		□其他：
意向房地产类型	□住宅	□写字楼	□商铺	□厂房 □其他：
意向楼型	□高层	□中高层	□多层	□其他：
意向区域		房型		层高
面积		朝向		单价
总价（租金）		付款方式		贷款成数
配套要求		其他要求		
C. 交易信息				
委托交易的编号		委托时间		客户来源
推荐记录				
看房记录				
洽谈记录				
成交记录				
其他				

（二）客源信息的共享

客源信息的共享是指房地产经纪机构获得客户信息后与本机构其他房地产经纪人员分享的过程。客源信息共享的范围通常不大，一般是在3～4人组成的小组内部共享，小组内的经纪人员均可与客户保持联系，共同更新、相互通报客户需求信息的变化。客源信息共享的好处是可以对客户需求的变化及时跟进，提高成交效率。也有的机构不共享客户信息，所有的客户均由第一个获得该客户信息的经纪人员独有，由其一人负责维护。

（三）客源信息的维护与更新

获取客源并录入系统后，房地产经纪人员仍需要对自己的客源进行日常跟进维护，若不及时更新，如客户的联络方式、客户需求变化等，客户信息只会成为过时而无用的信息，因此必须定期和客户保持联系，更新资料，这样才能保持其有效性和准确性。房地产经纪机构通常会制定相应的客源信息回访制度，如要求隔天回访求购客户信息，每天跟踪回访求租客户信息，并对系统内的信息进行相应的调整，添加评价信息并及时完成更新。同时房地产经纪机构必须督促房地产经纪人员做好客户信息的更新工作，如果一定日期内仍未跟进或记录带看维护情况，系统应给予自动提醒，督促房地产经纪人员保持与客户的联系，及时更新资料与信息。

对客源信息的维护中有一个容易被房地产经纪人员忽视的问题，那就是陈旧的客户信息并不意味着没有价值，比如原本购买意愿不强的客户由于结婚或者生育而急需购房，因此一个成功的房地产经纪人员要善用旧的客户信息，通过对旧客户信息的不断维护，挖掘出其中可能蕴藏着的新价值。

四、房源客源信息匹配

搜集、管理房源、客源信息的目的是快速、精准实现房源客源信息的匹配，即尽快为房源找到合适的客源，为客源找到满意的房源，以实现促成交易的目的。房地产经纪人员要掌握房源、客源信息匹配的方法和步骤，从而提高工作效率。

（一）房源客源信息匹配的方法

在房地产经纪机构内部，房源往往是共享的，所有的房地产经纪人员都可以出售或者出租任何一套房源，而客户通常是房地产经纪人员自己或少数几个人所有，往往不与他人共享，因此，每个经纪人员都有大量可支配的房源和少量自己拥有的客源。形象地说，房源就像在商场出售的商品，等待适合的顾客来选购。房源客源匹配就像售货员在货架中为客户推荐适合的商品，是以房源为基础对客源的需求进行匹配的过程。但房源客源匹配比推荐一般的商品更为复杂，需要根据客源的需求及客源自身的限制条件进行筛选。在房源信息较多的情况下，房地产经纪机构可利用已建立的房源数据库，根据客源的需求及资金、购房资格等限制条件通过数据库自动检索适合的房源。房源客源匹配常用的检索条件有：房屋所在区域、户型、面积区间、楼层区间、总价区间、朝向、房龄、有无电梯等。如果房地产经纪人员所在机构没有条件建立数据库和检索系统，经纪人员则要熟记自己可支配的房源的特征，根据客户的需求一项项去分析，从而筛选出最符合客源需求的房源。

（二）房源客源信息匹配的步骤

房源客源匹配通常可按以下步骤进行：

1. 分析客源对房屋需求的刚性条件

根据已登记的客户信息及补充询问客户需求，分析客户对房屋需求的刚性条件，即客源所求购或求租的房屋必须要满足的条件。例如，有的客户购房是为了子女入学，那首先要满足附近有学校这一刚性条件；有的客户买房是为了扩大居住空间，那首先要满足房屋面积这一刚性条件；有的客户买房是为了改善居住空间的同时满足子女入学的需求，那他对房屋的需求就有两个刚性条件。刚性条件其实就是客源购房或者租房的真实原因，这需要经纪人员深入沟通和准确把握，才能达到事半功倍的效果。

2. 分析客源对房屋需求的弹性条件

客户的刚性需求往往不会太多，符合其需求的房源会较多，为了将房源聚焦到一定的范围，经纪人员需要进一步掌握客户对房源的其他偏好，即如果能满足哪些条件，客户会更满意。弹性条件需要根据客户的家庭成员构成、家庭成员的爱好、工作地点等条件去深入分析。例如，对于一个三代人共同居住的大家庭，多功能空间的户型可能更满足其需求；对于一个有婴幼儿的家庭，人车分流的居住小区可能更满足其需求；对于老年人家庭，公园附近的房屋可能更满足其需求；对于单身青年，繁华商业区附近的房屋可能更满足其需求等。

3. 分析客源自身限制条件

只分析客户的需求还远远不够，房源客源匹配的目的是尽快达成交易，这就要求客户有足够的支付能力和符合政策的购房资格。客源自身的限制条件包括付款方式、可承受的首付款、可负担的月供、可支付的购房和贷款资格等，经纪人员要根据这些限制条件推算出其可交易的房屋类型、可支付的交易总价款等。

4. 筛选适合的房源

筛选房源的原则是首先满足客源的刚性条件，不违背其限制条件，尽量满足弹性条件。可以首先根据上述刚性条件、限制条件对房源信息进行初选，如果筛选出的房源较多，再根据弹性条件进一步筛选。如果根据刚性条件和限制条件筛选出的房源过少，或没有符合条件的房源，要与客户协商，询问其是否有放宽条件的可能性。

5. 向客户推送适合的房源信息

筛选出适合的房源后，经纪人员要通过购房或求租客户预留的联系方式，将房源信息推送给客户，并简要介绍每套房源的特点，询问客户的意向，如果客户表示满意，可预约带看的时间。

（三）房源客源信息匹配的注意事项

一个房地产经纪人员是否能够将房源客源在较短的时间内成功匹配，取决于其对房源的了解、对客户需求的准确把握以及房源、客源信息的充足程度。

这一方面要求房地产经纪人员熟悉所在机构拥有的房源，熟悉房屋具体信息（包括具体地址、楼层、房型、面积、朝向、附近类似可比房屋的成交价格等）以及业主信息，如售房动机、家庭情况、售房关键人、房屋卖点和缺陷等，同时要掌握市场动向、行情、政策变化等。另一方面，要求房地产经纪人员加深对客户需求的把握，站在专业人士的立场上，挖掘客户的真实需求；根据客户的基本需求，针对性地匹配房屋。将筛选出的房屋向客户推介时，要根据客户的需求逐条分析，如首先满足其刚性需求，其次房屋在哪些方面的优点更符合客户的弹性需求等。

【例题 2-6】房地产经纪人员在对客源进行房源匹配时，首先需要考虑的因素是（　　）。

A. 客源的刚性需求　　　　　　　B. 客源的弹性需求
C. 客源的自身限制条件　　　　　D. 掌握的房源状况

第三节　房地产价格信息的搜集、管理与利用

一、房地产价格信息的含义

房地产价格信息是指房地产市场上形成房地产交易的各种价格及与价格有关的因素。房地产经纪人员需要搜集的房地产价格信息主要包括：新建商品房销售价格、存量房买卖成交价格、存量房买卖挂牌价格、存量房租赁成交价格、存量房租赁挂牌价格等。除房地产的价格本身以外，还要搜集与价格有关的各种因素，如房屋类型、面积、楼层、朝向等，这样才能对价格进行分析比较并加以利用。

二、房地产价格信息搜集

房地产价格信息对于房地产经纪人员的业务开展具有重要作用，是经纪人员了解市场走势，协助确定挂牌价格，协助交易双方进行价格协商时的重要参考。房地产价格信息的搜集渠道和方法主要有以下几种：

（一）政府主管部门网站

政府主管部门网站，是房地产经纪人员了解房地产交易价格信息的主要渠道之一。政府部门所掌握的价格信息有以下两个特点：

（1）权威有效。此类价格信息都是在政府相关部门进行登记的信息，虽然由于某些政策原因导致其与真实成交价格可能有一定出入，但作为房地产交易计税的依据，是权威有效的数据。

（2）时效性相对较差。此类价格信息大多数以登记完毕后为准，较交易当事人签订相关合同时，时间已经相对滞后。

针对从政府主管部门网站搜集到的房地产价格信息，房地产经纪人员应考虑时效性问题，在实际操作过程中，应注意与其他渠道搜集的价格信息综合运用。

（二）房地产经纪机构的成交实例

房地产经纪机构的成交案例是房地产经纪人员又一主要的价格信息搜集渠道。房地产经纪机构从事房地产经纪业务，每个月都有许多的成交实例，此类成交价格就是价格信息的真实反映，而且时效性较强。

以此类方法搜集到的价格信息有可能会有一定的误差，原因是：房地产经纪机构的成交案例主要以签订的房地产交易合同为依据，有可能出现签订了合同，最后却没有成交的情况。那么，此类价格信息就不具有指导意义。

（三）通过交易当事人了解信息

房地产经纪人员在跟进客户时，了解到客户已经完成交易，应适时询问房屋的买卖价格或是租赁价格，并记录在案。通过交易当事人了解到的信息，应对其真实性和时效性作一定的评估。

（四）相关机构的调研报告

市场调研报告是房地产经纪人员应及时关注的信息。目前，专业的房地产营销代理公司、房地产经纪机构及相关房地产机构都有房地产周报、月报等分析报告，此类报告大多数是免费的，并且会及时予以公开，房地产经纪人员可以从这些报告中了解相关的价格信息。

（五）房地产专业网站及移动 APP

专业的房地产网站及移动 APP 也是价格信息有力的提供者。房地产经纪人员可以通过浏览房地产专业网站及移动 APP，查看相关价格信息，包括各区域的买卖均价、成交情况等。

此外，在房地产专业网站及移动 APP 上还有许多其他房地产经纪人员的挂牌信息，此类信息由于仅是要价，并未真实成交，仅作为房地产经纪人员的参考价格。

（六）报纸房地产专版

在报纸房地产专版上也会出现很多价格信息，包括一些评论员提供的成交数据、价格情况等，以及房源广告标注的价格信息，房地产经纪人员也可以从侧面了解相关价格情况。

【例题 2-7】下列搜集房地产价格信息的渠道和方法中，信息权威性强，但时效性相对较差的是（　　）。

A. 政府主管部门网站　　　　　　　B. 房地产专业网站及移动 APP

C. 房地产经纪机构的成交实例　　　D. 相关机构的调研报告

三、房地产价格信息管理

房地产价格信息的管理主要包括对价格信息的整理、维护和更新等内容，是使房地产价格信息得以有效利用、发挥最大作用的基础和前提。

（一）房地产价格信息的整理

房地产价格信息的整理通常包括对房地产价格信息的鉴别和修正、分类、记录和保存几个环节。房地产价格信息通过加工整理之后，通常以表格、图片、文字报告以及数据库等形式展现和储存。

1. 房地产价格信息的鉴别和修正

房地产价格信息的鉴别和修正是指对价格信息的准确性、真实性进行分析并对已鉴别的信息进行必要修正，以保证房地产价格具有参考价值的过程。

鉴别一个房地产价格信息是否具有参考价值，主要是看它是不是类似房地产的价格，是否与拟交易房地产的状况类似，是否与拟交易房地产的交易类型相吻合，成交日期是否与拟交易房地产相近，以及成交价格是否为正常价格或可修正为正常价格等。此外还要看两者是否具有共同的比较基础，是否对不同之处进行了修正等。

2. 房地产价格信息的分类

在搜集记录后，房地产经纪人员还要将这些价格信息进行整理分类，分类标准可以参考表 2-11。

房地产价格信息分类标准 表 2-11

分类依据	价格类型
房地产经纪业务	买卖价格、租赁价格
房地产类型	商业类（商铺、写字楼）价格、住宅类（别墅、洋房、中高层、高层等）价格等
户型	一居室价格、两居室价格、三居室价格等
面积区间	$60\sim70m^2$ 的价格、$70\sim80m^2$ 的价格等
小区	不同小区的价格

3. 房地产价格信息的记录

房地产经纪人员需要运用统一的表格对房屋出售与出租的价格信息进行有效记录。在实际业务中，记录房地产价格信息的常用表格通常有两大类：一是新建商品房价格信息表（表 2-12）；二是存量房价格信息表（表 2-13），两种表格的内容和侧重点有所不同。

新建商品房价格信息表 表 2-12

序号	楼盘名称	位置	房地产类型	户型	面积	楼层	朝向	装修情况	周边配套	交通状况	开盘时间	入住时间	成交时间	成交价格	信息来源	备注
1																
2																
3																

存量房价格信息表 表 2-13

序号	小区名称	户型	面积	楼层	朝向	装修情况	建成年代	周边配套	交通状况	成交时间	成交总价	成交单价	信息来源	备注
1														
2														
3														

（二）房地产价格信息的维护与更新

房地产价格信息具有时效性，主要是因为房地产价格的形成机制十分复杂，要受自然、经济、社会、区域、个体等多方面的影响，特别是受国家房地产市场宏观调控政策的影响，无论哪个影响因素发生变化，如国家和地方出台新的调控政策，通常都会导致房地产价格出现某种程度的波动。如贷款利率的提高，一方面会增加贷款购房者的购房成本，从而抑制购房需求，另一方面会提高房地产开发成本，减少房源的供给量，从而导致房地产价格的变化；再如各地推出的限购政策，在短期内可能导致某些房地产价格的下行等。因此要求房地产经纪人员对录入系统的价格信息进行日常维护与更新，及时增补新成交房地产的价格信息，同时对销售均价等进行调整，以保证价格信息的时效性和参考价值。

四、房地产价格信息利用

（一）分析预测房地产价格的变化趋势

房地产价格信息的分析是指房地产经纪人员根据所掌握的房地产价格信息，采用一定的方法对其进行分析，进而判定价格的现状和变化趋势。对房地产价格走势的判断包括定性的判断和定量的判断：定性判断是给出价格的未来走势等，如未来的价格是上涨、下跌还是保持稳定；定量判断则是计算出具体的或可能的变化，如某类住宅的市场成交价格在最近几个月内上涨几个百分点等，在未来几个月内会增长或下跌几个百分点等。对房地产价格信息进行分析常用的方法包括：简单统计分析，即根据已搜集到的统计数据计算出某些数据指标，通过这些指标对房地产价格的走势进行判断；比价分析，对不同地区或不同类别房源的比较分析、同类房源在不同时间段上的比较分析等；因果关系分析，通过分析影响房价的原因，找出影响价格变化的主要因素和影响程度等。在这里我们重点介绍两个在房地产价格分析中常用的简单统计方法，同比增长率和环比增长率的计算。

1. 房地产价格同比增长率的计算

同比，通常是指本期价格水平与去年同期价格水平相比较。同比主要是应用在周期性对比中，因为许多消费是有周期性的，比如房地产中常说的"金九银十"，同比能够消除季节变动的影响，更为客观地反映变化情况。同比增长率，一般是指和去年同期相比较的增长率，一般用百分数表示。如某类住宅，其今年2月销售均价与去年2月的销售均价相比的变化情况，其结果可能是正值、负值或零，正值为增长，负值为下降，零则为没有变化。

同比增长率的计算公式如下：

房价同比增长率＝（今年某期的房地产价格－去年同期的房地产价格）/（去年同期房地产价格）×100％

2. 房地产价格环比增长率的计算

环比，通常是指本期价格水平与上一连续周期价格水平相比较。环比主要是反映价格的连续变化情况。环比增长率，一般是指和上一个连续周期相比较的增长率，一般用百分数表示。如某类住宅，其今年2月的销售均价与今年1月的销售均价相比的变化情况，其结果可能是正值、负值或零，正值为增长，负值为下降，零则为没有变化。值得注意的是与同比不同，环比不能剔除季节变动的影响，因此在实际分析过程中，通常将同比、环比同时使用。

环比增长率的计算公式如下：

房价环比增长率＝（某期的房地产价格－上个周期的房地产价格）/（上个周期房地产价格）×100％

【例题 2-8】某城市某区域的住宅销售均价在 2017 年 2 月为 16 000 元/m²，在 2018 年 1 月为 17 350 元/m²，2018 年 2 月为 17 600 元/m²，分析 2018 年 2 月该住宅销售均价的同比与环比增长率。

计算：

同比增长率＝(17 600－16 000)/16 000×100％＝10.00％

环比增长率＝(17 600－17 350)/17 350×100％＝1.44％

2018 年 2 月该住宅销售均价的同比增长率为 10.00％，环比增长率为 1.44％。

（二）为卖方提供房地产挂牌价格参考

房地产经纪机构接受卖方或出租方委托后，要根据委托房地产的实际状况，结合市场价格信息及近期走势协助制定挂牌价格。房地产经纪人员要将类似房地产近期成交价格展示给卖方，为其讲解这些成交案例与委托房地产的差异，进行相应的修正与调整，大致确定房地产的市场价格及心理价位；然后根据近期价格谈判的经验，预留一定的议价空间，协助卖方或出租方确定挂牌价。

（三）为房地产交易谈判提供价格参考

任何房地产交易都不能脱离市场，房地产价格信息是交易当事人进行价格谈判最为重要的参考条件。房地产经纪人员在组织双方价格谈判时，应将类似房地产的价格信息、近期房地产价格走势等信息传递给交易当事人双方，并告知信息来源。这些信息通常包括：一是委托房屋所在社区或所处商圈范围内同类房屋当时的一般、平均成交价格水平（主要指单价）、一段时期内价格变动的情况；二是在近一段时期内，委托房屋所在区域其他成交案例的买卖成交价格或者租赁成交价格情况（包含单价和总价）。关于买卖成交价格，应当界定是含税价还是卖家净得价（不含卖方税费）。交易当事人再根据房源的个案情况，结合市场状况进行相关谈判，最终实现成交。房地产价格信息在交易当事人谈判中，具备一定的指导功能，有助于买卖双方正确认识房源个案的价值。

（四）利用价格趋势促进房源和客源的开发

房地产价格趋势是房地产经纪人员用以促进房源、客源开发的一个工具。如果房地产价格呈上扬趋势，房地产经纪人员可以将信息告知客户，促使其尽快决定购买；如果房地产价格呈现下降趋势，房地产经纪人员可以将信息尽快告知业主，促使其尽快决定出售，从而避免不必要的损失。

复习思考题

1. 什么是房源信息？房源信息搜寻的渠道和方法有哪些？
2. 如何对房源信息进行整理和分类？
3. 共享房源信息的途径有哪些？
4. 发布房源信息的相关要求及渠道有哪些？
5. 什么是客源信息？客源信息搜寻的渠道和方法有哪些？
6. 如何对客源信息进行整理和分类？
7. 房源客源信息匹配的方法和步骤是怎样的？
8. 房地产价格信息有哪几类？
9. 如何对房地产价格信息进行整理和分析？
10. 如何利用房地产价格信息？

第三章　房地产经纪服务合同签订

　　房地产经纪机构接受委托提供房地产信息、实地看房、代拟合同等房地产经纪服务时，应当与委托人签订书面的房地产经纪服务合同。房地产经纪服务合同在保障合同当事人的合法权益、规范房地产经纪服务行为、减少房地产经纪服务纠纷等方面发挥着重要作用。因此，房地产经纪人员不仅需要掌握房地产经纪服务合同的特点、类型与主要内容，而且要熟悉房地产经纪服务合同的签订流程。在实际操作中，能够根据房地产经纪业务类型，正确选择相应的房地产经纪服务合同并做好签约前的各项准备工作，并在签订过程中做到规范操作，能够有针对性地预防可能出现的纠纷以及避免合同签订中的常见错误。

第一节　房地产经纪服务合同概述

一、房地产经纪服务合同的含义和作用

（一）房地产经纪服务合同的含义

　　房地产经纪服务合同，是指房地产经纪机构和委托人之间就房地产经纪服务相关事宜订立的协议。房地产经纪服务合同是房地产经纪机构与委托人之间约定权利义务的书面文件，是房地产经纪机构开展经纪活动的必备要件。

（二）房地产经纪服务合同的作用

　　在房地产经纪实务中，大多数房地产经纪服务纠纷，都是因为没有签订房地产经纪服务合同，或者没有使用规范的合同文本，没有对双方的权利义务作出明确、详尽的约定而导致的。签订房地产经纪服务合同，不仅对房地产经纪机构、房地产经纪人员，而且对委托人同样具有非常重要的意义。其作用主要体现在：

　　一是确立了房地产经纪机构与委托人之间的委托关系。委托关系建立后，房地产经纪机构和委托人的行为就受到《民法典》《房地产经纪管理办法》等法律法规的约束。

　　二是明确了房地产经纪机构和委托人的权利和义务。签订房地产经纪服务合同以后，当事人应当按照合同的约定全面履行自己的义务，未依法律规定或者取

得对方同意，不得擅自变更或者解除合同。如果一方当事人在未取得对方当事人同意的情况下，擅自变更或者解除合同，不履行合同义务或者履行合同义务不符合约定，守约方可向法院起诉要求违约方继续履行合同、承担违约责任。

三是建立了房地产经纪机构和委托人之间解决纠纷和争议的有效依据。在房地产经纪活动中，房地产经纪机构和委托人由于某些认知的差异，难免产生纠纷和争议。签订房地产经纪服务合同，使得双方可以依照合同约定处理纠纷和争议，避免产生更大的矛盾。

【例题 3-1】房地产经纪服务合同明确了(   )之间的权利义务关系。

A. 房地产租赁当事人

B. 房地产买卖当事人

C. 房地产经纪人和房地产经纪服务委托人

D. 房地产经纪机构和房地产经纪服务委托人

二、房地产经纪服务合同的分类

根据不同的分类标准，可以将房地产经纪服务合同划分为不同类型。在这里介绍两种常见的分类方法：

（一）按照提供房地产经纪服务方式的不同进行分类

按照房地产经纪机构所提供的经纪服务的方式，可将房地产经纪服务合同划分为房地产中介合同和房地产委托合同。房地产中介合同是指房地产经纪机构向委托人报告订立房地产交易合同的机会或者提供订立合同的媒介服务，委托人支付报酬的合同。其目标是介绍委托人与第三人订立合同。房地产委托合同是指房地产经纪机构和委托人约定，由经纪机构处理委托人与第三方进行房地产交易的合同。

（二）按照委托的事项或服务内容的不同进行分类

按照委托人委托的事项或要求提供的服务，房地产经纪服务合同可以分为房屋出售经纪服务合同、房屋出租经纪服务合同、房屋购买经纪服务合同和房屋承租经纪服务合同。

房屋出售经纪服务合同，是指房地产经纪机构和房屋权利人之间就委托出售房屋有关事宜订立的协议。房屋出租经纪服务合同，是指房地产经纪机构和房屋权利人之间就委托出租房屋有关事宜订立的协议。房屋购买经纪服务合同，是指房地产经纪机构和房屋购买人之间就委托购买房屋有关事宜订立的协议。房屋承租经纪服务合同，是指房地产经纪机构和房屋承租人之间就委托承租房屋有关事宜订立的协议。

三、房地产经纪服务合同的选用

（一）房地产经纪服务合同类型的选择

房地产经纪服务合同的类型选择，应当根据房地产经纪服务的方式，以及委托人的委托事项或服务内容来确定。从房地产经纪服务的方式来看，现阶段，我国存量房经纪服务主要是居间服务，新建商品房经纪服务主要是代理服务。针对这两种服务方式，需要签订房地产中介合同和房地产委托合同。实践中，房地产中介合同一般由交易双方与提供经纪服务的房地产经纪机构分别签订或三方共同签订，房地产委托合同由房地产开发企业和经纪机构双方共同签订。

根据委托人委托的事项或服务内容选择合同时，委托人作为房地产权利人委托出售、出租房地产的，应当签订房屋出售经纪服务合同、房屋出租经纪服务合同；委托人作为求购、求租人的，应当签订房屋购买经纪服务合同、房屋承租经纪服务合同。

（二）房地产经纪服务合同文本的选用

房地产经纪机构在接受委托时就应及时签订服务合同，合同文本应当首选房地产主管部门或房地产经纪行业组织发布的房地产经纪服务合同推荐文本。《房地产经纪管理办法》第十六条规定："建设（房地产）主管部门或者房地产经纪行业组织可以制定房地产经纪服务合同示范文本，供当事人选用。"2006 年 10 月，中房学发布了房地产经纪业务合同推荐文本，包括《房屋出售委托协议》《房屋出租委托协议》《房屋承购委托协议》和《房屋承租委托协议》。2017 年 6 月，又对该推荐文本进行了修订，重新发布了《房屋出售经纪服务合同》《房屋购买经纪服务合同》《房屋出租经纪服务合同》《房屋承租经纪服务合同》，具体见附录三。

四、房地产经纪服务合同的主要内容

房地产经纪服务合同的内容因合同类型的不同而有所不同，但主要条款具有共性。《房地产经纪管理办法》第十六条规定，房地产经纪服务合同应当包含下列内容：①房地产经纪服务双方当事人的姓名（名称）、住所等情况和从事业务的房地产经纪人员情况；②房地产经纪服务的项目、内容、要求以及完成的标准；③服务费用及其支付方式；④合同当事人的权利和义务；⑤违约责任和纠纷解决方式。

中房学发布的房地产经纪服务合同推荐文本的主要内容如下：

《房屋出售经纪服务合同》包括 11 条：①房屋基本情况；②委托挂牌价格；

③经纪服务内容；④服务期限和完成标准；⑤委托权限；⑥经纪服务费用；⑦资料提供和退还；⑧违约责任；⑨合同变更和解除；⑩争议处理；⑪合同生效。

《房屋购买经纪服务合同》包括9条：①房屋需求基本信息；②经纪服务内容；③服务期限和完成标准；④经纪服务费用；⑤资料提供和退还；⑥违约责任；⑦合同变更和解除；⑧争议处理；⑨合同生效。

《房屋出租经纪服务合同》包括11条：①房屋基本情况；②房屋出租基本要求；③经纪服务内容；④服务期限和完成标准；⑤委托权限；⑥经纪服务费用；⑦资料提供和退还；⑧违约责任；⑨合同变更和解除；⑩争议处理；⑪合同生效。

《房屋承租经纪服务合同》包括9条：①房屋需求基本信息；②经纪服务内容；③服务期限和完成标准；④经纪服务费用；⑤资料提供和退还；⑥违约责任；⑦合同变更和解除；⑧争议处理；⑨合同生效。

第二节　房地产经纪服务合同的签订流程

房地产经纪机构与委托人签订房地产经纪服务合同时，应提前做好各项准备工作并按流程完成合同签订，房地产经纪服务合同的签订流程通常包括：书面告知委托人有关事项、查看委托人的有关证明、洽谈有关事项以及签署房地产经纪服务合同四个步骤。

一、书面告知委托人有关事项

信息不透明以及未明确告知必要事项是导致房地产经纪纠纷产生的主要原因之一。根据《房地产经纪管理办法》，必要事项告知是房地产经纪机构在签订房地产经纪服务合同前应当履行的义务。需告知的必要事项主要包括：

1. 委托人需要协助的事宜、提供的资料

房地产经纪机构应当根据房地产交易相关规定，视情形告知委托人需要提供的资料以及需要协助的事宜，如在承接房屋出售或出租业务时，告知委托人要提供本人及相关人员的身份证明、房屋权属证明、房屋共有人同意出售或出租等有关证明和文件资料，协助调查委托出售、出租房屋的有关信息，配合看房及查询房屋产权等事宜。在承接房屋购买或承租经纪业务时，告知委托人提供身份证明以及是否具备购房资格（在限购地区）等资料信息。

2. 房地产经纪服务的内容及完成标准

房地产经纪业务按照经纪服务方式，分为房地产居间业务和房地产代理业务；按照房地产的用途类型，分为住宅房地产经纪业务、商业房地产经纪业务；按照房地产经纪活动所促成的房地产交易类型，分为房地产买卖经纪业务和房地产租赁经纪业务。不同类型的经纪服务方式，其所涉及的房地产经纪业务的服务内容和完成标准也有所不同，需要房地产经纪机构就该委托房屋的实际情况以及针对委托人的实际需求予以详细告知。

3. 房地产经纪服务收费标准和支付时间

佣金是房地产经纪机构提供房地产经纪服务的回报，但必须以合法的方式收取。在房地产经纪服务中，经常由于房地产经纪机构未明确或未公示服务标准和佣金标准，导致房地产经纪机构与委托人对实际提供的经纪服务和收费有明显的认识差异，而引发冲突和纠纷。因此，房地产经纪机构应当事先告知委托人并在房地产经纪服务合同中明确具体的收费标准和支付时间。收费标准应当与行业相关法律法规中的规定相符合，并与经营场所公示的有关内容一致。

4. 是否与委托人或第三方存在利害关系

此项内容体现了房地产经纪机构和房地产经纪人员在房地产经纪活动中应遵循的回避原则。房地产经纪机构和房地产经纪人员存在以下情形的，应当回避该宗业务，或如实披露并征得另一方当事人同意后再与其签订房地产经纪服务合同：一是与房屋出卖人或者出租人有利害关系，如房主为房地产经纪人员本人或其直系亲属等；二是与房屋的承购人或者承租人有利害关系，如房地产经纪人员是买方或承租方及其直系亲属等。

5. 委托房屋的市场参考价格

市场价格是某种房地产在市场上的一般、平均水平价格，是该类房地产大量成交价格的综合结果。房地产经纪机构应当搜集大量真实的交易实例，选取符合一定条件的交易实例作为可比实例，向委托人提供真实客观的市场参考价格，以便委托人根据房屋本身实际情况，合理设定心理价格和对外报价。

6. 房屋交易的一般程序及可能存在的风险

房地产经纪机构应当根据委托交易方式的需求，将有关交易程序告知委托人。同时，对可能出现的由交易主体、标的物、不可抗力等因素导致的风险如实向委托人进行告知。

7. 房屋交易涉及的税费

在房屋交易中，根据权属性质、房地产用途、购买年限、是否唯一住房的不同，所缴税费亦有所不同。因为交易税费计算比较复杂，房地产经纪机构应当根据委托交易房屋的性质、种类和政府关于房地产交易税费的相关规定，将房屋所涉及的税费种类、交费主体、收取标准等告知委托人。

8. 交易资金交付

在房屋买卖活动中，交易资金通常包括定金、首付款（可能分成多期）、住房贷款、物业交割保证金、户口迁移保证金等。这些资金如何交付、是否需要监管、交易资金监管的部门及程序等，都需要提前告知委托人。

9. 其他服务相关事项

如果房地产经纪机构提供代办贷款等其他服务的，还应当将相关服务的完成标准、收费标准告知交易当事人，并另行签订书面的代办服务合同。

【例题 3-2】在签订房地产经纪服务合同前，房地产经纪人员应告知委托人的必要事项有（　　）。

A. 委托人需要协助提供的相关资料

B. 佣金标准及收费时点

C. 委托交易房屋的成交价格

D. 买方或承租方可承受的付款方式

E. 房屋交易中涉及的税费

二、查看委托人的有关证明

（一）查看委托人身份证明

作为委托人，首先应具有完全民事行为能力。对于自然人，完全民事行为能力人是指十八周岁以上可以独立进行民事活动的公民，或十六周岁以上不满十八周岁以自己的劳动收入为主要生活来源的公民。无民事行为能力人或者限制民事行为能力人，应由其监护人代理委托①。对于法人和其他组织，应按照国家规定领取营业执照、登记证书等。

房地产经纪机构在与委托人签订房地产经纪服务合同时，应先查看委托人的

---

① 根据《民法典》规定，十八周岁以上的自然人为成年人。不满十八周岁的自然人为未成年人。十六周岁以上的未成年人，以自己的劳动收入为主要生活来源的，视为完全民事行为能力人。八周岁以上的未成年人为限制民事行为能力人，实施民事法律行为由其法定代理人代理或者经其法定代理人同意、追认，但是可以独立实施纯获利益的民事法律行为或者与其年龄、智力相适应的民事法律行为。不能完全辨认自己行为的成年人为限制民事行为能力人（如间歇性精神病患者），实施民事法律行为由其法定代理人代理或者经其法定代理人同意、追认，但是可以独立实施纯获利益的民事法律行为或者与其智力、精神健康状况相适应的民事法律行为。不满八周岁的未成年人为无民事行为能力人，由其法定代理人代理实施民事法律行为。不能辨认自己行为的成年人为无民事行为能力人（如完全丧失辨认和控制能力的精神病患者），应由其法定代理人代理实施民事行为。在签订合同和办理不动产转移登记手续时，需要根据当地房地产管理部门的要求办理相关的委托手续。

身份证明。对于不同身份的委托人，其身份证明也是不同的，因此，在查看身份证明时，应区别对待。①对于境内自然人，应查看居民身份证；②对于军人，应查看居民身份证或军官证、士兵证、文职干部证、学员证等；③对于香港、澳门特别行政区自然人，应查看香港、澳门特别行政区居民身份证或香港、澳门特别行政区护照，港澳居民来往内地通行证，港澳同胞回乡证等；④对于台湾地区自然人，应查看台湾居民来往大陆通行证或台胞证；⑤对于境内企业法人，应查看企业法人营业执照；⑥对于境内事业单位法人、社团法人，应查看事业单位法人证书、社会团体法人登记证书；⑦对于境内经营性其他组织，应查看营业执照；⑧对于境内非经营性其他组织，应查看法定非营利性组织登记证书。

若房屋出售、出租的委托人与房屋权利人不是同一人，除了要查看委托人的身份证明外，还应查看房屋权利人的身份证明、房屋权利人出具的出售或出租房屋的委托书等，委托出售房屋的所有权人无法到场办理手续的，出售委托书要经过公证。如涉及代理人签约时，应查验代理人身份信息及委托权限。

（二）查验房地产权属证明

对于出售或出租委托，除了查看委托人的身份证明，还应查看出售或出租房屋的产权证明，并通过实地查看房屋，编制房屋状况说明书。房屋的产权证明通常为房屋所有权证或不动产权证书、房屋共有权证或房地产共有权证、房屋他项权证或房地产他项权证、不动产登记证明等。房地产经纪人员不仅应了解各种不同的房地产权属证明材料，还应具备一定的辨别能力，即对明显虚假的证明材料能够辨认，并加以识别（这部分内容在第七章中有专门介绍）。

为了避免房地产产权瑕疵造成的交易风险，房地产经纪人员要按照房地产交易管理部门规定的产权核验办法，查询委托房地产的权利状况，是否具备交易条件，包括权利类型、是否设定抵押、是否被法院查封、是否为共有房屋等。

（三）查看其他证明文件

对于一些特殊房屋的出售或出租委托，还要提醒委托人提供相关证明文件：

（1）共有房屋出租、出售的，要提供共有人同意出售或出租的书面证明或委托书。

（2）如果是国有企业所有的房屋，需要取得国有资产管理部门的批准文件和职工（代表）大会决定；如果是集体企业所有的房屋，需要取得职工（代表）大会决定；如果是公司产权的房屋，需要公司董事会、股东会审议同意的书面文件。

三、洽谈有关事项

房地产经纪服务内容、服务完成标准、服务收费标准及费用支付时间是房地产经纪服务合同的重要组成部分，关乎房地产经纪机构和委托人的切身利益。在签订房地产经纪服务合同前，房地产经纪人员向委托人仔细说明和解释上述内容并对此达成一致意见十分必要。

（一）服务内容

按照服务性质的不同，房地产经纪机构所提供的服务项目可分为基本服务和延伸服务。房地产经纪基本服务的内容包括提供房地产市场信息、提供市场咨询、告知交易风险、协助实地看房、协助促成交易双方签订房地产交易合同、协助办理相关交易手续等。延伸服务的内容包括房地产抵押贷款代办等。房地产经纪机构和房地产经纪人员不得强制提供代办服务，不得捆绑收费。

（二）服务完成标准

房地产经纪人员要向委托人说明房地产经纪服务的基本流程及每项服务的完成标准，包括基本服务完成的节点、代办服务完成的节点等。这里要注意基本服务与代办服务完成的节点是不同的，从法律上讲，基本服务完成的标志是房地产交易合同签订，但实际上一般将办理不动产登记纳入基本服务的内容，直到完成房屋交验，基本服务才算完成。代办服务完成的节点是代办手续办理完毕。

基本服务和代办服务的收费应分开，在房地产经纪服务合同中约定收取经纪服务费用的节点，可以约定为房地产交易合同签订后、完成不动产转移登记后，也可以分段收取经纪服务费。若买卖双方要求房地产经纪机构进一步提供代办服务，代办服务的费用按约定收取。

（三）收费标准及费用支付时间

2014 年 12 月 27 日，《国家发展改革委关于放开服务价格意见的通知》（发改价格〔2014〕2755 号）将房地产经纪服务、律师服务等 7 项服务价格放开，由市场决定收费价格。房地产经纪机构应按照《价格法》《房地产经纪管理办法》等法律法规要求，公平竞争、合法经营、诚实守信，为委托人提供价格合理、优质高效服务。房地产经纪机构的收费标准由其自行根据市场情况确定，但应严格执行明码标价制度。明码标价制度要求房地产经纪机构在经营场所的醒目位置公示价目表，价目表应包括服务项目、服务内容及完成标准、收费标准、收费对象及支付方式等基本要素；一项服务包含多个项目和标准的，应当明确标示每一个项目名称和收费标准，不得混合标价、捆绑标价。房地产经纪机构不得收取任何未标明的费用。房地产经纪人员必须了解当地房地产经纪服务收费的有关规定，并严格遵守。

服务费用的具体支付时间，一般由房地产经纪机构和委托人自行约定。根据《中华人民共和国民法典》第九百六十三条规定，中介人促成合同成立的，委托人应当按照约定支付报酬。房地产经纪服务收费对应房地产交易合同的达成，反过来说，房地产经纪机构未能协助委托人订立房地产交易合同，或者订立的房地产交易合同无效，如果责任不在委托人的话，房地产经纪机构就无权收取费用。因此，目前房地产经纪服务费用的支付时点通常为房地产交易合同签订之时。

【例题 3-3】关于房地产经纪服务收费的说法，正确的是(   )。

A. 基本服务和代办服务应合并收费

B. 房地产经纪服务费应一次性收取

C. 房地产经纪服务费可以在促成签订房地产交易合同后收取

D. 房地产经纪服务费可在签订房地产经纪服务合同后即收取

四、签署房地产经纪服务合同

（一）准备书面房地产经纪服务合同

由于房地产经纪服务合同既涉及缔约双方的权利义务，又涉及复杂的房屋交易手续及流程，房地产经纪服务合同应以书面形式签订。书面形式是指合同书、信件和数据电文（包括电报、电传、传真、电子数据交换和电子邮件）等可以有形地表现所载内容的形式。最常采用的是当事人双方对合同有关内容进行协商订立的并由双方签字（或者同时盖章）的合同文本，也称作合同书或者书面合同。

（二）向委托人解释房地产经纪服务合同条款并填写合同

房地产经纪人员要逐条向委托人解释房地产经纪服务合同的条款，耐心解答委托人提出的问题。根据双方协商情况，逐项填写合同内容，并由委托人确认是否符合委托人的真实意思表示。

（三）在房地产经纪服务合同上签字、盖章

协商一致的房地产经纪服务合同应经房地产经纪机构盖章、房地产经纪人员签名、委托人签名方可生效。

第三节　签订房地产经纪服务合同中的注意事项

一、房地产经纪服务合同的填写要求

以存量房经纪服务合同为例说明房地产经纪服务合同的填写要求。

（一）合同签订双方的基本信息

1. 委托人及代理人信息

委托人是自然人的，根据身份证件信息填写自然人的姓名、身份证件号码、通信地址等；委托人是法人的，根据营业执照信息填写法人的名称、营业执照注册号和住所。法人委托代理人签约的，还应写明代理人的身份信息。联系电话填写最容易联系到委托人的移动电话号码。

2. 房地产经纪机构信息

房地产经纪机构的名称、法定代表人或执行合伙人、营业执照注册号、统一社会信用代码，根据营业执照填写；房地产经纪机构备案证明编号，根据备案证明填写；联系电话，填写房地产经纪机构官方对外公开的电话号码。

（二）房屋基本情况

在《房屋出售经纪服务合同》《房屋出租经纪服务合同》中，权属证书编号、权利人共有情况、房屋坐落、规划用途、面积、户型、所在楼层、地上总层数等信息，根据权属证书填写。有无电梯、朝向或者上述信息在权属证书无记载的，根据实地查看情况填写。

在《房屋购买经纪服务合同》中，需求房屋的规划用途、所在区域、建筑面积、户型、朝向、有无电梯、价格范围、付款方式等信息，根据购买人提供并确认的信息填写。

在《房屋承租经纪服务合同》中，需求房屋的规划用途、所在区域、建筑面积、户型、朝向、有无电梯、租金范围、租赁期限、最晚入住日期、承租形式等信息，根据承租人提供并确认的信息填写。

（三）挂牌价格或出租要求

委托挂牌的总价和单价，按照卖方提供并确认的价格填写。当然，房地产经纪人员作为专业人士，可以就房屋委托挂牌价格给卖方提供专业意见。合同签订后委托人如需修改挂牌价格，需另行书面通知房地产经纪机构。

房屋出租的挂牌租金、租金支付方式、押金数额、房屋租赁期限、房屋最早交付日期、房屋出租形式（整租、合租）、房屋用于居住的最多人数，按照出租人提供并确认的信息填写。

（四）房地产经纪服务的内容

房屋出售经纪服务的内容主要有：提供相关房地产信息咨询；办理房源核验，编制房屋状况说明书；发布房源信息，寻找意向购买人；接待意向购买人咨询和实地查看房屋；协助委托人与房屋购买人签订房屋买卖合同。

房屋购买经纪服务的内容主要有：提供相关房地产信息咨询；寻找符合委托人要求的房屋和带领委托人实地查看；协助委托人查验房屋出售人身份证明和房屋产权状况；协助委托人办理购房资格核验；协助委托人与房屋出售人签订房屋买卖合同。

房屋出租经纪服务的内容主要有：提供相关房地产信息咨询；编制房屋状况说明书；发布房源信息，寻找意向承租人；接待意向承租人咨询和实地查看房屋；协助委托人与房屋承租人签订房屋租赁合同；协助委托人与房屋承租人交接房屋。

房屋承租经纪服务的内容主要有：提供相关房地产信息咨询；寻找符合委托人要求的房屋和带领委托人实地查看；协助委托人与房屋出租人签订房屋租赁合同；协助委托人与房屋出租人交接房屋。

（五）房地产经纪服务期限及完成标准

房地产经纪服务期限可以约定具体的时间期限，也可约定为自合同签订之日起至委托人签订房屋交易合同、办理完不动产登记或完成房屋交验之日止。

法律意义上讲，房地产经纪基本服务的完成一般以房地产交易合同（包括买卖合同和租赁合同）的签订为标志，但实际上交易双方签订交易合同后的相关服务也需要房地产经机构提供，因此，直到完成不动产登记和房屋交验，基本服务才算完成。基本经纪服务的完成标准可约定为：在经纪服务期限内，委托人与经纪机构推荐的房屋交易人签订房屋交易合同、完成不动产登记并交房。

房地产经纪延伸服务的完成节点通常是代办手续办理完毕之际。时间期限由房地产经纪机构与委托人自行约定。

【例题3-4】实践中，房地产经纪机构需要完成（　　）等工作，基本服务才算完成。

A. 房地产交易合同签订　　　　B. 房地产经纪服务费收取

C. 办理不动产转移登记　　　　D. 房屋交验

E. 抵押登记

（六）委托权限

有关委托人是否放弃委托其他房地产机构提供经纪服务的权利、是否将房屋的钥匙交由经纪机构保管等事宜，房地产经纪人员应向委托人说明利弊，由委托人确认后据实填写。如果委托人放弃委托其他经纪机构服务，即独家委托给该经纪机构，则上文中提到的经纪服务期限通常应约定为具体的日期。

（七）房地产经纪服务费及其支付方式

服务费是房地产经纪机构提供房地产经纪服务应得的服务报酬，由佣金和代办服务费两部分构成。房地产经纪服务完成并达到约定的服务标准，房地产经纪机构才可以收取服务报酬。一般情况下，房地产经纪服务的完成以房地产交易合同签订为标志，房地产交易合同订立后就可以收取佣金；代办服务费的收取标准和时点由当事人自行约定。房地产经纪服务费的支付方式可以是一次性支付也可以是分阶段支付。房地产买卖、租赁过程中，涉及政府规定应由委托人支付的税、费，但由房地产经纪机构代收代缴的，不包含在房地产经纪服务费中。服务过程中涉及支付给第三方的费用，如权属信息查询费、评估费等，也可在房地产经纪服务合同中就其支付方式进行约定。

依据《民法典》第九百六十四条规定，中介人未促成合同成立的，不得请求支付报酬；但是，可以按照约定请求委托人支付从事中介活动支出的必要费用。一般情况下，必要费用不得高于房地产经纪服务收费标准，具体收费额度双方协商议定。

经纪服务费由谁支付、收取标准以及支付方式，房地产经纪人员应先向委托人进行说明，由委托人确认后填写。

（八）违约责任和纠纷解决方式

房地产经纪服务合同中应明确约定，合同成立并生效后，若一方不履行合同义务或履行义务不符合合同约定时，应承担的违约责任。这一做法有助于约束双方当事人自觉履行合同，为可能出现的纠纷提供明确的解决依据，从而达到保护非违约方合法权益的目的。

纠纷解决方式是指合同当事人解决合同纠纷的手段和途径，当事人应当在合同中明确约定解决合同争议或纠纷的具体途径，如通过相关部门调解、仲裁、司法诉讼等。当事人没有做出明确约定的，可通过诉讼方式加以解决。

房地产经纪机构因泄露委托人隐私或商业秘密、遗失委托人资料原件等行为给委托人造成损失的，要给予委托人一定的经济赔偿；委托人违反经纪服务合同约定，自行与经纪机构引见的第三方签订交易合同的，通常应按照经纪服务合同约定的费用标准，向经纪机构支付违约金。违约金由谁支付、标准以及支付方式，房地产经纪人员应向委托人进行说明，由委托人确认后填写。

如果在履行合同过程中发生争议，由缔约双方协商解决。协商不成的，可由当地房地产经纪行业组织调解。不接受调解或调解不成的，可以约定由具体的仲裁委员会仲裁，或者约定向房屋所在地人民法院起诉。选择仲裁或者起诉，房地产经纪人员应向委托人就程序、利弊等进行说明，由委托人确认后填写。

（九）签章与签名

委托人是境内自然人，甲方（签章）处应由委托人亲笔签名；委托人是法人，应加盖法人公章或合同专用章。房地产经纪机构印章可以是机构的公章，也可以是机构的合同专用章。

房地产经纪服务合同应由承办该业务的一名房地产经纪人或者两名房地产经纪人协理签名。2019 年修正前的《中华人民共和国电子签名法》第三条规定电子签名、数据电文不适用"涉及土地、房屋等不动产权益转让的"合同，故房地产买卖经纪服务合同中，房地产经纪人员的签名应采用手写签名，但 2019 年对该法进行了修正，将"涉及土地、房屋等不动产权益转让的"表述删除，意味着已不再强制要求房屋买卖相关合同必须采用手写签名。

房地产经纪服务合同通常签署 2 份，委托人和房地产经纪机构各持 1 份。这2 份合同具有同等效力。

二、签订房地产经纪服务合同中的常见错误

房地产经纪机构与委托人签订房地产经纪服务合同，应符合法律法规的相关要求，同时应尽量避免合同签订中的常见错误，预防房地产经纪业务纠纷。在签订房地产经纪服务合同时，一些常见错误需要引起房地产经纪机构和房地产经纪人员的注意。

（1）证件信息填写有误。例如，姓名或名称、身份证号或营业执照号码、住址、房屋所有权人、共有人、房屋坐落和面积等信息与原件不一致。为避免这类常见错误，房地产经纪人员应仔细核对委托人提供的原始资料。

（2）合同服务内容未明确界定。房地产经纪机构和委托人往往由于各自知识和经验的不同，对经纪服务内容的认知也不同。在合同中未明确界定服务内容或服务内容界定过于笼统，双方容易产生矛盾。

（3）合同有效期限未标明。合同的有效期限是指合同生效和终止的时间长度。在独家代理委托合同中要约定有效期限，否则很容易发生经纪业务交叉的情形，产生不必要的纠纷。

（4）格式合同条款中的空白处留白。格式合同条款中的空白处一般是用来填写除基本条款外双方协商需要增加的其他条款，房地产经纪人员应就此向委托人说明。若委托人对空白处无增加条款的意见，房地产经纪人员应将空白处划掉。

三、房地产经纪服务合同的风险防范措施

（一）签订合同前要充分协商

房地产经纪人员要向委托人解释清楚房地产经纪服务合同的所有条款，对于服务事项、服务费用标准、费用支付节点、违约责任等关键内容在签订合同前应与委托人进行充分协商，在双方对主要事项达成一致的情况下，才能签订合同。房地产经纪人员不得为了承揽业务进行虚假或不当的口头承诺，误导客户签约。

（二）使用规范的合同文本

实践中，许多房地产经纪机构愿意使用自己提供的经纪服务合同格式文本，这种情况很容易因合同不规范引起纠纷，从而给经纪机构造成一定的经济损失，带来不好的社会影响。为了减少房地产经纪服务合同纠纷，房地产经纪机构应尽量选择使用我国房地产管理部门和房地产经纪行业组织制定的房地产经纪服务合同示范（推荐）文本。经纪机构如需使用自己制定的合同文本，建议在参考示范（推荐）文本的基础上进行细化或补充。

（三）明确经纪服务合同履行与交易合同履行的关系

签订交易合同并不意味着交易能顺利完成。现实中可能出现两种情况致使交易无法进行：一是，交易双方或一方违约导致交易合同不能履行，这种情况下，经纪服务合同仍要履行，经纪机构不必退还或者不必全部退还服务费用；二是，交易双方隐瞒有关信息而经纪机构未尽到审查义务导致房屋交易合同无效，这种情况下，经纪机构须退还经纪服务费用。这些可能出现的情况要在房地产经纪服务合同中进行约定。

（四）尽到积极调查审核与告知的义务

在房地产经纪服务中，房地产经纪机构应当履行如实报告的义务。实践中，一些房地产经纪机构受高额佣金的利益驱动，对于有利于促成交易的信息往往主动报告，而对于不利于交易促成的瑕疵信息，不愿主动报告。如果房地产经纪机构未尽到积极调查、审核、如实报告的义务，即使在房地产经纪服务合同中未对这些义务作明确约定，一旦发生交易纠纷，房地产经纪机构也要承担相应的责任。

【案例3-1】买方黄某通过某房地产经纪机构购买了刘某的一套住宅，黄某与刘某签订了房屋买卖合同，并支付了10万元定金。签订买卖合同当日，黄某（甲方）与该经纪机构（乙方）签订了《房屋承购经纪服务合同》，约定：甲方通过乙方的居间服务签订房屋买卖合同，乙方为甲方提供经纪服务的具体内容包括：①提供买卖信息；②提供相关交易流程、交易风险、市场咨询；③协助甲

对房屋进行实地查验；④协助并促成甲方签订房屋买卖合同。甲方承诺在签订房屋买卖合同 15 日内向乙方支付所购房屋实际价款 2％的佣金。

10 天后，黄某因资金不能及时到位，无力支付剩余购房款，决定解除房屋买卖合同。在该经纪机构的见证下，黄某与刘某签订了《房屋买卖合同解除协议》。

该经纪机构以已完成居间服务为由要求黄某支付全部佣金。黄某以未完成交易为由，只同意向该经纪机构支付 1 万元佣金。后该经纪机构将黄某告上法庭。

法院审理认为，《房屋承购经纪服务合同》中约定的具体服务内容贯穿于房屋交易的始终，即房屋买卖合同订立后至履行完毕期间，经纪机构均有义务向买方提供相关交易流程、交易风险、市场咨询及交房时实地查验房屋的服务。因此，买卖合同解除后，该经纪机构并未提供后续服务，黄某已经向其支付了 1 万元作为经纪活动支出的必要费用，在未完成交易的情况下，经纪机构要求支付全部剩余服务费用的请求不予支持。

【分析】房地产经纪活动中，房地产经纪机构的目的是促成房地产交易。如果经纪机构促成合同成立，则应按约定获得居间报酬；如果买卖双方签订的房屋交易合同依法解除，房屋交易未能最终完成的，若房地产经纪机构不能证明自己全面适当履行了约定服务事项及必要义务，则只能索要居间服务的必要费用，不能获得全部服务报酬。因此，房地产经纪机构在与买方订立经纪服务合同时，应就服务内容、服务方式、服务费用、违约责任等在合同中作出明确约定。

【案例 3-2】卖方王某将已被法院查封的房屋以低于市场价格 10 万元的挂牌价委托给某房地产经纪机构出售，该经纪机构指定经纪人员蒋某承办该项业务。蒋某查看了王某提供的身份证件及房屋所有权证书，认为没有问题。随后，蒋某将该房屋推荐给客户赵某，赵某看房后，表示对这套房屋很满意。王某对蒋某表示，其急需资金 50 万元购买其他房屋，希望赵某能在看房当天就支付给他 50 万元作为定金。赵某购房心切，询问蒋某是否存在风险，蒋某表示问题不大。赵某当天便将 50 万元定金转到了王某账户。当天蒋某又安排王某和赵某补充签订了房屋买卖合同。王某（甲方）、赵某（乙方）和该经纪机构（丙方）签订了《居间服务合同》。

《居间服务合同》中就信息审核一项载明：乙方确认，甲方已应丙方要求，提供了房屋所有权证书及产权人身份证明文件。就居间服务成功确认一项载明：甲方对乙方的身份证进行了审核；乙方对甲方提供的上述文件进行了审核，对房屋进行了实地查验，对房屋本身及其权属的所有情况均已了解；甲乙双方承诺提供的全部证件合法、有效、真实。签订居间服务合同后，赵某向经纪机构支付了

5 万元佣金。

此后王某失去联系，经纪机构向房地产管理部门核实房屋具体情况，发现房屋已被查封。赵某以诈骗为由向公安机关报案。经查，王某已将 50 万元挥霍一空，无力偿还。另查，该房屋此前因他案已被法院采取保全措施，对交易手续进行冻结，不能办理转让、过户、抵押等手续。

法院经审理认为，该经纪机构与赵某形成了中介合同关系。王某提出的看房当日即支付大额定金的交易方式既不符合通常交易惯例又存在极大风险。但经纪机构无证据证明其已尽到风险提示的义务。经纪机构没能采取审慎态度，对房屋的权属状况进行审核，也没要求王某提供交易当日房屋权属查询情况，亦没采取资金监管等方式防止交易风险发生。该经纪机构对此案件结果的发生具有重大过错，不仅无权要求给付居间报酬，亦应承担相应损害赔偿责任。判决该经纪机构赔偿赵某房款损失 50 万元，并退还全部经纪服务费用。

【分析】房地产经纪机构在房地产交易中不是"传声筒"，而是专业服务机构。《中华人民共和国民法典》规定，中介人应当就有关订立合同的事项向委托人如实报告。房地产经纪机构作为中介人，其中介义务主要是为其知晓的与订立房地产交易合同有关的事项向委托人如实报告，经纪机构应履行如实告知、合理审查、积极调查和风险提示的义务。房地产经纪机构在向委托人报告相关事项之前，应当进行必要的调查审核，保证报告的信息与客观情况相符，达到真实全面的要求。因此，房地产经纪机构在签订房地产经纪服务合同时应提示卖方或出租方配合进行权属调查的义务，并在交易双方签订房地产交易合同之前进行产权核验，将真实全面的信息如实告知买方或承租方。

复习思考题

1. 房地产经纪服务合同的类型有哪些？
2. 如何根据房地产经纪业务类型的不同选择合同类型？
3. 房地产经纪人员在签订经纪服务合同前应重点向客户说明哪些内容？
4. 签订房地产经纪服务前需要做好哪些准备工作？
5. 房地产经纪服务合同签署的流程？
6. 房地产经纪服务合同的主要条款填写要求有哪些？
7. 房地产经纪服务合同在签订中的常见问题有哪些？
8. 签订房地产经纪服务合同有哪些注意事项？

第四章　房屋实地查看

　　房屋实地查看是房地产经纪活动的重要环节之一，是体现房地产经纪人员专业服务水平、取得客户信任的重要途径。房地产经纪人员要掌握实地查看的各项技能，根据查看情况编制房屋状况说明书，带领客户有秩序地实地看房，体现其良好的专业素养和职业能力。在新建商品房销售中，尤其是期房销售，在信息发布前，房屋尚未建成，无法开展对拟售房屋的实地查看工作，则一般由房地产开发企业提供相关销售资料。因此，本章主要介绍如何进行存量房实地查看。

第一节　房屋实地查看概述

一、房屋实地查看的含义和作用

　　房屋实地查看，是房地产经纪人员自行或者带领客户到房屋现场，观察、检查委托房屋状况的活动。房屋实地查看通常包括两种情形：①房地产经纪人员自行对房屋进行查看，简称房屋查看或空看；②房地产经纪人员带领客户实地查看房屋，简称为带客看房或带看。

　　对房屋进行实地查看，是房地产经纪人员确认房屋真实存在，亲身感受房屋的区位状况、实物状况和物业管理状况的重要手段，以便熟悉和掌握文字、图纸、照片等资料无法或者难以反映的细节。俗话说"百闻不如一见""眼见为实"，房屋尤其如此。因为房屋具有独一无二的特性，只有通过房屋实地查看，房地产经纪人员才能够全面掌握房屋除产权状况外的其他基本状况，包括区位状况、实物状况、物业管理状况、家具家电配置、房屋已发生的相关使用费用等事项。

　　此外，房地产经纪人员在带领客户实地查看的过程中，还可以通过展示其专业素养和职业能力，与客户建立良好的关系，为后续经纪服务工作的开展奠定良好的基础。因此，房屋实地查看是房地产经纪人员促成房地产买卖、租赁业务不容忽视的工作步骤，也是与客户建立情感联系、促成双方交易的关键环节。

二、房屋实地查看的主要内容

房屋买卖经纪服务中的房屋实地查看主要包括四个方面的内容：房屋区位状况、实物状况、物业管理状况、其他状况查看等。房屋租赁经纪服务中的房屋实地查看主要包括五个方面的内容：房屋区位状况，实物状况，家具、家电配置情况，房屋使用相关费用，其他状况查看等。

（一）房屋区位状况查看的内容

对房屋区位状况进行实地查看，主要是说明、描述和测量下列指标和因素：

（1）坐落。说明房屋的具体地点，并附位置示意图。位置示意图应准确、清楚、标尺恰当。例如，房屋位于××市××区××路（大街、大道）××号楼××单元××层××号，具体地点见位置示意图。

（2）楼层。说明房屋所在楼层和总层数（其中地上层数和地下层数）。层数要注意区分自然层数[1]和标注层数[2]。

（3）朝向。说明房屋坐落或门窗所对应的方向，并具体到房屋内部各功能分区的朝向。例如，房屋是南北朝向的，其中客厅和主卧朝南、厨房、卫生间朝北。若实地看房时，不能确定朝向，可使用手机上的指南针，便可确定朝向。

（4）交通设施。详细记录附近的公共汽车、电车、地铁、轻轨、轮渡等公共交通站点及房屋到站点的距离。例如，500m内有2个公交站点，分别是××站和××站。为了告知客户交通的便利性，还应说明附近公共交通可抵达城市哪些核心商圈、景点、重要交通枢纽等及相应的距离。例如，××路公交3站可抵达火车站，距离××商圈5km。

（5）环境状况。说明环境是否优美、整洁，有无空气、噪声、水、辐射、固体废物等污染及其污染程度。

（6）嫌恶设施。嫌恶设施是指位于房屋周边，会对居住者身体健康造成不良影响的建筑或设备。对于住宅，特别需要说明周边有无大型垃圾场站、公共厕所、高压输电线路、丧葬设施等嫌恶设施。

（7）景观状况。说明有无水景（如海景、江景、河景、湖景）、山景、园景等。

---

[1]　指实际层数，即按楼板、地板结构分层的楼层数。
[2]　指名义层数，是为回避某些楼层数字，所标注的楼层数。

（8）配套设施。说明一定距离内教育（如幼儿园、中小学）、医疗卫生（如医院）、商业服务等设施的完备程度。

（二）房屋实物状况查看的内容

对房屋实物状况进行实地查看，主要是测量、计算和描述下列指标和因素：

（1）建筑规模。根据房屋的使用功能说明其面积、体积等。如建筑面积、套内建筑面积、使用面积、居住面积、营业面积、可出租面积等。仓库一般要说明体积。

（2）空间布局。说明房屋功能分区以及各分区间交通流线是否合理，并附房产平面图、户型图等。对于住宅，要说明户型；对于商业用房特别是临街商铺，要说明开间、进深和开间进深比；对于厂房，要说明跨度等。房屋的空间布局通常应附照片来加以说明。

（3）房屋用途。房屋按用途可分为住宅、商业用房、办公楼、厂房等，实地查看中要同时说明房屋的规划用途及实际用途。

（4）层高或室内净高。层高是指上下两层楼面或楼面与地面之间的垂直距离，即一层房屋的高度。室内净高是指楼面或地面至上部楼板底面或吊顶底面之间的垂直距离。二者的关系是"净高＝层高－楼板厚度"。

（5）房龄（或竣工日期、建成年月、建成年份、建成年代）。最好说明竣工日期；不能说明的，要说明建成年月或建成年份、建成年代。

（6）装饰装修。说明是毛坯还是粗装修、精装修、豪华装修。对于有装饰装修的，还要说明外墙面、内墙面、顶棚、室内地面、门窗等部位所用材料和质现状。

（7）设施设备。说明给水、排水、供电、供暖、通风与空调、燃气、电梯、互联网、有线电视等设施设备的配置情况（有或无）、类型、性能等。如供水是市政供水、二次供水、自备井供水，是否为民用水、商用水，是否有热水、中水；供电是民用电、商用电、农用电、工业用电还是其他类型等。

（8）通风、保温、隔热、隔声、防水等情况。如，大雨过后，查看房屋墙壁、墙角、天花板是否有渗水、漏水的痕迹，尤其要留意阳台、卫生间附近的地板，有无潮湿发霉现象。

（9）梯户比。说明所在楼栋或单元电梯（楼梯）数与每层住户数的比例。如，一层楼有两部电梯及4套住房，那么其梯户比就是2∶4。

（三）房屋物业管理状况查看的内容

对房屋物业管理状况进行实地查看，主要是描述和说明下列指标和因素：

（1）物业服务企业名称。房地产经纪人员应记录物业服务企业的名称、资质等；并查阅资料，了解此物业服务企业的口碑及服务品质。

（2）物业服务费标准和服务项目。房地产经纪人员应询问房地产权利人或者物业服务企业工作人员，查看公示的物业服务收费标准及服务项目。物业服务费标准一般记录为××元/（m²·月）。

（3）基础设施的维护情况和小区环境的整洁程度。房地产经纪人员应查看门厅、楼梯等共用部位①和电梯等共用设施设备②的维护情况，查看楼道、小区道路和周边环境的整洁程度，查看小区花草树木的养护程度等。

（四）配置家具、家电情况及房屋使用相关费用调查

对于出租房屋，还要查看房屋配置家具、家电及房屋使用相关费用的情况。家具家电情况包括床、衣柜、电视、冰箱、空调等的数量、品牌、规格以及能否正常使用等。房屋使用的相关费用，包括水、电、燃气、供暖、网络、收视、电话、车位等费用的收费标准、交费周期、交费方式等。

（五）其他事项调查

除上述情况外，还要调查以下内容：

（1）房屋的使用状况，如委托出售的房屋是业主自住还是已经出租，已出租的，签订的租约何时到期，租户何时可以腾空房屋以及是否放弃优先购买权等。

（2）房屋有无附带出租、出售的车位，有无需要拆除的附着物，有无附赠的动产等。

（3）合租的房屋还要查看每个出租房间是否有独立的电表和水表等。

【例题 4-1】下列房屋实地查看的内容中，属于房屋实物状况的有（　　）。

A. 房屋实际用途　　　　　　　B. 家具家电情况

C. 房屋建筑结构　　　　　　　D. 房屋所在楼层

E. 房屋使用状况

---

① 指住宅主体承重结构部位（包括基础、内外承重墙体、柱、梁、楼板、屋顶等）、户外墙面、门厅、楼梯间、走廊通道等。

② 指住宅共用的上下水管道、落水管、水箱、加压水泵、电梯、天线、供暖线路、照明、锅炉、暖气线路、燃气线路、消防设施、绿地、道路、路灯、沟渠、池、井、非经营性车库、公益性文体设施和共用设施设备使用的房屋等。

第二节　房屋查看的操作要点

一、房屋查看前的准备工作

房地产经纪人员接受房屋出售、出租初步委托，或签订房地产经纪服务合同后，就应进行实地房屋查看。

房地产经纪人员在房屋查看前，应做好以下相关准备工作：

（1）通过网络等途径，对委托房屋的地理位置、交通情况、周边环境、商业配套、教育配套、医疗配套等进行初步了解，并做好记录。

（2）提前与委托人约定房屋实地查看的时间。因为当今社会人们工作繁忙，"提前"最好能分为两个步骤，至少在三天前预约一个看房时间，然后在看房的前一天提醒并加以确认。

（3）询问委托人房屋的具体详细位置。在与委托人约定看房时间的同时，还应询问委托人房屋的具体详细位置，即房屋所在的区、路、号、小区、栋、门牌号。

（4）备好房屋实地查看的工具。具体有：拍照的工具，如 VR 拍摄设备、数码相机、智能手机等；测量距离的工具，如激光测距仪、卷尺等；查看时间的工具，如手表、手机等；计算面积的工具，如计算器等。

（5）备好《房屋状况说明书》。买卖和租赁业务需要查看的内容各有侧重，《房屋状况说明书》分为房屋出售和房屋出租两个版本。

二、房屋查看的注意事项

（一）房屋区位状况查看的注意事项

房地产经纪人员进行房屋区位状况查看时，应注意以下事项：

（1）关注房屋附加价值。区位状况优越的房屋如完善的配套设施、便利的交通等会带给客户附加价值。因此，区位状况的描述要客观、真实，特别是对教育设施的调查要准确，有些购房者为子女教育而购房，毗邻的两个住宅区教育设施可能完全不同，实地调查时要特别注意这一点，以免不当承诺引发纠纷。

（2）注重对嫌恶设施的调查。嫌恶设施要与房屋保持一定的安全距离才不会对居住者产生影响。实地查看时不仅要查看周边的嫌恶设施情况，亲自到房屋内部进行体验，还要向物业服务人员、小区住户等了解相关情况。需要特别注意，有的嫌恶设施造成的干扰在特殊时间段才能显现出来，因此，查看房屋时应尽量在不同时间段多次查看。

（3）关注景观状况。优美的景观可以达到提升居住品质的效果，枯燥的景观可能让人心情不悦，甚至难以居住其中。查看房屋的景观不仅要在房屋外部观察，还要到房屋内部，从各个窗户向外观看，同一栋楼中户型、坐落完全相同的两个房间，虽然楼层只差一层，景观差别却可能很大，如较高一层可以看到海景，低一层的则完全看不到，那么这两个房间的价值可能差别很大。

（4）拍摄反映区位状况的照片。例如：小区出入口、房屋门牌号、公交站、公园、学校等，通过区位实景照片的展示，有助于客户直观感知待看房屋的周边配套状况，对于配套纯熟的房源，可通过感官刺激，吸引客户实地看房。

（二）房屋实物状况查看的注意事项

房地产经纪人员在进行实物状况查看时，要注意以下事项：

（1）若房屋在一层，要特别注意下水是否畅通，是否有异味。如果一层是独立下水，查看二层房屋时，要关注下水是否畅通。若是顶层，要注意是否有漏雨的痕迹。对于老旧小区，还要注意小区墙面是否存在渗水、墙皮脱落等问题。

（2）查看房顶是否漏水。查看所有房间的天花板是否有水渍、漆色不均匀的现象，如果有，则可能存在漏水。如果可能，应查看吊顶里的四角是否有油漆脱落、漏水等问题。

（3）户型是否方正。判断户型是否方正，首先查看户型整体轮廓是否方正，一般情况下，进深与开间之比介于1：1.5之间较好，其次查看各功能尺寸是否合理，各功能间基本呈矩形的较优。

（4）采光状况。要分两个层次查看采光情况：一是各房间是否为全明格局，即每个房间是否都有窗；二是阳光照射时间的长短。

（5）关注电梯质量。时下，电梯故障和事故时有发生，不仅给人们的生活带来不便，甚至威胁到人身安全。电梯的质量已越来越不容忽视。因此，看房时要仔细查看该楼栋使用的电梯品牌、载重量、使用年限、是否张贴《特种设备使用标志》以及是否定期进行了检验等。

（6）拍摄反映实物状况的照片及视频。一般房屋内各厅、室、厨、卫等每一个房间至少拍摄一张照片，一套房屋内可拍摄一段至几段视频。注意照片或视频中不能泄露业主个人隐私的内容。

（三）房屋物业管理状况查看的注意事项

房地产经纪人员在查看房屋物业管理状况时，要注意以下事项：

（1）亲身感受物业人员服务状况。比较有经验的经纪人员能从小区保安、保洁等服务人员的精神面貌、言语行动、服务状态等方面评价这个小区的物业属于好、中、差哪一类。

（2）查看物业管理水平。进入小区后留意小区楼栋墙面、楼梯墙面、电梯间是否被乱刻乱画或张贴小广告；乘坐电梯时留意电梯运行是否正常；小区里是否人车分流等。之所以强调看房时要观察楼梯或电梯间有无乱刻、乱画、乱张贴小广告的现象，是因为其状况不仅能反映小区物业管理的水平，更关系到居住人群的素质问题。

（3）观察雨后情形。下雨的时候去周围观察一下，看看小区及周边的排水系统是否存在缺陷。

（4）关注晚上情形。入夜看房能考察小区物业管理是否重视安全问题，如，有无定时巡逻、安全防范措施是否周全以及有无摊贩等引发的噪声干扰等。这些情况在白天是无法看到的，只有在晚上才能获得较为准确的信息。

【例题4-2】下列房屋查看事项中，属于房地产经纪人员查看房屋实物状况时的注意事项的有（　　　）。

A. 房顶是否漏水　　　　　　　　B. 户型是否方正

C. 关注电梯质量　　　　　　　　D. 关注嫌恶设施

E. 关注景观状况

第三节　编制房屋状况说明书

一、编制房屋状况说明书的作用

房屋状况说明书是指由房地产经纪机构编制的，说明房屋基本情况及房屋交易条件的文书。房屋状况说明书是发布房源信息的基础资料，是向客户介绍房屋基本情况的依据，编制房屋状况说明书是房地产经纪业务不可或缺的环节。《房地产经纪管理办法》第22条规定："房地产经纪机构与委托人签订房屋出售、出租经纪服务合同，应当查看委托出售、出租的房屋及房地产权属证书，委托人的身份证明等有关资料，并应当编制房屋状况说明书。"

编制房屋状况说明书，能更加系统、全面、详细反映房屋状况。这对房地产经纪机构有着重要意义，表现在：

（1）加强对委托房屋状况的全面认识。房地产经纪人员通过编制房屋状况说明书，以准确把握委托房屋各方面的情况，提升专业技能，以便为客户提供更优质的专业服务。

（2）强化客户对经纪服务的认同和信赖。编制房屋状况说明书，把房屋状况详细记录下来，使委托人感受到房地产经纪人员确实下了很深功夫，在认真对待从事的房地产经纪业务，不是仅仅只有"嘴上功夫"。

（3）降低房地产交易风险。房地产交易涉及交易金额巨大，房屋产权状况、交易条件、嫌恶设施等方面的任何信息偏差都可能引发交易风险，给当事人带来重大经济损失。通过编制房屋状况说明书，掌握房屋真实状况，有效降低交易风险。

（4）防范房地产交易有关纠纷。房屋状况说明书实质上就是"产品说明书"，不仅说明了房屋自身状况，还包括了家具家电等附属设施设备情况，有利于统一交易双方对交易标的认知，防范房地产交易有关纠纷的发生。

（5）积累房地产基础数据。编制房屋状况说明书有助于房地产经纪机构积累房地产基础数据，建立房源数据库。在我国房地产数据公开不完善的现状下，这些数据积累到一定程度将会发挥较大的价值。

【例题 4-3】关于房地产经纪机构编制房屋状况说明书作用的说法，正确的是(　　)。

A. 杜绝房地产交易相关风险的发生

B. 提升客户对经纪服务的认同度

C. 有助于强化房源优势并弱化房源劣势

D. 提高房地产经纪服务收费

二、房屋状况说明书推荐文本

中房学 2017 年发布了《房屋状况说明书》推荐文本供房地产经纪机构选用。推荐文本分为房屋租赁、房屋买卖两个版本（表 4-1、表 4-2）。《房屋状况说明书（房屋租赁）》包括：房屋基本状况，房屋实物状况，房屋区位状况，配置家具、家电，房屋使用相关费用，需要说明的其他事项共六部分。《房屋状况说明书（房屋买卖）》包括：房屋基本状况、房屋产权状况、房屋实物状况、房屋区位状况、需要说明的其他事项共五部分。其中，房屋基本状况，房屋实物状况，房屋区位状况，配置家具、家电，房屋使用相关费用等情况可以依据实地查看的情况填写；房屋产权状况还需要到房地产主管部门进行房源信息核验，根据核验情况填写；挂牌价格等交易条件通过询问委托人据实填写。

房屋状况说明书（房屋租赁）推荐文本   表 4-1

房屋基本状况			
房屋坐落		所在小区名称	
所属辖区	（区） （街道）	（居民委员会或村民委员会）	
建筑面积	平方米	套内建筑面积	平方米
户型	室 厅 厨 卫或其他：___	规划用途	□住宅 □其他：___
所在楼层	层	地上总层数	层
朝向		首次挂牌租金	元/月
房屋实物状况			
建成年份（代）		有无装修	□有 □无
供电类型	□民电 □商电 □工业用电 □其他：___	供水类型（可多选）	□市政供水 □二次供水 □自备井供水 □热水 □中水 □其他：___
市政燃气	□有 □无		
供热或供暖类型	□集中供暖 □集体供暖 □自采暖 □其他：___	空调部数	
有无电梯	□有 □无	梯户比	电梯（或楼梯）户
互联网	□无□拨号 □宽带 □ADSL □其他：___	有线电视	□有 □无

续表

房屋区位状况					
距所在小区最近的公交站及距离	站点名称： 距离： 米以内		距所在小区最近的地铁站及距离	站点名称： 距离： 米以内	
周边中小学名称			周边医院名称		
周边幼儿园名称			周边大型购物场所		
周边有无嫌恶设施	□大型垃圾场站　□公共厕所　□高压线　□丧葬设施（殡仪馆、墓地） □其他：_____　　□无				

配置家具、家电					
序号	名称	品牌/规格	数量	是否可正常使用	备注
1	床			□是□否	
2	衣柜			□是□否	
3	电视			□是□否	
4	冰箱			□是□否	
......	......			□是□否	

房屋使用相关费用					
项目	单位	单价	项目	单位	单价
水费			电话费		
电费			物业费		
燃气费			卫生费		
供暖费			车位费		
上网费			其他		
收视费					

续表

需要说明的其他事项					
有无独立电表	□有　□无		有无独立水表	□有　　□无	
是否为转租	□是　□否		居住限制人数	人	
是否合租	□是　□否		有无漏水等影响 使用的情形	□无　　□有 位于：___	
其他					
户型示意图					
房地产经纪人员签名			房屋出租委托人 签名		
房地产经纪机构盖章					

注：填表说明

1. 房屋出租经纪服务合同编号填写本房屋对应的房屋出租经纪服务合同的编号。

2. 房屋坐落填写不动产权属证书（含不动产权证书、房屋所有权证）上的房屋坐落。

3. 房地产经纪机构填写编制本说明书的房地产经纪机构名称，而非其分支机构的名称。

4. 实地查看房屋日期填写房地产经纪人员进行房屋实勘的日期。

5. 不动产权属证书上未标注套内建筑面积的，可不填套内建筑面积。

6. 填写内容有选项的，在符合条件的选项前的□中打√。

7. 建成年份（代）填写不动产权属证书上的建成年份，未标注具体年份的，可粗略填写，如20世纪90年代。

8. 周边中小学、幼儿园名称填写房屋所在行政区域内，周围2千米范围内的相应设施名称。

9. 周边医院名称、大型购物场所，填写房屋周围2千米范围内的相应设施名称。

10. 周边有无嫌恶设施项中，大型垃圾场站、公共厕所处于房屋所在楼栋300米范围内的，应勾选；高压线处于房屋所在楼栋500米范围内的，应勾选；丧葬设施处于房屋所在楼栋2千米范围内，应勾选。

11. 房屋使用相关费用中，单位是指该项费用的计价单位，如水费填写立方米/元，单价填写每单位的收费价格。

12. 户型示意图要注明各空间的功能，并标注指北针等。

13. 凡是有签名项的，应由相关当事人亲笔签名。

房屋状况说明书（房屋买卖）推荐文本 表 4-2

房屋基本状况				
房屋坐落			所在小区名称	
建筑面积		平方米	套内建筑面积	平方米
户型	室 厅 厨 卫或其他：___		规划用途	□住宅 □其他：___
所在楼层		层	地上总层数	层
朝向			首次挂牌价格	万元

房屋产权状况				
房屋所有权	房屋性质	□商品房 □房改房 □经济适用住房 □其他：___		
	不动产权证书（或房屋所有权证号）			
	是否共有	□是 □否	共有类型	□共同共有 □按份共有
土地权利	土地使用权性质	□出让□划拨□其他		
权利受限情况	是否出租	□是 □否	有无抵押	□有 □无
	其他			

房屋实物状况				
建成年份（代）			有无装修	□有 □无
供电类型	□民电 □商电 □工业用电 □其他		供水类型（可多选）	□市政供水 □二次供水 □自备井供水 □热水 □中水 □其他：___
市政燃气	□有 □无			
供热或供暖类型	□集中供暖 □集体供暖 □自采暖 □其他：___			
有无电梯	□有 □无		梯户比	电梯（或楼梯） 户

续表

房屋区位状况			
距所在小区最近的公交站及距离	站点名称： 距离：　米以内	距所在小区最近的地铁站及距离	站点名称： 距离：　米以内
周边小学名称		周边中学名称	
周边幼儿园名称		周边医院名称	
周边有无嫌恶设施	□大型垃圾场站　　□公共厕所　□高压线　　□丧葬设施（殡仪馆、墓地） □其他：＿＿＿　　□无		
需要说明的其他事项			
有无物业管理	□有　　　□无	物业服务企业名称	
物业服务费标准	元/（平方米·月）	有无附带车位随本房屋出售	□有　　□无
有无户口	□有　　　□无	不动产权属证书发证日期	年　月　日
契税发票填发日期	年　月　日	房屋所有权人购房合同签订日期	年　月　日
房屋所有权人家庭在本市有无其他住房	□有　　□无		
有无不随本房屋转让的附着物	□买卖双方协商　□无　□有，具体为：		
有无附赠的动产	□买卖双方协商　□无　□有，具体为：		
其他			
户型示意图			

续表

房源信息核验完成日期	年 月 日	房屋出售委托人签名	
房地产经纪人员签名		房地产经纪机构盖章	

注：填表说明

1. 房屋出售经纪服务合同编号填写本房屋对应的房屋出售经纪服务合同的编号。

2. 房屋坐落填写不动产权属证书（含不动产权证书、房屋所有权证）上的房屋坐落。

3. 房地产经纪机构填写编制本说明书的房地产经纪机构名称，而非其分支机构的名称。

4. 实地查看房屋日期填写房地产经纪人员进行房屋实勘的日期。

5. 不动产权属证书上未标注套内建筑面积的，可不填套内建筑面积。

6. 填写内容有选项的，在符合条件的选项前的□中打√。

7. 建成年份（代）填写不动产权属证书上的建成年份，未标注具体年份的，可粗略填写，如20世纪90年代。

8. 周边中小学、幼儿园名称填写房屋所在行政区域内，周围2千米范围内的相应设施名称。

9. 周边医院名称，填写房屋周围2千米范围内的相应设施名称。

10. 周边有无嫌恶设施项中，大型垃圾场站、公共厕所处于房屋所在楼栋300米范围内的，应勾选；高压线处于房屋所在楼栋500米范围内的，应勾选；丧葬设施处于房屋所在楼栋2千米范围内，应勾选。

11. 户型示意图要注明各空间的功能，并标注指北针等。

12. 房源信息核验完成日期填写房地产主管部门出具房源信息核验结果的日期。

13. 凡是有签名项的，应由相关当事人亲笔签名。

【例题 4-4】下列房地产经纪人员填写《房屋状况说明书（房屋买卖）》的做法中，错误的有（ ）。

A. 按实堪测量面积填写房屋面积

B. 按不动产权属证书信息填写房屋坐落

C. 按房主报价填写挂牌价格

D. 按房源核验完成日期填写房屋实地查看日期

E. 按实勘情况填写房屋产权状况

三、编制房屋状况说明书的注意事项

房地产经纪机构在编制房屋状况说明书时，需要注意下列事项：

（1）根据亲自查看的情况，真实描述、详细记录房屋状况和信息。其中，"房屋坐落"按不动产权属证书（含不动产权证书、房屋所有权证）上的房屋坐

落信息填写；"周边中小学、幼儿园、医院名称"填写房屋周围 2000 米内的相应设施名称；对于房屋所在楼栋 300 米范围内的大型垃圾场站与公共厕所、500 米范围内的高压线、2000 米范围内的丧葬设施，均作为"周边嫌恶设施"进行填写。对于不能一次性落实的事项，应进一步核实；如确实无法核实的，要在房屋状况说明书中予以注明。

（2）房屋产权状况、房屋交易信息，房地产经纪人员需要根据房屋权利人提供的资料或说明编写，并要到登记部门核实权属状况是否真实。

（3）房屋状况说明书应及时更新。房屋状况说明书所记载的房屋实物状况与区位状况是实施房屋查看日期时的状况，房屋实物状况、房屋区位状况、房屋物业管理状况，在一段时间是相对固定的，但房屋交易条件受市场情况影响，变化比较频繁，房地产经纪人员应根据实际情况及时更新房屋状况说明书，并注明实地查看房屋的日期及房源信息核验完成日期，"实地查看房屋日期"按经纪人员实勘日期填写，"房源信息核验完成日期"按房地产主管部门出具房源信息核验结果的日期填写。房地产经纪人员应向委托人说明，房屋状况说明书记载的房屋实物状况是实地查看房屋日期时的状况。在实际交接房屋时，如果房屋实物状况与房屋状况说明书记载的状况不一致，应以实际交接时的状况为准。

（4）房屋状况说明书编制及更新要经委托人签字确认，房地产经纪机构盖章后生效。

第四节　带领客户实地看房

当房地产经纪人员为某套房源寻找到意向的客户后，就要带领客户实地看房，带看效果好坏直接影响成交与否。带客看房是撮合前的重要环节，通过带领客户实地看房，使房地产经纪人员对客户的需求和购房心理有更深入的了解，对后续的业务开展有非常大的帮助。

一、带领客户实地看房前的准备工作

（一）与客户约好看房时间

与客户约定看房时间时，房地产经纪人员可以设定两个时间让客户选择，成功的概率比较大。比如，可以这样问："××先生/女士，我帮您找到了××房地产，在××地方，房地产各方面的情况与您的要求比较吻合，不知您今天下午四点还是五点有时间看房？"如果客户表示没空看房，应当马上落实下次看房时间。根据成交经验，新增客源 7~10 日内带看量较高，成交量也相对较高，建议房地

产经纪人员应在客源新增 7 日内约出首次带看。

（二）与业主约好看房时间

约好客户后，应马上落实业主的看房时间。如果业主与购房客户的时间不能达成一致，则必须马上进行协调，直到将业主与购房客户约定在同一时间。

值得注意的是，与客户预约时间，通常应约定具体的时间点。而与业主预约时间，宜约定时间段，但时间段不宜过长，最好不超过半小时。

（三）谨慎约定见面地点

因客户可能不熟悉带看房屋所在位置，经纪人员应同客户约定在房屋周边的地标性建筑附近见面，如大型超市、商场、学校、公园（若有）等，既可以让客户感受到周边丰富的配套设施，又因地标处的交通较为便捷，便于客户抵达。

（四）带领客户实地看房前的准备工作

1. 事先熟悉周边环境和房源。若不熟悉周边环境、房源以及房地产市场交易现状，经纪人员对客户提出的问题，往往哑口无言。对于客户来说，房地产经纪人员是专业人士，若不能准确回答客户的问题，那么其专业形象就会大打折扣。对于房龄、面积等常见问题，房地产经纪人员绝对不能一知半解，否则极易让客户产生疑虑。

2. 了解交易的背景或原因。很多时候，客户在实地看房时，会问起业主的家庭、工作背景、目前房屋居住状况、卖房原因等，如果不能事先知晓这些信息，也会使房地产经纪人员专业形象受损。

3. 事先熟悉带看的路线。从约定的地点到带看的房屋，可能有几条路线，有的繁华、有的幽静。事先选定最佳看房路线，既可向客户充分展示小区及房屋的环境优势，又可以避免因路线不熟引发不必要的购房心理障碍。

4. 带齐物品。带领客户实地看房前需要准备的物品有名片、鞋套、房屋状况说明书以及尺子、手机、相机、计算器等工具。

5. 备足时间。房地产经纪人员要安排好看房时间，不要迟到，更不要失约。建议提前到达约定看房地点，以便及时应对突发状况。临时有急事，无法准时到达，一定要提前告知客户和业主，并真诚地表达歉意。

6. 备足带看房源。为了提高带看效率，帮助客户节省看房的时间成本，方便客户对房源进行对比选择。建议房地产经纪人员按"一带多看、一带多盘"准备好二至四套房源让客户一次性看到。

二、带领客户实地看房过程中的要求

带客户看房过程中的具体要求有：

（1）带看途中注重同客户的沟通交流。带领客户实地看房的过程，是展现房地产经纪人员专业水平和职业能力的时机，把握好了，离成功促成交易就更进一步。在路上要多与客户交谈，态度坦率诚恳，既充分展示专业水平，又可以获取更多客户需求的信息。也可以谈一些客户比较感兴趣的话题，增强客户对房地产经纪人员的好感与信任。

（2）看房时提醒客户不要与业主直接谈价格。直接谈价格，有两方面负面影响：一是，既难以达成一致，又没有回旋余地，无法进行后续的谈判；二是，直接谈价格，会让业主觉得客户已经看上了该房屋，业主在心理上觉得不应在价格上让步。

（3）看房时行走楼梯、搭乘电梯都要注意客户安全，同时及时为客户指引路线。还可以借此机会介绍下电梯的新旧程度、维护情况等。

（4）进入带看房屋向客户介绍房地产时，对于优点，需要重点推介；对于缺点，要实事求是予以说明，并给出合理建议。如果客户对所看房屋不满意，则有必要进一步了解其需求，以便下次带看时更有针对性。

（5）房地产经纪人员应根据房屋状况说明书中记录的信息，一次性地书面告知买方其意向房源的基本情况及产权状况，包括：房屋的坐落、面积（建筑面积或套内建筑面积、使用面积）、楼层（自然层数）、朝向、户型、房龄（或竣工日期、建成年月、建成年份、建成年代）、产权性质、抵押查封情况、出租和占用情况、挂牌租金或价格等。

【例题 4-5】下列房地产经纪人员带客户实地看房的做法中，错误的是（　　）。

A. 带看途中，与客户主动沟通其购房需求信息

B. 提醒客户不要与房主直接谈价格

C. 介绍房屋后，预留时间让交易双方自行沟通

D. 一次性书面告知买方其意向房屋的基本情况

三、带领客户实地看房的注意事项

（一）有效约看

客户购房时，通常是比较犹豫和谨慎的，这就需要房地产经纪人员去推动购房进程。约客户看房时避免开放性问题，如"您什么时候有空看房"，这样问大部分都会得到一个相同的答案："有时间再约吧"。因此，约客看房时，房地产经纪人员可以直接给出具体的可供选择的时间点。对于一些优质的房源，更应将抢购的现状直接向客户说明。

（二）大方沟通

有些经纪人员与客户见面时沟通不畅，主要表现有：①害怕、怯场。自信心不足，担心不能承担如此大额的交易。②不敢介绍。因为担心讲得越多错得越多，往往保持沉默，甚至出现冷场。③不知道讲什么。由于专业知识不足，针对客户提问无法给予专业回答。④不知如何提问。很多经验不足的房地产经纪人员只会询问客户的姓名、需要何种类型的房屋、购房的预算等，对于其他有价值的问题，不知从何谈起。经纪人员要不断积累专业知识，见面前做足准备，与客户大方沟通。

（三）挖掘需求

实地看房，是一个了解客户真实需求的好机会，不容错过或者浪费。客户的需求包括：①价格、面积、楼层和户型；②购房的目的和动机；③支付方式与资金预算等。

（四）及时回访

带看后，房地产经纪人员一定要根据实际情况安排回访，询问客户购房意向。若客户比较中意带看房屋，则提醒客户抓紧时间进行复看或洽谈，因为可能有其他客户也看上该套房屋，从而错失购买机会。若客户表示需要进一步考虑，切莫强买强卖，要表示理解，并进一步了解客户需求，再次匹配合适房源并约看。

四、线上看房

随着互联网、数字化技术（大数据、人工智能等）在房地产经纪行业的广泛应用，线上线下深度融合已成为房地产经纪业务的新模式，VR看房、直播卖房、线上认购与云租房等新的服务形式也应运而生。由此，购房者可以先与经纪人员线上沟通、了解房源并线上看房，待购房意向明确后再实地看房，有效解决了经纪服务中实地看房难、选房效率低的问题，从而提高了房产交易的透明化、安全性与便捷性，提升了经纪服务质量与服务效率。当前，线上看房的主要方式有VR看房、短视频看房与直播看房三种。

（一）VR看房

5G、VR/AR等技术的不断发展与场景化应用，持续提升了客户线上看房的真实感，一些有实力的经纪机构、网络平台等均提供了VR带看功能，具体包含720°VR全景沉浸式漫游、三维模型、框线户型图、标尺、VR眼镜模式等功能，通过立体空间的展示，让买方客户更直观地了解房屋的三维结构、户型朝向、装修内饰与居住动线等房源基础信息；通过应用AI讲房，根据周边配套、小区内部情况、房屋户型结构和交易信息等维度，为客户提供个性化的讲房服务；通过融合音视频等技术，让客户体验到身临其境的看房感受。可见，通过 VR 看房、AI 讲房，线上直接完成看房体验，既减少了线下无效看房，又避免了因房源无法快速成交而导致卖方不愿配合实地看房的困扰，VR 看房也常应用于买（承租）方客户因天气、时间或其他原因无法实地看房或卖（出租）方客户时间不好预约等情形。

一般情况下，房地产经纪人员提供 VR 看房服务的流程如下：

（1）经纪人员要提前熟悉房源信息并预约好客户时间，并在约定时间发起 VR 带看，或当买方客户浏览了意向房源后，由客户随时发起 VR 带看功能，接通后，经纪人员与客户同屏连线，在线提供带看服务；

（2）使用标准规范的开场白和结束语；

（3）根据事先制定的房源介绍计划推介房源，如可先介绍户型、朝向、结构、采光情况及其优劣势，再介绍房源所在小区、周边配套以及交易税费情况等；

（4）带看过程中，注意询问看房客户是否存在疑问，并及时解答相关问题；

（5）带看后，分析总结客户购房需求，据此推荐契合客户需求的房源进行 VR 看房；

（6）如果客户对带看的房源有购买意向，要注意邀约客户实地看房时间。

（二）短视频看房

短视频流行的当下，越来越多的房地产经纪人员以短视频为载体，通过真人出镜、实地拍摄 30～90 秒的讲房视频，以展现房源、楼盘信息，与客户线上沟通，解答其置业疑惑，促进房产交易。看房短视频的内容主要围绕着房源、楼盘解说与评测，并通过隐藏关键信息，促进评论留言互动，以带动流量转化、实现高效获客。短视频讲房的内容主要分为两类：一是实景展现类，经纪人员现场实地看房，带给客户"所见即所得"的线上看房场景与看房体验；二是专业输出类，经纪人员充分发挥专业优势，以购房知识科普形式吸引潜在购房者，如，针对如何选房（位置，采光，楼层）、提炼房源、楼盘及户型亮点、本地市场分析、政策解读等。

房地产经纪人员在制作短视频讲房时，需要注意以下事项：

（1）拍摄前要搜集大量的房源、楼盘资料，据此提炼能够体现此房源或楼盘卖点的"关键词"，以最有效的文案向客户传达信息；

（2）在日常从业中，重视对购房政策、交易流程、税费计算、建筑术语等房地产专业知识与交易技能的积累，不断提升短视频内容的专业度；

（3）短视频制作时，画质要清晰，配以合适的背景音乐，注意控制视频时间，一般情况下，图文视频不超过 10 秒，真人视频 15～20 秒最佳，视频前 3 秒的设计要能抓住客户注意力，以提升视频完播率；

（4）在短视频平台的流量高峰时间段发布视频，一般情况下，在晚上 6～9 点的流量最大。

（三）直播看房

当前，众多房地产经纪人员踏入直播平台，变身主播，开启"云卖房"模式。直播看房有效解决了以往房产销售过程中实地看房不方便、看房体验不好及房源信息不透明三大痛点，相比于实地看房主要具有如下优势：①减少客户看房的时间和精力，促使看房更加方便快捷，让客户足不出户便可一次性获取大量的房源、楼盘信息；②打破时空限制，解决了跨地域购房的难题；③提升获客精准率，一方面网络直播的受众更广泛，另一方面基于大数据分析的精准广告投放，充分发挥了线上为线下引流的作用，并提高了获客的精准度；④提高房源匹配精准度，通过网络直播平台直接展示房屋实景和周边环境，使买方初步筛选后再实地看房，提高了房源匹配的精准度与成交效率。目前，房地产经纪人员主要通过三类平台进行直播看房，即房产媒介、电商平台与短视频平台。其中，房产媒介主要指传统的房地产信息网络平台，包括房天下、搜狐焦点、乐居等，具有专业性强、楼盘信息完整、涵盖新房和二手房等特点；电商平台主要指零售电商巨头进入新房、二手房销售领域，如，天猫好房、京东房产等，这类平台不仅平台技术成熟，而且拥有流量优势；短视频平台主要指自媒体短视频发布平台，如，抖音、快手、微信视频号等，作为一种新兴的网络社交方式，其门槛较低，一般注册账号即可直播，有助于经纪人员打造个人 IP，与客户建立信任感，需要注意的是只有取得了房地产经纪人员相关资格证书的从业人员才可以在抖音、快手上开通房地产直播权限。

一般情况下，房地产经纪人员提供直播看房服务的流程如下：

（1）准备工作。经纪人员应事先熟悉并实地查看相关房源信息，准备好宣传资料，据此拟定直播脚本，包括主题、内容和形式等，并进行必要的演练与策划。直播开始前准备、调试好直播设备，熟悉直播软件功能，以确保设备的稳定性和清晰度。

（2）选择直播场地。尽量选择在房源所在小区、售楼处或样板间现场直播，既注重房源户型结构的展示，也要兼顾房源所在小区、楼盘的周边环境与配套。

（3）推广预热。直播前通过社交媒体、微信朋友圈等渠道提前宣传直播信息，吸引潜在购房者的关注，增加观看人数和销售机会。

（4）客观介绍房源。直播看房过程中，可以按居住动线依次介绍房屋的各个部分，让客户更易理解并有身临其境之感。如，入户后先介绍客厅，再演示卧室、厨房等空间，注意突出每个空间的亮点与特色。此外，要专业地分析房源的使用价值等，如，对同类房源进行横向比较，客观介绍房源的优势与劣势，让客户全面地了解房源情况。

（5）实时互动。直播中，不局限于介绍房源信息，要适时与客户进行互动，如，通过发放优惠券吸引、扩大受众群体；通过回答客户问题、分享房产知识和经验，增强客户信任度。互动中，经纪人员要深入分析客户的购房需求及对带看房源的反馈，适时调整房源展示方案与策略。

（6）留下联系方式。直播中要为客户留下联系方式，如电话、微信等，方便后期跟进与沟通。

（7）后台及时回复。直播结束后，要及时搜集客户提出的问题与购房顾虑，做好本场直播的总结。

【例题 4-6】关于直播看房优势的说法，错误的是（　　　）。

A. 突破实地看房的地域性限制
B. 省时省力地一次性带看多套房源
C. 获得比线下购房更大的优惠力度
D. 线上引流的客户更广泛且精准

复 习 思 考 题

1. 房地产经纪人员为什么要进行房屋实地查看？
2. 房屋实地查看的主要内容是什么？
3. 房屋区位状况实地查看的主要内容有哪些？查看时应注意哪些问题？
4. 房屋实物状况实地查看的主要内容有哪些？查看时应注意哪些问题？
5. 房屋物业管理状况实地查看的主要内容有哪些？查看时应注意哪些问题？
6. 为什么要编制房屋状况说明书，其主要内容有哪些？
7. 编制房屋状况说明书时应注意哪些问题？
8. 带领客户实地看房前，需要做好哪些准备工作？
9. 带领客户看房过程中有哪些要求？
10. 带领客户看房过程中应注意哪些问题？
11. 线上看房的种类及注意事项有哪些？

第五章　房地产交易合同代拟

房地产经纪人员从事经纪活动的最终成果体现在促成交易双方签订房地产交易合同。根据相关法律规定，房地产交易应当签订书面合同，然而大多数交易当事人并不具备合同相关的法律知识。因此，房地产交易合同往往由经纪人员代为拟定。房地产交易标的额高，交易流程复杂，稍有不慎，就可能给当事人造成较大的经济损失。作为专业的房地产经纪人员，协助买卖双方签订完善的房地产交易合同，既要求经纪人员具备较强的业务能力，也要求经纪人员具备基本的法律常识。实践中，房地产经纪人员代拟的合同主要有存量房买卖合同、新建商品房买卖合同、房屋租赁合同三类。

第一节　代拟存量房买卖合同

在存量房经纪服务中，房地产经纪人员在前期的推介撮合中做了大量的工作，而成交的关键一步，或者说成交的标志则是存量房买卖合同的签订。在签订合同之前，房地产经纪人员必须做好合同签订前的准备工作，既要明确合同的所有内容，又需要向委托人解释清楚合同的基本条款和主要内容，并在认真研读合同文本的基础上，根据交易双方的真实意思拟定合同的条款、附件和补充条款。

一、合同签订前的准备工作

做好买卖合同签订前的准备工作，是保障买卖合同顺利签订的基础。因此，房地产经纪人员必须予以高度重视。在网络飞速发展的时代，签约的方式也随之不断发生着变化。在实际生活中，使用电子合同也越来越普及，与之相适应，在线签订合同也逐渐增多。线上合同完全依赖于网络，双方可能仅在线上就合同条款进行交流磋商，其最终签约则可能是线上，也可能线下，即一种是网上就合同条款达成一致，直接网上签约；另外一种是网上就合同条款协商一致，然后线下签约。如果线上签约，则需要注意线上签订的合同和线下下载打印的合同须保持一致。在签订合同的过程中往往会出现反复讨价还价的情形，因此，完全采取网上洽谈，双方自始至终网上交易而不在线下见面洽谈，这种情况在不动产交易中并不普遍。由于房屋交易标的价值较大，签约前的线下交流一般是必不可少的。特殊情况下，一方当事人可能始终无法线下洽谈、签约，如当事人在国外或者有其他不能到场的特别情形。如全部是线上洽谈交易，则经纪人员需要注意线上洽谈内容与合同条款拟定过程中双方的意思表示，提示双方明确意思表达，并保存好相关的聊天记录（注意：保存的聊天记录应完整）或者相关洽谈的证据，以免出现因对交易洽谈内容的不同理解导致过后的合同争议。

经纪人员既要努力说合，促使双方能够达成一致，同时应注意，在签约过程中充分尊重买卖双方的意思，不能将自己的想法强加给任何一方。合同签订前的准备工作主要包括以下内容：

（一）准备签约材料

房地产经纪人员主要的工作是促成交易双方在关键性的交易条件上达成一致，这需要做大量的撮合沟通工作。当买卖双方经过反复沟通，分歧不大时，房地产经纪人员需要不失时机地向双方当事人提出签订合同的建议。

依据我国法律规定，合同经双方协商一致、当事人签字（盖章）后即生效（除非法律法规另有规定），签约后无故毁约要承担法律责任。因此在正式签订存量房买卖合同前，经纪人员需要和买卖双方再次确认成交条件，提醒买卖双方注意合同的法律责任，并且告知买卖双方准备好签约所需要的如下材料：

（1）买卖双方的有效身份证明。如果是本人不能亲自办理有关手续的，可以委托他人代办，但需要有合法的委托手续。应根据房屋所在地的房地产交易管理部门的要求办理委托手续，这些要求和条件需要经纪人员熟练掌握。

（2）房地产权属证书原件。如拟出卖的房屋属于已购公房或者其他政策性住房的（如共有产权房），还需要提供原购房合同。经纪人员应查看原购房合同是否有限制交易的条款。

（3）央产房等特殊房屋，需提供可以交易的上市审批证明以及物业服务费、供暖费等相关费用结清证明。

（4）房地产共有的，需要提供其他共有人同意出售的证明。

（5）在限购城市，如不符合所在城市"满X唯一"（如"满五唯一"）条件的商品房，要提供卖方买入房产的总房款发票、契税完税证明以便于测算税款。

（6）可交易主体资格证明，如买方是否属于限购对象及其他限制交易的情况（如失信被执行人）。

（7）房屋是否设有居住权、有关房屋租赁情况和抵押情况的说明，承租方放弃优先购买权的声明。

（二）推荐合同文本

房地产经纪人员需要根据买卖双方在交易磋商过程中的意思表示，代为选定合同文本，并且解释、说明合同的主要条款和内容。说明是否可以适用电子合同和线上签约，并且必须告知当事人，根据《电子签名法》，当事人约定使用线上合同、电子签名的，不得仅因为其采用电子签名、线上的形式而事后不承认或者否定合同的法律效力。

实践中常见的合同主要有以下三种：

1. 示范合同文本

按照《民法典》的规定，当事人可以参照各类合同的示范文本订立合同。

经纪人员应首先推荐使用行业主管部门制定的示范合同文本。目前我国城市地产管理部门均要求买卖双方使用房地产管理部门制定的（或者房地产管理部门和市场监管部门联合制定的）存量房买卖合同示范文本。如不使用示范合同文本，则不能办理网签。经纪人员应当预先告知当事人双方关于示范合同文本的使用要求。

2. 房地产经纪机构提供的合同文本

不少房地产经纪机构自己制定了存量房买卖合同文本。实践中较为常见的称为"房地产居间买卖合同"，即所谓三方合同。实际上该类买卖居间合同既有房屋买卖的内容，也有居间服务的内容，合同当事人包括买卖双方和经纪机构。

需要特别注意的是：在这类三方合同中，如果责任界定不清，很容易混淆各方的权利义务并引发纠纷。根据《民法典》第四百九十六条规定，为了重复使用而预先拟定，并在订立合同时未与对方协商的条款是格式条款。采用格式条款订立合同的，提供格式条款的一方应当遵循公平原则确定当事人之间的权利和义务，并采取合理的方式提示对方注意免除或者减轻其责任等与对方有重大利害关系的条款，按照对方的要求，对该条款予以说明。提供格式条款的一方未履行提示或者说明义务，致使对方没有注意或者理解与其有重大利害关系的条款的，对方可以主张该条款不成为合同的内容。依照该规定，合同中的一方使用自己制作的合同文本时，一旦有争议，将对制作合同方不利。因此，当因合同约定不明或者产生争议而诉讼到法院时，经纪机构作为合同制定方，很可能得到法院作出的对其不利的裁决。所以不建议经纪机构将经纪服务合同与买卖合同合一，也不建议经纪机构提供自行制定的居间买卖合同文本给买卖双方使用。

3. 买卖双方自拟或者委托律师拟定合同

这种情况在实践中并不多见。如买卖双方明确表示要自拟合同，经纪人员可告知买卖双方有权自拟合同，其自拟合同条款可以作为示范合同的附件或者补充协议，同样具有法律效力。同时也要提醒双方：按照住房和城乡建设部要求，合同网签备案应使用统一的交易合同示范文本。

【**案例 5-1**】纪家两兄弟在某经纪机构的居间介绍下，与买方张小姐、某房地产经纪机构签署了《房地产买卖居间协议》，约定纪家兄弟向张小姐出售其名下的房屋及地下车位一处，房价款 450 万元（含车位价格 27 万元），同时约定10 天内签订房地产管理部门推荐的示范合同文本《存量房买卖合同》。签订《房地产买卖居间协议》当日，纪家兄弟收下定金 5 万元，但之后 10 天内双方并没有签订正式的示范合同文本《存量房买卖合同》。

双方签订《房地产买卖居间协议》3 个月后，房屋的市场均价上涨了 3 500元/m²。纪家兄弟于是通知张小姐，解除双方签署的《房地产买卖居间协议》。张小姐除了要求出卖人双倍返还定金外，还要求支付房屋差价 40 万元。张小姐向法院提供了两家房地产经纪机构出具的房屋价格证明，表明她所购买区域的房屋在签订《房地产买卖居间协议》时为 33 500 元/m²，3 个月后为 39 000 元/m²左右。纪家兄弟辩称，因他俩在国外且父亲生病，所以未能在约定的时间签署正式的政府部门制定的示范合同（《存量房买卖合同》）。

法院经审理认为，纪家兄弟未能按照协议在约定的期限与张小姐签订《存量房买卖合同》，也无法提供违反约定的合理理由，主观上存在过错。其在拖延 3个月后才告知张小姐不再履行涉讼协议，导致张小姐丧失了另行签订房屋买卖合同的机会，加之房价确实上涨，张小姐损失不小。法院参考了双方买卖合同签订及履行后的预期利益，判决纪家兄弟双倍返还定金，另再赔偿张小姐预期损失20 万元。

【**分析**】在二手房交易中，经纪人员不能认为签订《房地产买卖居间合同》即完成交易，如果不能及时签订正式的《存量房买卖合同》（示范合同），交易仍然具有相当大的不确定性。当事人签订房地产买卖居间服务合同或房地产经纪服务合同时，通常会在合同中约定签订正式的房地产买卖合同的时间。这种情况下，房地产经纪人员应及时督促双方在约定的时间内签订示范文本《存量房买卖合同》。提醒双方在对方拖延签订合同时，及时主张权利。最好在居间合同中明确约定，因一方故意拖延导致买卖合同未能达成的，违约方应承担相应的法律责任。该案虽然法院支持了张小姐，但其房屋毕竟没有买成，损失不是仅仅 20 万元所能弥补的。

（三）提示合同当事人注意主体资格

房地产经纪人员必须就合同的主要条款向双方当事人进行说明和解释，并根据经验将实践中常出现的签约问题告诉双方，如应特别提示签字生效后需要承担的法律责任；当事人须具有完全民事行为能力，其签订的合同才具有法律效力，否则，买卖双方应该依法委托代理人，并需要办理合法的委托手续等。

在限购、限售的城市，双方当事人是否属于限制交易的主体是必须注意的。如果是法人作为买卖主体，其办理签约和产权转移的要求、缴纳税费均不同于自然人。如公司为交易主体，则根据公司章程可能需要提供董事会同意出售房屋的证明、法定代表人证明和签章等。目前有些城市对于企事业等法人单位购买商品住房有特别规定，经纪人员应及时告知。

如果是网上签约，房地产经纪人员对于签约的当事人需要核实其身份，保证当事人的身份与签约人一致。

（四）签名及电子签名的核实

一般情况下，没有特别约定，合同自双方当事人签字盖章时生效。由于现在网签合同（线上签约）比较常见，因此经纪人员特别需要注意当事人电子签名的真实性。应该在前期见面洽谈时提醒当事人准备电子签名，并进行核验。需要在签约前再次和双方当事人确认双方签名及电子签名使用的真实性、合法性。根据《电子签名法》规定，当事人可以约定使用或者不使用电子签名，使用电子签名的，必须符合《电子签名法》的有关规定。

签订合同后，提醒当事人应自觉按照约定履行合同，否则需要承担违约责任。

【案例5-2】丁先生在一家房地产经纪机构看中一套房子，该房屋离某著名学校很近。经纪人员催促丁先生早做决定，称学区房十分紧俏。第二天，丁先生便与卖方签订了房屋买卖合同，议定总房款800万元（含定金70万元），约定按房屋总价的15%承担违约金或适用定金罚则向对方承担违约责任。同时，房地产经纪服务合同约定，买卖合同成立时支付佣金，买卖双方违约时，佣金不退还。随后，丁先生依约向房东支付定金30万元，向经纪机构支付佣金18万元。丁先生回家后，因想到自己的房子还没卖出，买房资金缺口较大，开始有后悔之意。第三天一早，丁先生便联系经纪人和卖方，要求解除房屋买卖合同和房地产经纪服务合同。三方当日签订一份具结书，约定由丁先生再给出卖人12万元补偿，经纪机构退还丁先生5万元，房屋买卖合同和经纪服务合同解除。事后丁先生想想自己3天内莫名其妙损失了几十万元，心有不平，于是诉至法院，称："我是害怕承担巨额违约责任，才签了具结书，在签字时处于弱势地位。"

法院经审理认为：丁先生是自己违约在先，其担心承担巨额赔偿而主张自己处于弱势，但没有证据表明经纪机构误导或者强迫其交易。丁先生在购房时具有完全民事行为能力，其应就自身的草率决定承担责任。

【分析】买卖双方通常在房屋交易决策前会犹豫一段时间，这时经纪人员的话语和行为对其有一定的影响。如果处理不慎，当事人常归咎于经纪人员。因此经纪人员一定要注意把握分寸，尤其要注意留存有关证据。上述案例中，丁先生作为心智健全的成年人应该对自己的行为负责，其具备了合格的交易主体资格，法院正是基于这点作出的裁决。但该案中的经纪人员称"学区房"，以此催促当事人做决定，已违反有关规定（有关部门近年来一直强调"防止以学区房名义炒作房价"）。此外，在连环交易中，买方的购房资金依赖于自己房屋售出后所得的房款，在自己房屋尚未售出的情况下就签订房屋买卖合同，存在一定风险。一旦不能及时、顺利地卖出自己的房屋，就会影响后续购房款的支付。因此，经纪人员应建议买方置换房屋时需要全面考虑市场情况，签订合同时留有余地。特别是要充分考虑自己的资金情况，一旦违约，代价很大。经纪人员应当建议当事人确定合适的定金和违约金数额，既要避免自己违约的不利后果，也要达到约束对方违约的效果。

（五）解释国家和地方有关法律、规定和政策

合同是平等主体间的民事法律行为，作为房地产经纪人员需要提醒买卖双方依法签订合同，并按照合法、平等、自愿、诚实信用等基本原则签约和履约。经纪人员应明确告知当事人合同生效、履行的条件及合同签订后所需要承担的法律责任，提醒当事人谨慎、认真对待合同的签订，斟酌合同中每一个关键性的条款。对于房屋所在地的一些特别规定，如限购政策、贷款规则等应该事先告知当事人。对于当事人不理解的地方，需要耐心解释，对于容易引起争议的地方，需要提示当事人特别注意。

依据《民法典》，重大误解、欺诈、胁迫使对方违背真实意愿实施的行为，可以申请撤销；一方利用对方处于危困状态、缺乏判断力，致使民事法律行为成立时显失公平，可以申请撤销；可撤销的民事法律行为，一方有权请求人民法院或者仲裁机关予以变更或者撤销。被撤销的民事行为从行为开始起无效。违反法律、法规强制性规定（效力性）、违背公序良俗、恶意串通、损害他人合法权益的行为无效。无民事行为能力人实施的行为、限制民事行为能力人依法不能独立实施的行为（除代理人同意或者事后追认外）、虚假意思表示的民事法律行为无效。

上述规定和要求需要经纪人员在代拟合同时对双方当事人予以说明和强调。

【案例5-3】2016年初，王先生夫妇在甲房地产经纪机构看中了位于某市城区一套80多平方米的房子，该套房子最大的优点是售价不高，低于市场价近三分之一。经房地产经纪人员的积极撮合，王先生夫妇顺利地和出卖人董先生夫妇

达成协议。在房地产经纪人员的指导下，双方签订了买卖合同，合同约定：①因该房屋是经济适用住房，同意在5年限制期满后共同办理过户手续；②双方签订合同后，王先生须向董先生支付首付款；办理房产证当天，再依据国家规定，分别支付剩余款项给董先生或有关部门。王先生签约之后支付了首付款给董先生和3.9万元佣金给甲房地产经纪机构。签订合同一个月后，王先生突然通知董先生夫妇要求解除买卖合同。王先生解除合同的理由是：发现该房屋是经济适用住房，5年内不得出售。称签约前未看产权证，后查看产权证后才知道房屋的性质。因双方协商未果，王先生向法院提起诉讼，请求确认该房屋买卖合同无效、返还首付款以及由此产生的利息，并赔偿房屋差价损失。法院认定政策性住房、经济适用住房的房地产权利人拥有有限产权。判决董先生返还王先生已付购房款并返还占有购房款产生的利息，房屋差价损失由王先生自行承担。

【分析】法院认为双方签订的房屋买卖合同，损害了国家及第三人的利益，应属无效。根据相关法律规定，合同无效后，基于该合同取得的财产应当予以返还，不能返还或者没有必要返还的，应当折价补偿，有过错的一方应当赔偿对方因此所受到的损失，双方都有过错的，应当各自承担相应的责任。该交易中，董先生因不拥有完全产权，是不能出售该房屋的。事实上买卖双方及房地产经纪人员明知该房屋是限制交易的，买方后来反悔才谎称自己不知情。因该案双方当事人均有过错，由此造成的损失由各自承担，王先生在诉讼过程中提出要求赔偿房屋差价损失，法院未支持。

该案中的房地产经纪机构、房地产经纪人员错误地指导当事人签订合同，由此应承担责任。事后该房屋所在地房地产交易管理部门对违反规定承接本次业务的甲房地产经纪机构进行了行政处罚。

（六）关于线上签约的特别提示

1. 线上与线下合同内容须完全一致，尤其须避免线上合同与下载的合同、线下打印的纸质合同出现内容不一致。

2. 双方线上确认后，任何一方未经对方同意，不能擅自在线上进行修改。经纪人员应提示以双方确认的合同进行留档备查。建议即时下载或打印，经双方确认签字保存。

3. 身份和签名一致的确认。和双方确认电子签名前，房地产经纪人员需要再次核实双方的身份，核对身份证明，确认电子签名为当事人本人所亲笔书写和使用。签字的相关文本应发送双方当事人确认留存，应保存当事人双方确认签约的完整记录。

4. 经纪人员须明确告知双方当事人，线上签约与线下签约具有同等法律后果。当事人也须信守线上合同，否则，须承担相应的法律责任。

5.告知网签备案要求。现在全国主要城市基本上都实行了网上签约备案，因此经纪人员需要告知当事人必须办理合同网签手续。按照住房和城乡建设部2019年8月1日发布的《房屋交易合同网签备案业务规范（试行）》，城市规划区国有土地范围的房屋转让（包括存量房）必须实行网签备案。经纪人员应该特别注意：网签备案合同和当事人已经议定的合同须内容一致。总之，线上合同、线下合同、网签合同内容须保持完全一致，否则需要明确约定如何处理冲突内容或者约定明确最终的合同内容。

【例题5-1】买卖双方和经纪机构签订了书面的房地产居间交易合同和房地产买卖合同，然后线上网签了存量房买卖合同（示范文本），关于当事人签订的合同，正确的说法是（　　）。

A. 只有线上网签的存量房买卖合同有效

B. 以最先签订的合同为准

C. 只有线下签订的书面合同有效

D. 线上网签合同和线下合同均有效

二、存量房买卖合同的拟定

经纪人员在确定买卖双方有成交意向后，就可以顺势引导双方进入实质性的合同签订阶段。在买卖双方签约之前，房地产经纪人员首先需要认真研读合同全部条款，以保证能够准确地向买卖双方进行具体的解释和说明。

（一）存量房买卖合同的主要条款

依据《民法典》的规定，根据存量房交易的特点，存量房买卖合同中应包括的主要条款有：

（1）双方当事人名称或者姓名。

（2）房屋的所有权性质及房地产权属证书的基本情况。

（3）房屋的坐落、权利状况。

（4）土地使用权性质、土地用途、土地使用权剩余年限。

（5）房屋具体情况：如面积、户型、结构、总层数、所在楼层、朝向、容积率、建成年份、厅室厨卫数量等。

（6）房屋成交方式及房屋的计价方式、房屋的单价与总价。

（7）房款交付时间、地点、交付方式及资金监管情况。

（8）房屋交付时间和交付方式及后续问题的约定（如物业维修基金结算、物业费的交接承担）等。

（9）违约应承担的法律责任（包括出卖人逾期交付房屋、买受人逾期支付房款），合同变更和解除。

（10）有关交易的特别约定：如税费的承担、不动产转移登记、合同生效的条件、合同送达等。

（11）免责条款。

（12）纠纷的解决方式。

（13）合同附件（如附图、物业管理、附属设施设备如车库、电梯等使用情况的说明）。

（14）补充协议（或者补充条款）。

（15）签名（章）。

（16）签约时间、地点。

（二）指导填写并帮助拟定合同重要条款

合同是确保房地产交易安全的关键环节，买卖双方协商一致的所有交易条件均应在合同中有所体现，以避免将来产生纠纷。

1. 指导填写合同主要条款

（1）指导填写示范合同文本中的空白条款

房地产管理部门制定的示范合同中的大部分条款是事先拟定好的，且不能改动，买卖双方只能就其中的空白部分进行约定和填写。因此，经纪人员首先需要就此解释清楚，并对示范合同已经制定好的条款进行解释说明，对需要买卖双方填写的空白条款进行特别提示，并告知买卖双方对于示范合同文本中未写入但需要明确的事宜，可以通过合同的附加条款或者补充协议进行另外约定。

（2）指导填写房地产经纪机构提供的买卖合同文本

这类合同形式上与示范合同相似，大部分条款也是事先拟定好的，只需要当事人填写条款中的空白待填写处。但经纪人员应事先明确告知合同的制定者是经纪机构，并且告知当事人其有权选择示范合同。

2. 帮助买卖双方协商拟定合同的关键性条款

合同的关键性条款集中在价格、面积、房屋质量、房屋交付条件及交付时间、付款条件、付款时间、土地性质、房屋性质、过户等方面。在当前部分地区限购的情况下，购房资格的认定十分重要，涉及后续交易能否正常进行。经纪人员帮助买卖双方协商拟定合同关键性条款时，应特别注意以下几点：

（1）买卖双方需要填写真实的身份信息，如应要求当事人确认或承诺有购房、售房资格。

（2）写清房地产坐落与四至。除说明小区名称外，一定要注明房地产权属证书上的门牌号，因为不动产转移登记是以公安门牌号作为依据的，通常房地产权属证书上的坐落就是公安门牌号。如果发现户口簿上的门牌号和房地产权属证书不一致的，需要去公安部门和房地产管理部门查清楚，以免过户或者迁移户口产生问题。

（3）用规范的语言标明房屋的结构和户型。如果是另外附单写明的，最好附在合同后，并由双方当事人签字确认。

（4）有关房地产价格的约定必须明确。写明按什么方式或者标准作为计价依据、房屋的单价及总价、税费、装修或者附属设施设备折价、专项维修资金等是否包含在房价中，车库、阁楼、地下室等如何计价（如是否无偿赠送或者折价出售等）。

（5）详细说明房屋装修状况，特别是合同中须写明是否包含固定设施和家具。如果包含在内，最好列出清单作为合同附件，发生争议时可以作为处理依据。也可以在买卖双方都认可的情况下拍照、拍摄 VR 留存。

（6）约定买卖双方履行义务的时限，如具体的交付房款、房屋的时间。涉及贷款的，经纪人员需提醒双方对贷款的条件和具体时间进行明确约定，特别需要约定因各种原因导致贷款失败时的处理办法。如贷款不成，是解约或者是补足现金，建议事先在合同中约定清楚。

合同中应特别注意对房款和房屋交付时间的约定。房屋买卖中的产权登记及贷款手续非常复杂且具有不确定性，往往难以一手交钱一手交房。如果交房时间过早，卖方可能损失房屋（如租金）收益；如果交房时间过晚，买方可能损失资金利息。经纪人员应根据本地不动产登记和银行贷款的办理时间，向买卖双方说明相关的时间节点，兼顾双方利益，做到双方交付房款和交付房屋的时间不至于相差太多。交房时间通常有以下几种约定方式：①约定产权过户后一定期限内交房，如产权过户后 3 日内交房；②约定卖方取得全部或大部分房款后交房，如约定卖方取得尾款后 3 日内交房；③约定在一个具体日期交房，如约定在 2019 年9 月 1 日前交房；④以上三种方式的结合，如约定产权过户且卖方取得第二期房款后 3 日内交房。以上第①③种方式。在买方需要抵押贷款的情况下，如遇上特殊情况贷款不能及时发放，则卖方交房时仍有一笔大额房款未收到，如未提前了解相关情况，可能出现纠纷。因此，经纪人员应提醒买卖双方可能发生的情况，由买卖双方决定是否需要约定特殊情况下的解决方式。应约定因银行原因导致的贷款迟延，以及当事人的责任承担方式。无论如何，对于合同中约定的交付房款和房屋的时间，双方都必须严格遵守，否则会构成违约，导致违约责任的产生。

【案例 5-4】2013 年 9 月，杨某经甲房地产经纪机构介绍，将其名下的某处房屋出卖于唐某，双方签订了《房地产买卖合同》。合同约定：唐某如未按本合同约定期限付款的，自唐某应付款期限之次日起算违约金，以逾期未付款日万分之五计算，直至实际付款日；杨某如未按本合同约定期限交付房地产的，自杨某根据约定应办理房地产交接手续之次日起算违约金，以唐某已付款日万分之五计算，直至实际交付日；另合同付款协议约定：唐某拿到不动产权证且杨某收到唐某第二期房价款后 7 日内，双方应对该房地产进行验看、清点，杨某应将该房地产交付唐某；约定尾款的支付条件为：已完成房地产交接手续，并签署《房地产交接书》确认无误后当日内，由唐某支付杨某尾款 20 000 元。待杨某将户口迁出后 3 个工作日内，由甲房地产经纪机构代为转付杨某。

2013 年 12 月 17 日，唐某取得上述房屋产权。2014 年 1 月 23 日唐某向杨某支付合同约定的第二期房款。2014 年 4 月 23 日，双方办理上述房屋燃气用户变更户名手续及有线电视更名过户手续。2014 年 4 月 26 日，杨某迁出上述房屋内原户籍。同时杨某要求甲机构按照合同约定支付暂存的余款。2014 年 4 月 30 日，甲机构将余款 18 000 元汇入杨某银行账户。2015 年 3 月，杨某以唐某不支付尾款为由，起诉至法院，请求判令唐某支付剩余房款及逾期付款违约金。唐某反诉称：按照合同约定杨某应在唐某支付第二期房款后，将该房屋交付给唐某。但在合同实际履行中，杨某本应在 2014 年 1 月 30 日前将房屋交付，但杨某至 2014 年 4 月 23 日才将房屋交付。唐某虽同意向杨某支付剩余房款，但因杨某延期交付房屋，故反诉请求判令杨某支付逾期交房违约金 49 815 元。

法院经审理后认为，根据双方当事人所签订房屋买卖合同约定，唐某应于杨某将户籍迁出房屋后三个工作日内支付剩余房款，杨某已于 2014 年 4 月 26 日履行了上述约定的合同义务，唐某拒绝支付该款，已违反合同约定，应向杨某支付该款并承担延期付款的违约责任。又根据合同约定，杨某应于收到唐某第二期房款后 7 日内将涉案房屋交付唐某。杨某未能依约按期交房。因此，杨某应承担延期交房的违约责任。

【分析】依法成立的合同，对当事人具有法律效力。当事人应当按照约定履行自己的义务，不得擅自改变合同的内容。特别是未与对方协商或者未达成一致即改变交付条件和交付时间的，应该承担违约责任。该案双方当事人均未严格按照合同履行交付义务。因此应该各自向对方承担违约责任。法院判决杨某支付逾期交付房屋的违约金，唐某也须支付尾款和违约金。

对于房屋交付问题的处理，经纪人员需要充分考虑双方过户、支付房款、贷款审批、银行放款等的时间限度，并提醒双方谨慎约定交付时间。如买方交付房款后迟迟不能过户或者拿不到房屋的钥匙，可能会考虑利息损失。作为卖方，如果过户或者交付房屋后迟迟不能收到房屋的全款，可能也会主张利息损失。因此，需要经纪人员提示双方充分理解，考虑好能够接受的交付时间，并对逾期的责任进行约定，尽量平衡双方的利益。

3. 提示买卖合同双方当事人的权利义务对等

房地产经纪人员需要告知买卖双方合同的权利义务由双方协商确定。合同的权利义务是相对的，买方的权利就是卖方的义务，卖方的权利就是买方的义务。买卖双方需要互相配合，共同履行合同。另外，由于房地产交易需要交易双方共同办理网签备案和不动产转移登记，因此，在合同中应该约定买卖双方均有义务配合办理网签备案和不动产转移登记手续，违反约定不配合的一方应该承担违约责任。

【例题 5-2】经纪人员于某帮助购房人张某向甲银行贷款购买李某的房屋，并在买卖合同中约定了具体支付房款的时间。甲银行因故迟延 7 天放款，而合同对此情况如何处理并无约定，则承担迟延付款责任的主体是(　　)。

A. 张某　　　　　　　　　　　　B. 甲银行

C. 于某　　　　　　　　　　　　D. 于某和银行

三、存量房买卖合同签订中的风险防范

房地产经纪人员要在买卖双方签字前再次确认双方已对合同主要条款和内容充分了解，对合同的全部条款均没有异议，然后再指引双方签字盖章。须告知当事人合同在交易中的重要作用，提醒买卖双方合同签订之后，一定要严格按照合同履行义务，否则构成违约，可能引发纠纷和诉讼。

（一）法律责任提示

在签订合同时，应重点提示当事人各自义务和责任。一旦毁约或者不按照合同约定履行义务时需要承担的法律责任和可能产生的经济损失。

（二）定金条款和定金罚则提示

根据我国《民法典》规定，给付定金的一方不履行约定的义务或者履行义务不符合约定的，无权要求返还定金；收受定金的一方不履行约定的义务或者履行义务不符合约定的，应当双倍返还定金。经纪人员需要提示买卖双方，根据法律规定，如果既约定违约金，又约定定金的，一方违约时，守约方可以选择适用违约金或者定金条款，即定金和违约金只能选择其中的一项。如定金没有实际交付，则不适用定金罚则。实际交付定金改变了约定的定金数额的，以改变后的定金数额为准。例如，合同约定定金为 10 万元，实际只交付了 5 万元，并且对方也接受了，后因收受定金的一方违约，则双倍返还的定金只能是 10 万元。此外

建议双方依法约定定金的具体数额，依据法律规定，定金不能超过房价的 20％。

（三）补充协议签章的提示

经纪人员一定要叮嘱买卖双方：如果买卖双方另行签订补充协议或者补充条款的，需要双方当事人在补充协议上签字（章），否则可能引发是否具有法律效力的争议。如果是通过网络线上签约的，线上签订的补充协议亦应该使用电子签名（章）确认。应特别提醒双方当事人约定，如合同正文与补充条款（协议）不一致时的处理方式，如合同正文写房屋 7 月 1 日交付，但在合同附件的房屋交付时间项下，却约定为 6 月 28 日过户当日交付，显然，这两个日期是冲突的，产生歧义可能导致纠纷产生。为避免这种情况发生，房地产经纪人员在指导买卖双方签订合同时，要在正文中明确约定合同正文与补充协议约定内容有冲突时以哪个为准。签订补充协议时间在后的，如果约定的事项与合同正文内容不一致，要说明以前签订的合同中相关内容作废或者修改。

所附图纸也应签字（章）确认，以免产生争议。特别注意不要随意在合同中留空白处，如果空白待填写处被人为添加内容，可能为以后留下隐患。所以最好在空白处注明"以下空白"字样或打叉划掉。如果合同的某些条款经双方同意进行涂改，则所有涂改之处也需双方签字（章）确认。线上签约最好不留空白，并设置无法更改和添加状态。须提示电子签名（章）为签约人本人确认和使用。

（四）相关图纸与附件的约定与确认

根据原房屋来源的不同，房屋的相关图纸如平面图、户型图、管线图等应附在合同内，以便交付后的使用和维护。如果原房屋为商品房，则应同时交付原有的"两书"（《住宅使用说明书》和《住宅质量保修书》，下同）。如果图纸和附件直接附于合同中，应视为买卖合同的组成部分。

（五）产权过户与费用结算的提示

房屋交付有两层含义：一是实物交付，即房屋交付给买方；二是权利交付，即将所有权转移至买方名下，完成房屋所有权转移登记。产权过户需要买卖双方共同到登记机关办理，在签订存量房买卖合同时，需要提示当事人约定具体的房屋交付方式（如交钥匙）和产权过户的义务，约定好过户的时间及逾期过户时违约方的责任。签订合同时房地产经纪人员也需要特别注意其他有关费用的结算，如专项维修资金是否结算；水、电、气、暖、网络、有线电视、物业服务等费用是否有欠缴及如何结算等，上述内容应该写入合同之中，或者写入合同附件（或补充条款），以免产生后续纠纷。

（六）交付的风险与责任提示

在签订合同时需要明确房屋风险责任转移的时间。常见的约定条款有：房屋交付之时，风险责任转移；自产权转移之日起风险责任转移。为防止争议，还应约定户口迁移条款。应特别提示需要约定房屋内所有户口（含历史遗留户或者非卖方户口）的迁移。为防备一些意外风险，在合同中可以约定一笔尾款作为上述交付责任的担保。

（七）装修及附属设施设备的处理

存量房交易中装饰装修及设施是一个重要内容。除纯粹的毛坯房买卖之外，很多存量房交易时均是带有装修的。因此，装修是否是交易的条件或者内容，一定要在合同中写明。此外，家用电器、家具等是否一并转让或者作价转让也须在合同中明确。房地产经纪人员需要特别提醒当事人填写装修和设施、家具的清单并作为合同附件。最好明确家具和设施等的品牌、数量、使用状况，也可以在签订合同前通过现场拍照等方式加以佐证说明，并在合同中约定以照片及其说明作为交付现状。有的地方习惯以是否为固定设施来约定是否赠送，即固定设施赠送，非固定设施不赠送。有时因双方对于什么是固定或者非固定设施的认识不一致，可能引发纠纷，因此经纪人员应提醒双方约定清楚固定和非固定设施的具体明细。

（八）权利瑕疵的说明

卖方的权利瑕疵担保是指卖方担保其出卖房屋的所有权完全转移于买方，其他任何人不能对房屋主张任何权利，即卖方需要保证其出卖的房屋不存在任何产权纠纷。如出卖房屋为夫妻共有财产，但房屋登记在一方名下时，需要承诺夫妻双方对一方出卖房屋行为的认可。另外，交易房屋是否有抵押、出租、查封、诉讼等情况均需要在合同上写明，以免产生纠纷。对于已购公有住房上市出售和经济适用住房、限价房、拆迁安置房、共有产权房等出售的，需要说明是否有限制交易的情况及其处理的方式。

在存量房买卖中，房地产经纪人员或买方应高度关注是否有租赁关系的存在。根据法律规定，房屋承租人在同等条件下具有优先购买权。根据《民法典》第七百二十五条规定："租赁物在承租人按照租赁合同占有期限内发生所有权变动的，不影响租赁合同的效力。"即在房屋租赁期间内，如果因赠与、析产、继承或者买卖转让房屋的，原房屋租赁合同继续有效。房地产经纪人员或买方可以到房屋实地确认房屋是否有出租的情况，一般通过现场看房和询问，完全可以发现房屋是否有出租的情况。如发现房屋已出租，经纪人员应提醒卖方处理好租赁关系，以作为出售房屋的前提条件。在处理好承租人的优先购买权问题后，如果卖方无法解除合同，则经纪人员应提醒买方考虑租约内容和租约的期限。签订买卖合同前，必须确认租赁合同的到期日和租赁合同的主要内容，以及房屋租金、押金的处理方式。

根据《民法典》第三百六十六条的规定，房屋还可按约定设定居住权。居住权人可按照合同约定，对他人的住宅享有占有和使用的权利。因此这种情况也需查明，并在签约前告知购房人。购买设定了居住权的房屋，购房人在该居住权有效期内不能影响居住权人的居住与使用，且设有居住权的房屋不能出租。不少城市对于已设立居住权的房屋不予办理买卖过户手续，即实际上设有居住权的房屋是不能转让的。因此，建议经纪人员对于设有居住权的房屋（除特殊情况外，如居住权即将到期等），谨慎提供经纪服务或者婉拒买卖双方的服务要求，以免陷入后续的法律纠纷。

关于"带押过户"的提示和说明。《民法典》第四百零六条规定："抵押期间，抵押人可以转让抵押财产。当事人另有约定的，按照其约定。"据此，"带押过户"改变过去须先还清贷款、注销抵押登记才能过户的做法，即可以带着抵押权过户。根据自然资源部、中国银行保险监督管理委员会联合印发《关于协同做好不动产"带押过户"便民利企服务的通知》，在申请办理已抵押不动产转移登记时，无需提前归还旧贷款、注销抵押登记，即可以办理转让过户、再次抵押和发放新贷款等手续。但经纪人员需要和买卖双方说明，"带押过户"主要适用于在银行等金融机构有未结清的按揭贷款，且该按揭贷款当前无逾期记录。同时经纪人员需要提示当事人根据贷款银行的要求，选择"带押过户"的方式，目前有新旧抵押权组合模式、新旧抵押权分段模式、抵押权变更模式。当事人应该根据银行的具体业务要求选择适用。如果目前不动产登记簿已有记载禁止或限制转让抵押不动产的约定，或者在《民法典》实施前已经办理抵押登记的，且抵押权人不同意转让，那么是无法带押过户的。这两类情况下如何处理抵押权，则应当由当事人与银行协商。

【案例 5-5】 2016 年 3 月 26 日，是某市房地产新政开始实施的第二天。在该市工作的非本市户籍人士吴某与出卖人张某签订《房地产买卖合同》，约定吴某购买张某名下的一处房屋。之后，双方签署了房地产管理部门制定的《房地产买卖合同》，吴某依约向张某支付了 30 万元定金。双方另约定，若卖方在收取本合同约定的定金后，不履行本合同，则卖方应双倍返还买方已支付定金；若买方不履行本合同，则该定金由卖方没收。协议签署之后，吴某前往社保局查询，发现自己不满足该市购房新政中关于购房资格的规定。因此，双方房地产买卖手续无法继续。后双方协商不成，吴某起诉到法院，请求法院判令张某返还 30 万元定金及利息。

一审法院认为，吴某是否属于限购对象存在不确定因素，合同解除系双方意志以外的原因所致，不能归责于任何一方，故判决张某返还吴某定金30万元。后张某不服，上诉至该市中级人民法院。中级人民法院审理后认为，吴某在未履行谨慎审查义务的情况下即与张某签约，导致双方协商不成、合同解除。吴某关于其系首次购房、签约仓促的相关主张均不能成为其免责的理由，理应承担违约责任而无权要求张某返还定金30万元，中级人民法院遂依法改判，驳回吴某全部诉请。

【分析】该房地产买卖合同签订日期在新政实施之后，吴某对自己是否具备购房资格应该有所预判，如不确定自己是否具备购房资格，也应在签订合同前与卖方充分协商并作出相应约定。吴某未履行审慎核查义务即与张某签约，对合同解除应当承担违约责任。目前在"房住不炒"的情况下，法院对于交易的审查态度也有所变化，持类似该案二审观点的日趋增多。

（九）税费的承担方式说明

买卖双方的税费承担方式必须在合同中明确，经纪人员要提醒双方可能产生的税费，并约定好双方各自应该承担的纳税义务。同时说明具体纳税额以税费征管部门的核定数额为准。针对双方或者一方要求签订"阴阳合同"的，房地产经纪人员一定要提示法律风险：合同中的避税条款可能无效；卖方可能无法全额收到房款；买方将来再出售时需要补缴较大一笔税费；以及由于规避法律的行为可能导致的其他风险。按照2021年住房和城乡建设部等八部门的规定，协助当事人非法规避房屋交易税费，属于重点整治的范围，有关部门可以依法查处，并将其曝光、列入信用信息共享平台。

（十）争议处理方式的选择

争议解决方式是合同的必备条款。房地产经纪人员需要提示双方在合同中约定一旦发生争议时选择解决争议的方式。大多数城市的示范合同文本中都有争议方式选择的条款，目前示范合同中大多规定有非诉讼方式（如协商、调解、仲裁）和诉讼（法院起诉）方式供当事人选用。房地产经纪人员应提醒买卖双方在合同中进行约定或者选择。如果是选择仲裁，可以在合同中预先选定仲裁机构。但经纪人员需要提醒买卖双方的是：一旦在合同中约定选择仲裁方式解决纠纷，除法定的特殊情况外，买卖双方不能够到法院提起诉讼。仲裁机构完全由当事人自己选择，采取一裁终局制，除法律规定的特殊情况外，对裁决不服不能上诉，亦不能到法院起诉。

（十一）电子签名的使用限制

经纪机构和经纪人员对于接触到的当事人的电子签名不能擅自下载使用。在网络签约过程中，经纪机构、经纪人员和双方当事人均应承诺：对于双方的签名仅用于本次签约，不能做他用，否则须承担法律责任。同时经纪人员也应提示当事人规范使用电子签名，可靠的电子签名与本人手写签名或者盖章具有同等法律效力。电子签名属于本人专有，不能擅自使用对方的电子签名。盗用他人电子签名轻则须承担民事责任，严重的可能构成刑事责任。

（十二）个人信息保护的提示

经纪机构和经纪人员在交易中不应过度收集使用个人信息，并承诺对于当事人的信息保护。同时应提示双方当事人对于交易过程中获悉的对方个人信息负有一定的保护义务，不能违法使用对方当事人的个人信息，或者违法泄露对方当事人的个人信息。

四、合同的核对与保管

买卖双方应各执一份合同，作为经纪机构亦应留存一份。此外产权过户、抵押贷款、缴纳税费等都需要合同。需要特别注意的是，要确保签订的每份合同的内容完全一致，而且每一份合同均需要当事人签字（章），当事人未签字（章）的合同是可以主张无效的。房地产经纪人员需仔细核对每一份合同，并保存一份存档备查。如需办理抵押贷款，买卖合同的有关内容与抵押贷款合同的相关内容应保持对应一致，以利于贷款审批，目前多地已经执行交易过户、报税缴税、抵押贷款均使用同一网签备案合同。对于线上合同和网签合同应核对电子签名，特别是应核对双方身份和签名的一致性，并保证线上签署的合同与下载、线下打印合同内容的一致性。

【例题 5-3】对于线上签订合同，下列经纪人员做法中正确的是（　　）。

A. 核对线上签署的合同与线下打印的合同内容一致

B. 不留存线上合同

C. 签约后线上合同内容可以自行修改

D. 告知当事人不能使用电子签名签约

第二节　代拟新建商品房买卖合同

在新建商品房销售过程中，房地产经纪人员作为现场销售人员的主要作用是通过对项目的宣传、介绍，促使有意购买者做出购买决定，最终使得买方和房地产开发企业签订商品房买卖（预、现销）合同。如果经纪机构和开发企业订有委托代理销售的合同（如合同约定可由经纪机构代表开发企业签订合同），则经纪人员可以代表开发企业，以开发企业的名义和买方签订买卖合同。但须注意新建商品房买卖合同的卖方是开发企业，合同并非经纪机构和买方签订，因为项目的所有权人是房地产开发企业。

一、合同签订前的准备工作

（一）向买方披露与开发企业的关系

目前房地产项目已经初步实现了产销分离，由房地产经纪机构全程代理销售新建商品房项目的情况日益增多。销售现场接待客户的置业顾问往往就是房地产经纪机构的经纪人员。买方不了解经纪机构与开发企业的代理销售关系，往往将经纪人员视为房地产开发企业的员工，提出一些需要开发企业解决的，超出经纪机构责任范围外的问题与要求。因此，应及时向买方披露自己的房地产经纪人员身份，说明自身或所属经纪机构与开发企业的关系，厘清经纪机构和开发企业的责任界限，避免卷入买方与开发企业的购房纠纷中，而承担不必要的责任。

（二）介绍项目详情及物业管理情况

在签约前房地产经纪人员应向买方客观介绍开发企业的实力、开发资质等级、信誉度、项目及签约房源的具体情况，重点提示其房屋质量、售后服务与物业管理等情况。其中，由于商品房销售时，买受人在订立商品房买卖合同时与房地产开发企业选聘的物业管理企业订立有关物业管理协议，因此，经纪人员应详细介绍前期物业管理、物业管理费用等物业管理事项。

（三）提供项目查询服务

在签订买卖合同前，房地产经纪人员可以帮助买方核对开发企业提供的有关预售资料，如核对预售许可证、其他证照信息等，并提供网上查询服务。应告知买方也可以亲自查询有关项目信息；并告知买方项目开发的具体情况，如开发进度、竣工日期及项目是否办理过抵押等情况；买方有权了解项目的价格、销售等情况；有权实地考察项目及其配套的设施设备情况。

（四）说明认购协议书或意向书的作用

买方确定购买意向后，很多开发企业采取签订认购协议书或者意向书的方式锁定客户。有的认购协议书或者意向书仅约定买方有购买房屋的意向，但对所购房屋的基本情况，如商品房的面积、价格、房号等均没有具体约定；或者只是约定将来拟购买该商品房项目，具体条款须另行拟订。这类认购协议书或者意向书并不能替代正式的商品房买卖合同。根据认购协议书或者意向书的内容，法律上可以认定其为预约合同（即约定将来签订合同的协议）。如果认购协议书或者意向书内容完全符合商品房买卖合同的特征和要求〔已经具备了商品房买卖合同的主要内容或条款，如具备《商品房销售管理办法》（建设部令第 88 号）第十六条规定的主要条款〕，并且卖方已经按照约定收受购房款了，则视其为商品房买卖合同。

按照最高人民法院的司法解释，出卖人通过认购、订购、预订等方式向买受人收受定金作为订立商品房买卖合同担保的，如果因当事人一方原因未能订立商品房买卖合同，应当按照法律关于定金的规定处理；因不可归责于当事人双方的事由，导致商品房买卖合同未能订立的，出卖人应当将定金返还买受人。

（五）推荐买卖合同文本

为保障将来不动产转移登记的顺利进行，房地产经纪人员应首先推荐使用政府有关部门制订的商品房买卖合同示范文本，并说明是否可以使用电子合同和如何线上网签。

1. 示范合同文本及使用说明

在销售时，房地产经纪人员需要首先提供商品房买卖合同供买方查看阅读，2014 年住房和城乡建设部与国家工商行政管理总局发布了《商品房买卖合同（预售）示范文本》《商品房买卖合同（现售）示范文本》。在大部分城市，商品房买卖合同是政府有关部门制作的示范合同文本。按照住房和城乡建设部规定，所有的商品房买卖合同均应实现网上签约备案。在使用示范合同时，经纪人员需要告知买方，示范合同中印制好的条款是无法改变的，但空白条款的内容是可以协商的，买方如有特殊要求，可以另行签订补充条款，补充条款具有同样法律效力。

2. 房地产开发企业格式合同及使用说明

一些房地产开发企业因各种原因（如暂时不具备签订示范合同的条件），可能会在正式签订示范合同前，要求买方签订本企业制定的商品房买卖合同。实践中，购房者可能与开发企业先签订开发企业拟定的合同，即开发企业提供自己制作的商品房买卖合同文本。此类合同将来可能被作为示范合同的附件。也可作为草签的合同，如其内容被后签的示范合同内容取代，此合同即作废。在签订这类合同时，经纪人员要告诉买方，为顺利办理不动产登记，最终需要签订示范合同。特别应该提示买卖双方，对于前后合同中不一致的条款应该约定好处理方式。双方确认无误后，再在网上签订正式的政府部门制定的商品房买卖示范合同。签订完成，相关部门备案审核通过后产生备案号，并显示在合同每页的右上角（或者其他部位，具体做法各地有不同），然后由开发企业打印合同，交易双方在此合同上签字盖章，完成签约。双方亦可约定网上签约并使用电子签名，对此经纪人员应该事先有所准备，并告知当事人使用电子签名的规范要求。通过网络签约主要需要明确购房人的电子签名和开发商的电子签章（法定代表人的电子签名和法人的电子签章）的真实性，特别是应注意开发商电子签章的真实性、合法性和使用的一致性。线上签约应设置无法更改和添加状态，或者设置更改痕迹查询，以保存相关的更改证据。如使用作为卖方的房地产开发企业所制作的格式合同，需要向买方解释清楚格式条款的含义。根据《民法典》的规定，提供格式条款一方（开发企业）有提示、说明的义务，应当以合理的方式提请对方注意免除或者限制其责任的条款（按照最高人民法院的有关解释，提供格式条款的一方对格式条款中免除或者减轻其责任等与对方有重大利害关系的内容，在合同订立时采用足以引起对方注意的文字、符号、字体等特别标识，并按照对方的要求以常人能够理解的方式对该格式条款予以说明的，法院可以认定为《民法典》说的"合理方式"）。不合理地减轻或者免除提供格式条款一方当事人（即房地产开发企业）的责任、排除买方主要权利、限制买方主要权利、加重买方责任的格式条款无效；对格式条款的理解发生争议的，应按通常理解予以解释；对格式条款有两种以上解释的，应当作出不利于提供格式条款一方的解释，即这种情况下法律上作出不利于制作方即房地产开发企业的解释。经纪人员应说明，按照住房和城乡建设部规定，网签备案全覆盖。而合同网签备案应使用统一的合同示范文本，否则无法办理相关过户手续。

（六）解释商品房销售的法律规定

按照规定，购买的商品房项目如果是尚未竣工的，应具有商品房预售许可证。房地产经纪人员需要告知买方，具备商品房预售许可证的项目才可以合法销售。依据最高人民法院的司法解释，未取得预售许可证的项目所签订的买卖合同无效。在当前各地出台了不同限购政策的情况下，经纪人员需要告诉当事人有关的政策限制（如购房资格预审、积分摇号的规则等），以免当事人无法购房或者合同无法网签备案。

【例题5-4】经纪人员在向客户宣传所代理销售的商品房项目时，关于自己的身份应当说明（   ）。

A. 自己就是开发公司的销售人员

B. 自己所属经纪机构与开发企业的关系

C. 自己是开发商的聘用人员

D. 自己是独立置业顾问，与开发商、经纪机构无关

二、签订新建商品房买卖合同

按照有关规定，预售的项目是未通过竣工验收的（有些城市提高了预售的门槛，如要求预售项目必须主体结构封顶并通过验收），应签订商品房买卖（预售）合同。现售的项目是已经通过竣工验收的，应签订商品房买卖（现售）合同。房

地产经纪人员需要根据项目实际情况向买方说明应签订哪一种合同，是否采用电子合同线上签约，并将合同主要内容向买方解释清楚。

如果线上签约，须说明具有同样的法律效力，并告知当事人电子签名的使用要求。

（一）商品房预售、现售合同主要内容

根据《商品房销售管理办法》的规定，房地产开发企业和买受人订立书面商品房买卖合同应当明确以下事项：

（1）当事人名称或者姓名和住所。

（2）商品房基本状况。

（3）商品房的销售方式。

（4）商品房价款的确定方式（计价方式）及单价、总价款、付款条件、付款方式、付款时间，按照住房和城乡建设部规定，成交价格含装饰装修等内容的，应在合同中分别约定。

（5）交付使用条件及日期。

（6）装饰装修及设备标准承诺。

（7）供水、供电、供热、燃气、通信、道路、绿化等配套基础设施和公共设施的交付承诺和有关权益、责任。

（8）公共配套建筑的产权归属。

（9）面积差异的处理方式。

（10）办理产权登记有关事宜。

（11）解决争议的方法。

（12）违约责任和合同的变更、解除。

（13）双方约定的其他事项。

（二）指导当事人填写示范合同

2014 年 4 月，住房和城乡建设部、国家工商行政管理总局发布《关于印发〈商品房买卖合同示范文本〉的通知》（建房〔2014〕53 号），要求积极提倡和引导商品房交易当事人使用该合同示范文本。该示范文本包括《商品房买卖合同（预售）示范文本》GF—2014—0171、《商品房买卖合同（现售）示范文本》GF—2014—0172。房地产经纪人员应注意，该版合同增加了室内空气质量、建筑隔声和民用建筑节能措施等有关环保方面的约定。

房地产经纪人员应事先研读示范合同。根据示范合同文本的内容，按照有关商品房买卖的法律规定，解释合同条款的含义，并指导当事人正确填写空白条款。

对于买卖双方来说，合同主要的义务在于按约定交付房款和按照合同约定按时交付房屋。房地产经纪人员需要对买方说明：买方有权要求出售方出示该项目的商品房预售许可证和有关证照，并按时交付质量合格的房屋。

三、新建商品房买卖合同签订中的风险防范

（一）商品房买卖（预售）合同风险防范

房地产经纪机构需要特别注意，在商品房销售合同签章时，不仅需要预售方在合同上加盖开发企业的公章，还需要该房地产开发企业法定代表人的签字（章）。按照住房和城乡建设部规定的新建商品房网签备案流程，房地产开发企业应在线填写合同，双方当事人签字确认。根据《电子签名法》规定，当事人可以约定使用或者不使用电子签名，使用电子签名的，必须符合《电子签名法》的有关规定。如果线上签约，须核对当事人的身份和电子签名为本人所提供和认可。

由于销售的是尚未竣工验收的房屋，因此商品房预售客观上存在一定的法律风险，特别是买方通常已经支付了部分房款，但房地产开发企业是否能够按时交付房屋、房屋质量是否达到合同要求等均存在不确定的因素。因此，房地产经纪人员应提示合同可能存在的主要风险，做好以下风险防范工作：

1. 土地与开发情况说明

须查实预售项目的土地性质、规划用途、来源、使用年限、是否设有抵押等情况以及开发项目的其他具体情况。

2. 房屋图纸与结构的确认

房屋相关的图纸一般作为合同附件。为避免交易纠纷，经纪人员应告知买方，图纸应经双方认可并签章，特别是需要开发企业的签章确认，也要提示当事人注意作为合同重要内容的房屋结构与图纸的一致性。如开发企业修改设计方案也需告知买方，买方有权选择退房或者继续履行合同。

3. 宣传资料与广告明示的内容写入合同

商品房销售广告和宣传资料所明示的事项应当写入合同。根据有关规定，出卖人就商品房开发规划范围内的房屋及相关设施所作的说明和允诺具体明确，并对商品房买卖合同的订立以及房屋价格的确定有重大影响的，这部分内容即使未写入商品房买卖合同，也视为合同内容，违反承诺需要承担违约责任。因此经纪人员应该告知买方保存好售楼书及有关的销售广告。

【案例 5-6】2000 年，上海某房地产开发企业将自己建造的房地产项目对外销售。其宣传广告称小区楼房间距 50m、绿地率 50％。开发企业与买受人签订的商品房买卖合同约定"开发企业不得擅自变更该房屋的建筑设计，确需变更的，应征得业主同意并报规划管理部门审核批准"，"未征得业主同意变更该房屋

建筑设计，业主有权退房；业主退房时，开发企业除如数退还业主已支付的全部购房款外，还应按已付房价款的5％向业主支付违约金"，"开发企业不得擅自变更已与业主约定的平面布局，若确需变更的，应征得业主书面同意；开发企业未征得业主同意变更小区平面布局，业主有权要求开发企业恢复，如不能恢复，开发企业应向业主支付总房价款的3％违约金"。业主入住后发现楼间距缩小到30m，纷纷要求开发企业赔偿。

【分析】房地产开发企业在销售广告和宣传资料中所称的楼间距50m、有关绿地率的承诺及所附的小区规划平面示意图，具体、明确，这对双方预售合同订立及房价确定有重大影响，应视为要约。尽管平面示意图未附在双方签订的商品房买卖合同中，但也应视为合同内容之一，对当事人双方产生约束力。法院判决该开发企业须支付买受人总房价款3％的违约金赔偿。

4. 面积误差条款的约定

在签订预售合同时，预售商品房的销售面积是预测的。最后结算的面积以房地产权属证书所记载的面积为准，而房地产权属证书所记载的面积则为实测面积。因此，合同面积与房地产权属证书所载面积之间可能存在一定的误差。经纪人员应提醒当事人在合同中约定的预售面积与实测（产权登记）面积发生误差时的处理方式，建议在合同中可直接约定误差解决方式适用《商品房销售管理办法》的规定。为避免交付时的纠纷，合同中需要约定套内面积和建筑面积、分摊的公用建筑面积等误差处理方式，公用建筑面积分摊方式应有明确约定。建议经纪人员向买方解释哪些部位属于分摊的公用建筑面积（具体以有关部门的规定和最高人民法院的司法解释为准），预防将来就分摊的公用建筑面积及其分摊方式的不同理解产生纠纷。

5. 合同备案的约定

政府制定的示范文本中一般都规定了"自合同签订（　　）日内办理备案手续"的条款。经纪人员需要提醒当事人将备案日期约定在一个准确时间内，通常建议为30～60日。合同备案越早，对买方越有利。同时应该告知买方使用非示范合同文本可能无法备案，无法办理不动产权证书。在实行网上签约、备案的城市，须就网上签约、备案的具体事宜进行说明。

6. 相关费用的承担与前期物业管理的约定

就商品房的购买价格，需要在合同中说明是否包含其他费用，如燃气、水、电增容、网络光纤、有线电视、维修基金、装饰装修及设施设备费用等。由于很多城市的示范合同文本将前期物业管理有关条款作为合同的组成部分（附件），因此，在签订合同时必须就前期物业管理企业和物业管理规约进行约定。

7. 交付和保修及风险责任的约定

经纪人员需要提示当事人将交付期限约定清楚。对于合理顺延情形及合理顺延期也要在合同中约定。如约定除不可抗力以外，哪些情形可以延缓交付。一定要注明买方接管房屋时应按合同相关条款进行验收。此外，国家规定开发企业逾期办理房地产权属证书的需承担违约责任。因此，要约定双方办证的条件和程序，明确双方的逾期责任，并且约定交付时提供"两书"。

一般约定风险责任在房屋交付后转移，但是需要就房屋交付的具体条件和程序进行约定，特别是需要约定一方不配合交付的情况下如何处理及责任认定的原则。如开发企业按时交付房屋并协助办理房地产权属证书，而买方无故拖延收房、拒绝按约定办理房地产权属证书，则可以在合同中明确这类情况下房地产开发企业不承担违约责任。

8. 定金罚则的提示

在签订定金条款时，房地产经纪人员需要告知当事人定金的性质和定金罚则的内容，并准备好相关的单据供当事人填写、签字（章）。

9. 合同附件和补充条款的说明

房地产经纪人员最好在签订合同时就附件的性质和作用提醒当事人：附件是否作为合同的组成部分；如附件内容与合同条款不一致的处理方式，并提醒买方附件签章后生效等。

所有的补充条款需要双方当事人同意并签名（章）。经纪人员在签约时应提示当事人如合同中附有图纸的，均需要双方签字并且盖骑缝章。如果线上签约，签约前需要再次确认各方当事人的身份和电子签名、电子签名（章）的真实性和一致性，提示当事人合法、规范使用电子签名。

【案例5-7】樊先生2014年看中了一套豪宅，总价为6 500万元。并在2014年8月和某房地产开发企业签订了买卖合同，通过合同附件一约定以银行贷款方式付款购买该房屋，但双方没有单独在附件一上签字盖章。在合同签署时，附件一和其他附件装订在合同签署页前，开发企业表示，这是当地房地产管理部门的统一格式和要求。樊先生签署了合同，并在当天支付了1 850万元首付款，并于2014年11月付清了除银行贷款外的全款，准备收房。但开发企业通知他要先交51万元逾期付款违约金才会交房，依据是双方签订的合同附件一的约定（附件一称最后一笔款应于2014年10月20日前支付）。开发企业认为，因为樊先生在合同尾页签字了，便是认同合同中所有的内容，包括附件一的内容，因此买方迟延付款就得交纳违约金。而樊先生认为，根据《中华人民共和国合同法》等相关规定，附件一"付款时间和付款方式"等作为这份买卖合同的附件或补充条款，需要单独签署。

【分析】本案的关键在于合同签订时双方约定是仅就合同主文签字生效（不包括附件、补充条款），还是合同全部（含附件、补充条款）生效。

本案中，附件一和其他附件装订在合同签署页前。这种情况下，在合同的尾页签字，如没有特别的约定，一般可以视为对全部合同（含附件、补充条款）的认可。如果双方当事人明确约定无论是合同主文还是附件，都需要双方当事人签字才有效，那么必须对所有附件和补充条款签字盖章。本案中，如果双方议定附件和补充条款暂不签署，则应在合同正文中说明：附件另行签订，并在双方签字后生效，且可暂不纳入合同文本之内。

从开发企业和作为代理销售方的房地产经纪机构角度看，在签署合同前，对于合同主要条款、内容、附件、补充条款的作用以及签字生效的方式都应事先解释清楚，并且提示买方注意在签订合同前应将所有合同的条款和具体内容看清楚，理解无误后再签字。为避免纠纷，房地产经纪人员最好建议双方在合同中约定：所有的附件和补充条款均应签字盖章后生效。

（二）商品房买卖（现售）合同签订中的风险防范

房地产经纪人员在代理销售已经通过竣工验收的商品房时，应当做好以下工作：

1. 确认开发企业是否已将建成的商品房出租或者已作他用

作为竣工验收合格的房屋，开发企业可能存在出租或供其他用途使用后转销售的情况。如果买方不是承租人或者使用人，房地产经纪人员一定要落实承租人是否已经放弃了优先购买权，并需要提供书面证明，确认其他使用房屋的情况是否已清理。如果租约未到期，买方还需同意承租人住到租期届满。这种情况下，经纪人员应该提示双方约定租金及押金的收益归属。

2. 定金罚则的说明

在签订定金条款或者定金合同时，经纪人员应说明定金条款（或者定金合同）是定金实际交付后才生效，且适用定金罚则时以实际交付的数额为准，告知当事人定金罚则的适用条件。

3. 广告宣传与合同责任的约定

通常在开发企业的宣传资料和广告中涉及项目诸多描述。需要排除的内容，最好在合同中阐明，以免引发纠纷。根据规定，商品房销售广告和宣传资料所明示的事项，当事人应当在商品房买卖合同中约定。

4. 面积条款的确定

现售的房屋因已经通过竣工验收，面积误差存在的可能性较少，所以房地产经纪人员应提示当事人在合同中写明销售面积是否为实测面积。如果在销售时已完成面积实测，则在合同中应该直接约定实测面积。

5. 竣工验收资料及交付"两书"的提示

由于是现房销售，经纪人员应当出示已通过竣工验收的资料，并提醒交付"两书"，提示买方注意保修期限和保修责任。

6. 配套设施设备的交付约定

合同中应约定配套设施设备交付的时间、交付的状态、交验的具体程序和各方的责任承担。

7. 产权过户的提示

合同中须说明现房是否具备办理房地产权属证书的条件。如果尚不能办理，需要特别声明。经纪人员应提醒买方注意合同约定或者有关部门规定的办理房地产权属证书的时间和责任。

8. 相关费用的承担说明

合同中需要约定销售价格包含的内容，按照规定，价格中含装饰装修的应在合同中分别约定清楚。价格之外的任何其他收费需要明确说明，税费的分担也需要写明。最好给买卖双方各列一张表格以明示各自的税费分担并签字确认，以避免将来为此产生纠纷。

9. 物业管理的说明

房地产经纪人员应提醒当事人合同中需要明确写明有关物业管理的约定，表明是否是前期物业管理。

10. 图纸交付与合同附件的约定

合同中需要写明图纸是否作为合同附件，或单独交付有关图纸；有关房屋的补充协议或者其他附件是否是合同的组成部分，并约定与合同条款不一致时的处理办法。经纪人员需要提醒当事人在合同和图纸上双方签字（章）认可，以避免纠纷。

11. 交付验收的提示

合同中需要约定交付的时间、地点、验收的标准和程序，装饰装修情况、设施设备的交付和验收以及迟延交付的责任。

12. 风险责任的约定

房地产经纪人员需要提醒当事人在合同中明确约定房屋的风险责任转移时间、标准。业内通常以房屋交付（一般理解为交钥匙）为标准，但需要提示当事人注意：如因某一方的责任导致的交付迟延而产生的责任如何承担。

13. 补充条款的签字（章）

房地产经纪人员需要特别提示当事人：所有合同附件和补充条款、图纸等均要签名（章）确认，以免日后引发争议。如果线上签约，则所有的附件、补充条款、图纸等均要有同样的电子签名（章）确认。

（三）商品房买卖合同的核对与保管

商品房销售中，可能有预订、意向销售的情况，或有房地产经纪人员代为办理贷款、过户等情况。为此，当事人可能签有多份协议。房地产经纪人员一定要注意各不同时间、因不同目的签署的协议内容的一致性，并应该告知当事人约定：如各协议或文本有内容不一致的，以最终作为正式买卖合同（示范合同）的文本为准。经纪人员应特别注意网签上传的合同和各类纸质合同的一致性。为防止将来产生合同争议，房地产经纪人员需要保管一份核对无误的纸质合同存档备查。保留完整的、可查询的相关记录（如完整的聊天记录），并最终确认当事人的电子签名（章）为本人提供并同意使用。线上签约应设置无法更改和添加状态，为避免任意修改并保留相关证据，可以设置更改痕迹查询，以利于将来纠纷解决。

经纪人员应提示双方当事人：电子签名仅用于本次签约，并提示双方当事人对于交易过程中获悉的对方个人信息负有一定的保护义务。

【例题 5-5】在商品房买卖合同附件和补充条款、图纸上使用电子签名（章）时，经纪人员应当（　　　）。

A. 确认有开发企业法定代表人一方签名（章）即可

B. 确认有开发企销售经理的一方签名（章）即可

C. 要求本人所在经纪机构共同签名（章）

D. 确认开发企业和购房人的签名（章）

第三节　代拟房屋租赁合同

随着国家加大对房屋租赁的政策支持力度，房屋租赁经纪业务得以快速发展。在各大中城市，房屋租赁经纪已是房地产经纪人员的主要业务之一。房屋租赁是民事行为，除双方应遵守国家法律法规等规定外，经纪人员还须注意最新的政策规定。房屋租赁双方的行为主要是通过合同来规范的，因此，房屋租赁合同的拟定十分重要。

一、合同签订前的准备工作

（一）实地查看和如实介绍房屋使用状况

房地产经纪人员在了解出租人对承租人和房屋使用的要求、条件后，应实地查看房屋的环境状况和使用情况、装修、附属设施设备状况等，特别是签订合同前应了解房屋是否有产权纠纷、使用纠纷，是否设定有居住权等，以规避房屋租赁中的问题。

（二）提示双方注意房屋设施设备状况

经纪人员实地查看房屋后，最好将出租房屋的设施设备列一份清单，或征得出租人同意，进行现场拍照或者 VR 拍摄，但须注意不能拍摄失真或对照片、VR 过度加工、美化。在签约时可以约定将所拍摄的现场照片和清单作为合同附件。

（三）解释有关房屋租赁的主要规定和特别规定

房地产经纪人员代为拟定租赁合同时，应告知当事人国家和地方政府的有关规定。根据《民法典》，租赁期限不得超过 20 年。超过 20 年的，超过部分无效。租赁期间届满，当事人可以续订租赁合同，但约定的租赁期限自续订之日起不得超过 20 年。设立居住权的住房不能出租。此外，应了解拟出租的房屋是否属于法律、法规规定禁止出租的房屋，如属违法建筑、不符合安全、消防、防灾等工程建设强制性标准的、违反规定改变房屋使用性质的房屋，地下储藏室、阳台、厨房等则不能出租用于居住。

近年来国家和地方政府对于房屋出租均有一些特别的规定，如关于人均租住建筑面积不得低于当地人民政府规定的最低标准等，因为各地标准不一，需要特别提醒当事人注意。尤其是禁止性的规范，如关于禁止出租保障房、禁止群租等，在签订合同前必须要向当事人解释清楚。

（四）推荐租赁合同文本

许多出租人为避税而不愿办理租赁合同的备案手续。因此，存在不选用政府有关部门制定的示范合同的现象。实践中常见的情况是交易双方在房地产经纪机构的推荐下选择房地产经纪机构制定的合同文本，或者是房地产经纪人员根据当事人双方协商的内容拟定合同。鉴于此，对合同文本和条款的解释与说明尤为重要。否则发生争议时，当事人可能要求经纪人员承担责任。因此，为避免经纪机构和经纪人员牵扯到当事人的纠纷中去，应选择使用示范合同文本。按照住房和城乡建设部规定，租赁合同必须办理网签备案并使用统一的示范合同文本，经纪人员应将规定告知租赁双方当事人。现在租赁合同线上签约越来越普遍，经纪人需要就此告知当事人线上签约的要求，如电子签名的准备和使用要求等。

【例题 5-6】经纪人员代为拟订住房租赁合同前需要做的工作是（　　）。

A. 拟定租赁合同条款　　　　　　　B. 产权人信息查询

C. 实地查看拟租房屋　　　　　　　D. 调查承租人的个人信息

二、房屋租赁合同的拟定

经纪人员在确定出租方和承租方有成交意向后，应引导双方签订房屋租赁合同。租赁合同签订前，经纪人员应向租赁双方说明房屋租赁合同主要内容，并对有关条款进行解释、说明。

（一）房屋租赁合同的主要条款

房屋租赁合同一般应当包括以下内容：

（1）房屋租赁当事人的姓名（名称）和住所。

（2）房屋的坐落。

（3）出租房屋的户（套）型、面积（明确是使用面积或者是建筑面积）、结构。

（4）附属设施设备、家具和家电等室内设施状况。

（5）房屋租金及支付方式和押金数额、押金支付方式。

（6）租赁用途和房屋使用要求。

（7）房屋和室内设施的安全、环保性能。

（8）租赁期限。

（9）房屋维修责任。

（10）物业管理、水、电、燃气、网络、有线电视等相关费用的缴纳。

（11）违约责任、合同的变更与解除和争议解决办法。

（12）其他约定。

（二）指导当事人选用和填写合同

如果选用政府有关部门制订的示范合同文本，房地产经纪人员应当根据有关规定，引导当事人正确理解合同条款，并指导当事人填写空白条款。如果选用房地产经纪机构制订的租赁合同，则房地产经纪人员应对双方予以说明，并提醒双方注意其中有关权利义务条款的约定，特别应注意向当事人解释承担责任的条款。对易产生争议的合同条款，房地产经纪人员应事先解释清楚。

线上签约须注意留存文本，并告知当事人签约后未经对方同意不能擅自更改，建议经纪人员通过即时下载、线下打印、拍照或截屏保存经双方签字认可的所有合同条款，经纪人员须再次和当事人确认所有的合同内容和电子签名（章）的真实性。

三、房屋租赁合同签订中的风险防范

（一）房屋租赁合同效力的提示

房屋租赁是一项民事行为，承租人和出租人的权利义务主要是通过合同确定的。因此，合同的具体内容和条款对当事人双方十分重要，是其行为的依据。

按照有关司法解释，同一房屋订立数份租赁合同，在合同均有效的情况下，按下列顺序确定履行合同的承租人：

（1）已经合法占有租赁房屋的。

（2）已经办理登记备案手续的。

（3）合同成立在先的。

（二）租赁押金的支付与押金作用说明

房屋租赁在习惯上通常需要支付一定的押金，其作用主要是担保租金的按时交付和房屋、设施设备的合理使用。经纪人员在代拟合同时特别需要提醒当事人，押金数额应适当，过高不利于承租人，过低不利于出租人。

（三）装饰装修与设施设备处理的约定

房地产经纪人员应告知当事人：合同中要明确是否同意承租人另行装修。如果同意承租人装修，还需要约定租赁合同到期时，装饰装修物的处理办法。

（四）租金交付方式的说明

房地产经纪人员应提醒当事人在合同中明确租金的支付方式，如月付、季付、年付等，并应约定迟延支付的违约责任。

（五）维修责任的约定

房地产经纪人员应该告知当事人在合同中约定房屋及其设施设备的维修责任。如没有特别的约定，维修责任应当由出租人承担，但非正常使用、故意损坏除外。建议事先约定清楚，以免将来产生纠纷。

（六）税费责任的约定

按规定，房屋出租需要缴纳相关的税费。纳税是出租人的义务，因此，经纪人员需要提醒当事人在合同中一定要约定相关的纳税主体及法律责任。

（七）物业服务费等费用缴纳的约定

通常水、电、燃气、有线电视、电话、网络等费用均是由承租人缴纳。为防止争议的产生，在合同中应就费用承担作出明确约定，特别是物业服务费、供暖费用等需要在合同中进行特别约定。

（八）转租约定的提示

房地产经纪人员应提示双方在合同中约定，出租的房屋是否能够转租。经纪

人员要告知承租人：没有约定可以转租的，承租人不能转租。如果未经同意擅自转租，出租人可以解除合同。但解除权应在出租人知道或者应当知道的6个月内提出，否则视为同意。

（九）安全责任与风险责任提示

房地产经纪人员应该提醒出租人确保其提供的房屋和附属设施设备等（如燃气灶、热水器）符合安全要求。当事人通常可在合同中作如下约定：房屋和设施设备正常使用下的风险一般由出租人承担；非正常使用产生的风险应由承租人承担。提示承租人按照合同约定的用途使用房屋和附属设施设备，否则应承担违约责任。

（十）租赁合同终止时的责任约定

房地产经纪人员需要提醒当事人：在合同未到期时，如双方一致同意解除合同，应约定如何处理房屋装饰装修以及设施设备，或者明确由哪一方承担装饰装修以及设施设备的补偿责任；如果合同无效，应约定装饰装修以及设施设备如何处置，或者装饰装修以及设施设备补偿的承担方式；也需要约定合同履行期满时，如何处理装饰装修以及设施设备。

（十一）补充协议的签字（章）

房地产经纪人员需要提醒双方当事人：所有的补充协议、合同附件、设施设备的清单、双方认可的图纸等文件均需要双方签字（章）确认。线上签约的补充协议、合同附件、设施设备的清单、双方认可的图纸等文件均需要当事人的电子签字（章）确认并保证其所有签名的真实性及使用的一致性。

（十二）优先购买权提示

按照我国法律规定，承租人对承租房屋享有优先购买权。因此，经纪人员在代拟合同时需要对当事人双方说明以下问题，以免房屋出租期间产生纠纷：

1. 承租人的优先购买权行使条件

房屋租赁期间出租人出售租赁房屋的，承租人在同等条件下可以享有优先购买权，房屋出租人应当在出售前合理期限内通知承租人。经纪人员应告知当事人在合同中对此进行约定。

2. 承租人行使优先购买权的法律限制

按照《民法典》规定，承租人的优先购买权是有一定限制的，即房屋按份共有人行使优先购买权或者出租人将房屋出卖给近亲属的除外。此外，出租人履行通知义务后，承租人在15日内未明确表示购买的视为承租人放弃优先购买权。因此，经纪人员需要提示当事人在合同中就相关内容进行约定，及时保护自己的权利。

（十三）租赁房屋安全和群租风险

1. 租赁房屋安全及双方当事人的责任

经纪人员需要告知出租人违法建筑、不符合安全要求的房屋不能出租；承租人应当按照合同约定的租赁用途和使用要求合理使用房屋，不得擅自改动房屋承重结构和拆改室内设施，以免影响房屋的安全。

2. 违法出租的风险

根据规定，出租住房的，应当以原设计的房间为最小出租单位，人均租住建筑面积不得低于当地人民政府规定的最低标准。厨房、卫生间、阳台和地下储藏室不得出租供人居住。在签约时，经纪人员需要提醒当事人注意国家和地方相关的规定，告知其违反规定可能导致行政处罚。

【案例 5-8】郭女士与某房地产经纪机构签订了《房屋出租委托代理合同》，委托其出租自己一套两居室的房屋。根据双方签订的委托合同，该机构可以对房屋进行适当装修。合同签订后，房地产经纪机构开始装修。之后，郭女士发现该房地产经纪机构在房屋内进行施工、分割房间，将两居室拆改成 5 个单独隔间，并以单个隔间为单位，向 5 个不同的租房户出租。她认为该机构的行为违反了合同约定和相关法律规定，故诉至法院，请求判令解除双方签订的房屋出租委托代理合同，要求经纪机构承担违约责任和赔偿损失。

【分析】房地产经纪机构在对出租房屋进行改造前，须取得出租人的书面同意。若未经出租人同意擅自改造房屋，出租人发现后可及时要求其恢复原状或解除合同。在签订租赁合同时，租赁双方应对装修条款予以明确，例如是否能对结构进行改造，装修的具体限制与条件等。合同中不能使用"适当"这种模糊的概念。本案中，双方在合同中对于"适当装修"的内容约定属于模糊性约定。经纪机构擅自改变房屋用途或者房屋状态，显然超出了"适当"的范围，未能尽到合法和恰当履行合同的义务，所以应向出租人承担违约责任。同时，该行为也违反国家的相关规定，根据《商品房屋租赁管理办法》规定，有关部门可以对此进行行政处罚。

（十四）约定房屋征收时的处理办法

房地产经纪人员需提醒租赁双方在合同中约定：在租赁期限内，一旦房屋被征收（或拆迁）时，租赁合同应如何处理，特别是要明确承租人的搬迁责任。

（十五）租赁期限届满的约定

经纪人员应提示当事人：租赁期间届满，承租人继续承租应续签合同。如果租赁期限届满，双方没有续签合同，但承租人继续居住或者使用房屋，出租人没有提出异议的，原租赁合同继续有效，租赁期限为不定期。根据《民法典》规定，租赁期限届满，房屋承租人享有以同等条件优先承租的权利。

四、合同的核对与保管

为避免将来产生争议，房地产经纪人员应当仔细核对合同的条款，保证每一份合同条款的一致性。线上签约应设置无法更改和添加状态，或者设置更改痕迹查询，以便于追踪相关修改状态，保存证据以利于解决未来可能产生的纠纷。如果是网上备案，需要注意纸质合同和网签合同的一致性，确认各方的电子签名（章），并核对无误后留存一份纸质合同存档备查（如下载、打印的合同须和各方当事人确认无误）。

经纪人员须告知双方当事人：电子签名仅用于本次签约，并提示双方当事人对于交易过程中获悉的对方个人信息负有一定的保护义务。

第四节　房地产交易合同登记备案

《国务院办公厅关于促进房地产市场平稳健康发展的通知》（国办发〔2010〕号）提出进一步建立健全新建商品房、存量房交易合同网上备案制度，加大交易资金监管力度。住房和城乡建设部等七部门《关于加强房地产中介管理促进行业健康发展的意见》（建房〔2016〕168号）提出全面推行交易合同网签制度。住房和城乡建设部2018年发布《关于进一步规范和加强房屋网签备案工作的指导意见》（建房〔2018〕128号），提出构建以房屋交易网签系统为基础的交易管理体系，实现全国城市规划区国有土地范围内网签备案全覆盖，并将要求全国联网。2019年住房城乡建设部印发《房屋交易合同网签备案业务规范（试行）》，对新建商品房和存量房买卖合同、房屋租赁合同、房屋抵押合同的网签备案的具体程序作出规定。2020年住房和城乡建设部印发《关于提升房屋网签备案服务效能的意见》，提出优化网签备案服务，推进"互联网＋网签"，实现网签备案掌上办理、不见面办理，并延伸端口至经纪机构门店，实现签订合同同时办理网签备案。对此，经纪人员一定要了解和注意。

一、存量房买卖合同备案

（一）存量房买卖合同网签和备案

1. 明确合同网签备案的业务规范

按照规定，经纪机构或者交易当事人须进行网签备案系统用户的网上注册，取得房屋网签备案操作资格。当事人可以授权房地产经纪机构代为办理存量房买卖合同的网签备案。因此，房地产经纪人员需要在签约前事先查询当地的规定，特别需要提醒买卖双方网签备案可能产生的法律后果。并告知当地的具体操作规定，特别是备案后再行变更撤销已经网签的合同或者撤销网上备案的程序和要求，这种情况一定要事先查清规定和程序要求，特别是应该明确知晓变更撤销的程序，预估变更撤销可能产生的障碍以及变更撤销的法律后果等。实践中，网签合同变更与撤销往往有严格的规范要求，因此而引发的法律争议亦较难处理。

2. 告知买卖双方网上备案的程序

房地产经纪人员需要详细了解房屋所在地存量房买卖合同网签备案的办理程序，并告知买卖双方按照规定的要求准备材料并办理备案。按照规定，网签备案的一般程序如下：经纪机构在网签系统中进行用户注册，核验交易主体、房屋是否可以交易，确认无误后，经纪机构在线填写合同，双方当事人签字确认，获备案码后，双方当事人可查询备案系统中的房屋交易状态，然后支付房款并纳入资金监管。

3. 协助当事人准备网签的材料

按照房屋所在地房地产管理部门的要求协助买卖双方准备网签材料。为防止将来发生争议，补充条款和附件也需要作为备案的材料，一旦发生争议可以备查。如果在线签约，应告知当事人需准备可靠的电子签名。

（二）协助当事人办理备案后的相关手续

房地产经纪人员在协助当事人办理完网签合同备案之后，应督促或者陪同买卖双方及时办理不动产转移登记手续。

【例题 5-7】关于存量房买卖合同的附件和补充协议备案的说法，正确的是（　　）。

A. 无需备案　　　　　　　　　　　B. 需单独备案

C. 应与买卖合同同时备案　　　　　D. 解除合同时备案

二、新建商品房买卖合同登记备案

依据《城市房地产管理法》规定，商品房预售合同应当进行登记备案。房地产经纪人员需要告知买方具体的操作规定和办理网签备案所需要提供的材料。

（一）办理商品房买卖合同网签手续

很多城市对于商品房买卖合同都实行了网上签约。作为开发企业代理方，房地产经纪人员需要告知买方网签和登记备案的法律意义，并做好以下工作：

1. 通过网络查询拟销售的商品房项目的网上资料

取得预售许可证的商品房项目或者合法销售的商品房现售项目一般都可以在

当地房地产管理部门的官网上查询到相关的资料，有些城市可以在网上查到该项目的示范合同文本的具体条款内容。

2. 告知买方商品房买卖合同的网签程序

了解项目所在地的规定并告知买方如何办理商品房买卖合同的网签手续。依据规定，开发企业取得商品房销售许可证之后，首先需在合同备案系统中进行用户注册，可由代理销售的房地产经纪机构在网签系统中检查交易主体、房屋是否可以交易，代表开发企业与承购人在线填写合同并由开发企业和购房人签字（章）确认，取得编码后，可进行交易状态公示、交易信息查询，最后是房款支付并纳入资金监管。

3. 协助房地产开发企业和买方准备网签材料

协助房地产开发企业准备好办理网签的公司资质材料和项目材料；协助买方准备办理网签备案的材料。

4. 网上签订商品房买卖合同

开发企业按规定注册后才能进行网签操作，一些城市的商品房买卖合同的网签是通过给予符合销售条件的开发企业密钥进行的。

（二）商品房买卖合同登记备案

房地产经纪人员在协助当事人办理好网签手续后，取得备案编码，该房源即已经备案，通常网上显示为售出。

1. 告知当事人商品房买卖合同网签备案同步

经纪人员需要明确告知买方现行规定是网签备案同步进行。

2. 督促并协助双方办理合同的登记备案

网上备案后，房地产经纪人员要督促及时办理后续手续。一般示范合同中均有关于商品房预售合同登记备案的条款，如 2014 年住房和城乡建设部与和国家工商行政管理总局制定的示范合同规定：出卖人应当自本合同签订之日起
【　　日内】（不超过 30 日）办理商品房预售合同登记备案手续，并将本合同登记备案情况告知买受人。

商品房买卖合同备案需要双方当事人共同办理，如果是经纪机构代办，应事先要求开发企业准备好有关的材料，并与买方约定具体的网上操作办理时间。经纪机构的网络操作人员首先在网签系统中录入合同文本相关信息，经双方确认无误后，网签操作人员将合同电子文本信息提交到网签系统申请合同备案。

按照 2018 年住房和城乡建设部与国家统计局联合印发了《关于进一步加强协作做好房价统计工作的通知》（国统字〔2018〕119 号），要求明确网签备案时限、合同内容和价格范围，严禁滞后网签、平衡网签或集中网签。坚决打击拆分

销售合同行为，要求如实备案成交全价，规范网签合同文本，含车库、车位、装饰装修价款的，应在合同中注明约定。

3. 协助打印纸质合同

在网上签订合同之后，应协助当事人下载、打印纸质合同。如果是使用电子签名网上签约，则需要得到当事人确认。如果是线下签字（章），经纪人员应督促当事人及时在纸质合同上签名（章），以免出现网上合同和纸质合同的签约时间脱节，导致对合同效力产生争议，网上签约之后，下载的合同或者纸质合同应与网签合同一致，不能随意修改。建议经纪人员应该即时在销售现场打印出已经备案的网签合同文本，买卖双方确认并签字盖章后分别留存。同时告知买方，可以凭身份证明到房地产交易管理机关查询登记备案的信息。

【案例 5-9】2011 年 5 月，陈某在某市购买了一套商品房并与开发企业签订了购房合同。合同中约定，在合同签订后 10 日内，开发企业向房屋登记机构申请登记备案，逾期没有申请的，按日支付万分之一的违约金。但因为种种原因，一直到 2012 年 2 月，开发企业才为陈某办理了预售合同登记备案。2013 年初，陈某将开发企业告上法庭，要求按照合同规定赔偿违约金 3 800 余元。开发企业辩称：在签订合同当天，他们就对该购房合同进行了网上签约。网上签约就等同于登记备案，自己并没有违约。法院认为，被告在第一时间与陈某网上签约，已经杜绝了"一房二卖"的可能性，这也是购房合同登记备案的主要目的。此外，被告按照合同约定按期交房，陈某的实体权利并没有受到侵害，也没有形成实际损失。但是，开发企业未按约定和规定办理备案，仍然构成违约。因此，法院判决开发企业承担违约责任。

【分析】本案就是因为签约和备案未同步进行，即开发企业未按照要求将网签备案程序走完，导致合同网签和备案时间脱节，且间隔时间 1 年多引发了争议。虽然法院在判决中认为网上签约可以杜绝"一房两卖"，但由于网上签约并不能等同于合同的备案登记，开发企业仍然承担了违约责任。

4. 推荐办理商品房预告登记

一些城市将预告登记和备案登记合二为一，在政府的示范合同中直接约定当事人办理预告登记手续。也有一些城市仅要求办理合同登记备案，是否办理预告登记需由双方当事人自行约定。为保证买方的权利，经纪人员可以解释并推荐办理预告登记。根据《不动产登记暂行条例实施细则》（国土资源部令第 63 号），预售人和预购人订立商品房买卖合同后，预售人未按照约定与预购人申请预告登记，预购人可以单方申请预告登记。需要经纪机构提醒买方注意的是，如买方单方申请预购商品房预告登记，买方应当提交相应材料，即双方在商品房预售合同中对预告登记附有条件和期限的具体约定。有些地方的示范合同规定很具体，如上海市的商品房预售示范合同规定："双方商定本合同生效之日起＿＿日内由甲乙双方共同向房地产登记机构办理预告登记。其中一方逾期不配合办理预告登记的，另一方有权单方办理预告登记。"

三、房屋租赁合同登记备案

房屋租赁合同登记备案因为涉及缴纳税费并需提供相应证件，有的当事人往往不愿意办理。但是作为房地产经纪人员，应告知租赁双方国家的规定和要求，特别是如果一方当事人需要开具发票的，必须登记备案，否则无法出具发票。经纪人员也需要告知当事人逃避国家税费可能承担的法律责任。

（一）告知当事人（网上）备案的要求

作为经纪人员，需要及时告知当事人有关规定及网上备案如何办理。按照住房和城乡建设部的规定，租赁合同应当办理网签备案。

（二）协助当事人办理房屋租赁合同网签备案

经纪人员应该告知当事人网签备案的法律意义及不办理网签备案所可能产生的法律后果。应积极督促当事人及时办理房屋租赁合同网签备案。如果有当事人书面委托，经纪人员可以代为办理。

（三）提醒当事人法律责任的承担

1. 告知当事人办理备案的具体规定

根据《商品房屋租赁管理办法》规定，房屋租赁合同订立后 30 日内，房屋租赁当事人应当到租赁房屋所在地直辖市、市、县人民政府建设（房地产）主管部门办理登记备案。登记备案证明遗失的，需要向原登记备案的部门补领。房屋租赁登记备案内容发生变化、续租或者租赁终止的，当事人应当在 30 日内，到原租赁登记备案的部门办理房屋租赁登记备案的变更、延续或者注销手续。按照规定，经纪机构完成机构备案后，首先在网签备案系统中进行用户注册，然后核验租赁主体，房屋是否符合交易条件，如果无问题，则由经纪机构在线填写合同，双方当事人签字确认，取得网上备案编码后，双方当事人可以查询网签备案系统中的房源交易状态信息。

2. 告知当事人缴纳相关税费

目前房屋租赁的税费按照规定应由出租方承担。因此，需要明确告知当事人。如当事人同意，也可以委托房地产经纪机构代为办理缴税手续。在一些大城市，双方当事人可以通过政府"一网通"门户网站自行办理网上签约和网上备案，当事人本人可以使用本人电子签名在线即时办理。对此，经纪人员可以提示当事人自行操作，也可以指导并协助当事人操作。

3. 提示当事人合同登记备案的法律责任

按照规定，不办理登记备案或者租赁登记备案内容发生变化、续租或者租赁终止而不办理登记备案的变更、延续或者注销手续等备案手续的，会面临行政处罚，如主管部门可以责令限期改正；逾期不改的，可处以罚款等。在一些大城市，租赁合同不办理网签备案甚至可能影响居住证办理，进而影响积分落户，因此，需要告知当事人可能产生的法律责任与后果。

【例题 5-8】租赁合同备案时，经纪人员应当告知出租人纳税的相关事项是（　　）。

A. 由承租人缴纳税款
B. 不必纳税
C. 可以代为办理纳税手续
D. 可以帮助避税

复习思考题

1. 存量房买卖合同签订前，作为房地产经纪人员应当提醒买卖双方准备哪些材料？

2. 根据《民法典》的规定，哪些合同可以撤销？哪些合同属于无效合同？

3. 存量房买卖合同的主要条款应该包括哪些内容？作为房地产经纪人员应注意哪些关键性的合同条款？

4. 我国法律关于定金合同（条款）、定金罚则有何规定？

5. 房地产经纪人员对于存量房买卖中可能存在的权利瑕疵应如何进行说明和处理？

6. 签订新建商品房买卖合同前，房地产经纪人员应做好哪些准备工作？

7. 商品房买卖合同应包括哪些主要内容？

8. 为防范商品房买卖合同风险，房地产经纪人员应做好哪些工作？

9. 为防止租赁合同纠纷，房地产经纪人员应做好哪些工作？

10. 房屋租赁合同应包括哪些主要内容？

11. 房地产经纪人员在协助当事人办理网上签约时应注意的事项有哪些？

第六章　房地产交易资金结算

签订房地产交易合同后，房地产交易双方要按照合同约定结算交易资金，以确保房地产交易顺利进行并完成。房地产买卖和租赁中涉及的资金类型较多，且性质、作用及交割方式均有差异。特别是房地产买卖价款，因资金数额较大，需要进行交易资金监管，资金结算手续较为复杂。因此，房地产经纪人员要掌握交易资金的类型、支付方式及结算程序，以保障房地产交易的顺利完成。

第一节　房地产交易资金的类型

房地产交易资金有广义和狭义之分，广义的房地产交易资金包括房地产交易涉及的全部钱款，狭义的房地产交易资金主要是指房地产买卖价款和租金。房地产交易中涉及的资金主要有以下几类。

一、交易价款

（一）房地产买卖价款

房地产买卖价款是指房地产的买卖价格所对应的钱款，实操中通常称为房款或购房款。房地产买卖价款是房地产买卖当事人参照市场价格水平，结合交易房地产的基本情况，经双方谈判并协商一致确定的成交金额。

房款可以按套计价，也可以按面积计价。存量房买卖一般按套标价，即直接约定每套房屋或每幢房屋所需支付的价款；新建商品房销售则一般按面积计价，即约定每平方米的售价，又称单价，然后用单价乘以相应的面积来计算总价款。实操中，主要有两方面需要注意。

一是按面积计价的，要注意面积的内涵，是按套内建筑面积计价还是按建筑面积计价。按套内建筑面积计价的，具体依据"套内建筑面积＝套内房屋使用面积＋套内墙体面积＋套内阳台建筑面积"计算计价面积；按建筑面积计价的，具体依据"建筑面积＝套内建筑面积＋分摊的共有建筑面积"计算计价面积。

二是期房销售中，签订商品房买卖合同时约定的面积和实际交付时的面积可能不一致，根据《商品房销售管理办法》（建设部令第88号）和《最高人民法院关于审理商品房买卖合同纠纷案件适用法律若干问题的解释》的规定，商品房买卖合同中，对于面积误差处理有约定的，按约定处理，未约定的，按以下原则处理：

（1）面积误差比绝对值在3%以内（含3%），按照合同约定的价格据实结算，即多退少补。购房者因此要求解除合同的，法院不予支持。

（2）面积误差比绝对值超出3%，购房者要求解除合同，并且主张返还已付房款和赔偿利息损失的，法院应予支持。

（3）面积误差比绝对值超出3%，购房者不要求解除合同，愿意继续履行合同的，若房屋实际面积大于合同约定面积，在3%以内（含3%）的房价款由购房者按合同约定的价格补足；超出3%部分的房价款由开发企业承担，所有权归购房者；房屋实际面积小于合同约定面积，面积误差比在-3%以内（含-3%）部分的房价款及利息，由开发企业返还购房者，面积误差比超过-3%部分的房价款，由开发企业双倍返还购房者。

房地产买卖过程中根据交易阶段的不同，涉及预付款、尾款等相关价款。预付款是买方在房地产交易合同签订后房屋交付前，先行支付的一部分价款，其中第一笔预付款又叫首付款。根据目前我国购房金融政策，购置首套商品住房的，首付款比例至少20%；购置第二套住房的，首付款比例至少40%。预付款的目的是买方表达履行合同诚意或者解决对方资金短缺的问题，在合同正常履行的情况下，预付款会计入首付款中。尾款是房屋交易完成后才予以结清的最后一部分价款，其目的是督促卖方按约定办理产权转移登记手续，结清交易税费及欠缴的物业服务费用等。存量房交易中，一般来说尾款金额应大于两个月房屋正常使用产生的物业费及水、电等费用的总和，如果涉及原有屋内设施，如家电等的移交，则根据家具家电价值进行估值，再加入上述使用费用的总额作为尾款。

（二）房地产租金

租金是出租人将房地产及附属设施设备交付承租人使用，承租人支付的相应数额的钱款，一般由出租人和承租人协商一致确定，在房地产租赁合同中写明。

居住类房地产的租金一般按套计价，商业类房地产的租金一般按面积计价。

房屋租赁中，租赁双方要明确租金的内涵，如是否包含房地产使用过程中所发生的物业服务费、供暖费等费用，对承租人除支付租金外还需承担的费用予以明确并采用书面形式确认，以免发生纠纷。

二、定金

定金是合同当事人在合同订立时或债务履行前，为保证合同的履行，依据法律规定或者当事人双方的约定，由一方当事人按合同标的额的一定比例，预先给付对方当事人的钱款。《民法典》对定金有相应规定。

定金的作用是担保合同的履行，担保性是其根本性质。签合同时，对定金必须以书面形式进行约定，同时还应约定定金的数额和交付期限。如果合同按约定履行，定金应抵作价款或者收回；在合同履行过程中，如果给付定金的一方违约，则无权要求返还定金；如果收取定金的一方违约，则应当双倍返还定金。

《民法典》规定定金的数额由当事人约定，但是，不得超过主合同标的额（如购房款、租金等）的百分之二十，超过部分不产生定金的效力。定金罚则仍按 20% 的比例执行。实际交付的定金数额多于或者少于约定数额的，应视为变更约定的定金数额，即定金以实际交付的金额为准，定金合同自实际交付定金时成立。

实践中，房屋租赁、买卖合同中都会约定定金条款，定金的数额一般由买卖、租赁双方谈判确定，定金一般一次性交付。在实行交易资金监管的城市，如果定金数额较大，也可单独签订定金监管协议。定金支付后，如果买方或承租方违约，则无权要求返还定金；如果卖方或出租方违约，则需双倍返还定金。

三、押金

押金是一方当事人为保证自己的行为不会损害对方利益将一定费用存放在对方处，如造成损害，可以此费用抵扣相关利益损失的钱款。因此，除定金外，押金也具有担保性质。

押金不同于定金，主要有三个方面的区别。一是适用范围不同，定金的适用范围不受限制，而押金只适用于租赁合同、承包合同、医疗合同等有限的合同中。二是处置方式不同，定金是一种双向担保，既适用于给付定金的一方，也适用于接收定金的一方，具有惩罚性；而押金只能由债务人提供，只能返还或抵扣，不具有惩罚性，但具有补偿性。三是定金的数额不得超过主合同标的额的百分之二十，而押金的数额可由当事人自由约定，其数额可以高于或者低于主合同的标的额。

在房屋租赁过程中通常收取押金，押金作为承租人对租赁房屋内的设施（如家具家电等）恰当使用、及时支付正常使用所产生的费用（如水、电、燃气等费用）和按时支付租金的保障。租房押金数额一般由出租方与承租方约定。如果承租人在房屋使用过程中有损毁房屋、附属设施、家具家电等行为，出租人有权依据合同约定从押金中抵扣相应损失。

四、其他钱款

（一）订金

订金是在房地产交易实践中产生的用语，不是一个规范的法律概念。房地产交易中的订金是指买方或者承租方在交易合同订立前，为了表达订立合同的诚意而支付给卖方或出租方的钱款。类似的款项还有意向金、诚意金和认筹金等。

订金、意向金等的性质不同于定金，不具有担保性。如果双方当事人没有书面约定这些款项的担保性质，法院通常不支持其作为定金使用。如果交易不能达成，订金一般要如数退还。

订金与预付款区别在于，订金是在交易合同签订前交纳的，而预付款是在交易合同订立后按约定支付的。预付款是主合同的重要组成部分，必须以合同的生效为前提。

新建商品房销售中通常使用认购金、意向金等策略。例如，在商品房认购前对买方实行"一万抵三万"的优惠，买方支付的一万元就是订金性质，如果交易达成，将冲抵房款三万元，如果交易不能达成，支付的一万元订金要全额返还买方。

（二）违约金

违约金是指按照当事人约定或者法律规定，一方当事人违约的，违约方应向守约方支付的钱款。违约金具有担保债务履行的作用，又具有惩罚违约方和补偿无过错方所受损失的作用。根据《民法典》，违约金的性质主要是补偿性，有限度地体现惩罚性，当事人可以约定一方违约时应当根据违约情况向对方支付一定数额的违约金，也可以约定因违约产生的损失赔偿额的计算方法。但违约金与定金不能并用，一方违约时，守约方有权选择依据定金条款或违约金条款来索取赔偿。

需要注意的是，违约金的约定要适当，《民法典》规定"约定的违约金过分高于造成的损失的，人民法院或者仲裁机构可以根据当事人的请求予以适当减少"。司法实践中，曾有因约定违约金过高，与造成的损失不相适应，经违约方抗辩，法院对违约金进行调整的房屋买卖纠纷案例。因此，房地产经纪人员在协助订立交易合同时，要提醒交易双方约定适当的违约金。

定金与违约金都是当事人一方应向另一方交付的款项，并且都具有担保合同履行的作用。但违约金与定金是不同的，其主要区别有以下几点：一是设立的根本目的不同。定金是以确保债权的实现为根本目的，因此定金属于担保的一种形式。而违约金设立的根本目的是制裁违约行为，是民事责任的承担方式、是约束双方履行合同的一种赔偿损失。二是交付的时间不同。定金是签订合同时或之前预先支付的，作为签订合同或履行合同的担保，具有双倍返还的惩罚性；违约金是双方在合同中约定的，违约方应支付的赔偿金，不事先支付。三是生效的条件和时点不同。定金是交付后才生效，也就是说，即使双方合同约定了定金，但是定金实际没有交付，则该定金条款不生效；而违约金是诺成生效的，只要双方签字约定，违约金条款就具有法律效力。违约方一旦出现违约的事实，就要按违约条款的要求进行赔偿。四是数额确定的标准不同。定金的数额最高不能超过合同标的额的20％，超过部分无效。而违约金因具有预定赔偿金的性质，是根据违约可能造成的损失额来确定。五是作用不相同。定金的作用体现在证明合同成立、保证合同履行、具有惩罚性和预付款的作用，合同履行后，定金应当收回，或者抵作价款。违约金惩罚和保证的作用。只要出现由于当事人过错，不履行或不适当履行合同事实的，不论是否给对方造成损失，都必须给付违约金。违约金还具有补偿侵害造成的损失的作用。如受侵害方能举证证明违约行为所造成的损失大于违约金金额时，还有权请求违约方补偿不足部分。违约方支付违约金后，只要对方认为违约方还有继续履行合同的必要并坚持要求违约方继续履行合同的，违约方还有继续履行合同的义务。

（三）保证金

保证金是指合同当事人一方或双方为保证合同的履行，而留存于对方或提存于第三人的钱款。在一方出现违约行为，且该违约行为属于双方当事人约定的保证金的适用范围时，则守约方可依双方的约定，扣除部分或全部保证金。

房地产交易中，为保证房地产可以正常交割或卖方的户口按约定迁出，买卖双方可以在房地产买卖合同中约定物业交割保证金（交房保证金）、户口迁出保证金等条款。一般由双方约定以房款中的一部分作为保证金，在卖方付清物业服务费、水电费等欠款，房地产可以正常交割后，或者卖方的户口正常迁出后再支付作为保证金的这部分房款。如卖方违约，则买方可不支付这笔款项。

保证金与违约金有相似之处，但又有所不同。违约金是合同一方违约时承担责任的一种方式，而保证金是合同履行的一种担保方式，二者可以同时适用。对于有效合同，一方违约，另一方可以没收其履约保证金，并要求违约方另行支付违约金。

保证金与定金有相似之处，都有担保合同实现的作用，但其没有双倍返还的功能。而且合同当事人可以自行约定定金的功能，如合同订立的保证、合同生效的条件，或者合同解除的代价等。而保证金不具备这些功能。保证金留存或提存的时间和数额是没有限制的，可以在合同履行前或履行过程中，其数额可以相当于债务额，没有定金不得超过合同总价款的 20% 的数额限制，以及必须在合同约定时或签订前给付的时点要求。

（四）能源使用费等其他费用

在房屋租赁活动中，除租金外，承租方在房屋使用过程中还会发生水、电、供暖、燃气等费用，这些费用要和出租人提前约定好由谁承担，以免发生纠纷。

【例题 6-1】下列资金中，既具有担保功能又具有双倍返还功能的是（　　）。

A. 保证金   B. 定金

C. 违约金   D. 押金

第二节　房地产交易资金支付与交割方式

在房地产交易资金中，由于除房屋买卖价款外的其他钱款数额一般较小，支付和交割方式都相对简单，本节重点介绍房屋买卖价款的支付和交割方式。

一、房地产交易资金支付方式

（一）自有资金支付与贷款支付

1. 自有资金支付

指买方以自有资金向卖方支付购房款的方式。这里的自有资金泛指非源于银行贷款的购房资金，并不一定是买方自己所有的资金，也可能存在向他人借款的情形。

2. 贷款支付

指买方由于个人经济能力有限暂时无法向卖方支付足额购房款，需要以银行贷款方式，由银行先行支付部分购房款，以后买方再按贷款协议向银行支付贷款本息的付款方式。房地产买卖中常用的贷款方式是个人住房抵押贷款。

买方采用贷款方式支付购房款的，房地产经纪人员要根据买方的具体情况，计算首付款比例和贷款额度，根据个人住房贷款的还款方式（等额本息、等额本金等）、贷款期限、贷款利率等条件，计算还款额，协助买方制定交易资金支付计划。具体计算方式详见《房地产经纪综合能力（2024）》个人住房贷款一章的内容。

（二）一次性付款与分期付款

1. 一次性付款

指房地产买卖中，买卖双方约定支付价款的具体日期，买方在该日期向卖方一次性支付完所有价款的方式。付款日期可约定为房屋交付使用之前、房屋交付之日，或房屋交付之后的特定某天。但卖方一般会要求在房屋交付之前付清房款。

一次性付款方式对买方来说手续简便，房价折扣率较高，对卖方来说能尽快回笼资金。但一次性付款对买方而言具有一定风险，特别是购买期房时风险更大，如果开发企业不能按期交房，或因资金不足导致工程烂尾，买方将面临损失一次性交付的价款及其利息甚至全部无法追回的风险。在存量房买卖中，如果采用这种付款方式，经纪人员一定要提醒买方需要对交易资金进行监管。

一次性付款适用于购房者资金充足、卖方信誉良好或者买卖双方相互熟悉的情形。选择一次性付款的，经纪人员要提醒买方可能存在的风险，并在交易合同中约定有关不能按期交房或者顺利过户的违约责任，房屋及附属设施的保修期及出现质量问题时的解决方案。

2. 分期付款

指买方在支付所购买房地产的部分价款（首付款）后，根据双方约定时间或建筑工程进度逐次付清剩余房款的付款方式。

分期付款一般分为两阶段付款或者三阶段付款。根据有无贷款又有不同的付款方式：

（1）有贷款

根据贷款方式，有贷款的分期付款具体分为公积金贷款、商业（银行）贷款和组合贷款三种方式。公积金贷款，即个人住房公积金贷款，是缴存住房公积金的职工才可以享受的贷款。作为一种福利性的购房贷款，其利率比银行贷款低，且能用公积金直接抵扣每月的还款金额。商业贷款指一般意义上的向银行请求借款，商业贷款相较于公积金贷款而言，申请条件较广且贷款额度较大，但商业贷款利率较高。组合贷款是指同时采用公积金贷款和商业贷款两种方式，当个人申请住房公积金贷款不足以支付购房所需费用时，其不足部分向银行申请住房商业性贷款。申请个人住房组合贷款的，必须同时符合住房公积金管理部门有关公积金贷款的规定和银行有关住房商业性贷款的规定。

有贷款的情况下，房款分两阶段支付的，付款的顺序为"定金—首付款—银行贷款"；房款分三阶段支付的，付款的顺序为"定金—首付款—银行贷款—尾款"。

上述付款方式中，首付款数量一般由买卖双方约定，但又受以下两个因素的制约：①买方可以申请贷款的最高限额，与各城市购房贷款政策、房屋的房龄、买方的收入和信用等情况有关。例如，北京居民购买首套住房最多可贷到房屋评估价的七成，则首付款最少为房屋总价的三成；二套房只能贷到五成，则首付款最少为房屋总价的五成。如果房屋的建成年代较早，或者买方的收入较低、信用较差，则贷款的成数比上述政策规定的成数还要低，首付款比例还要提高。②卖方对资金的要求。如果卖方急需资金，可能会要求买方支付较高的首付款比例，即使买方按政策能贷到较多成数的贷款，也无法用足贷款额度。

这种付款方式适用于买方自有资金不足，但信用良好可获批贷款，同时卖方不急需资金，交易的房屋可用于抵押的情况。对买方而言，采用这种付款方式减轻了当前的资金压力，但要支付贷款利息，且可能面临未来利息上调的风险。对卖方而言，这种付款方式手续复杂，存在因买方贷款不被批准而交易无法完成，或因银行放款缓慢而资金难以快速回笼的风险。房地产经纪人员要将这些风险告知买卖双方。

（2）无贷款

无贷款的情况下，房款分两阶段支付的，付款的顺序为"定金—首付款—第二期房款"；房款分三阶段支付的，付款的顺序为"定金—首付款—第二期房款—尾款"。无银行贷款的付款方式下，各期款项都由买卖双方自行议定，不受银行信贷政策的制约。

在分阶段的付款方式中，买方支付各款项的时间节点一般如下：①定金一般在房地产买卖合同签订当日或约定日支付，约定日一般在房屋买卖合同备案之前；②首付款和第二期房款在买卖合同备案或贷款批准后，办理不动产转移登记手续前支付；③尾款在房屋交验完成或户口迁出后支付。具体何时付款，主要受制于买方风险控制的要求及卖方对资金的需求，房地产经纪人员要引导买卖双方在这两者之间做好平衡。

（三）现金支付与转账支付

1. 现金支付

指买方以现金支付购房款的形式。现金支付一般用于小额资金的结算，由于房地产交易资金金额往往较大，一般不推荐使用这种支付方式。以现金支付时，要对交易资金进行监管，并需要对方出具收款凭证。

2. 转账支付

指交易双方通过银行转账形式进行购房款支付的形式，在实际房屋买卖中，一般都以银行转账方式进行支付。转账支付的方法有很多，如网上银行办理、银行柜台办理、ATM机转账、手机银行及第三方支付平台等虚拟账户转账。

通过转账支付房地产交易资金要注意以下几点：一是，有些转账业务要支付手续费；二是，个人账户与单位账户之间转账，要按照银行规定提供相应证明；

三是，办理转账时要核对账户信息，完成转账后要保留转账凭证。

　　根据住房和城乡建设部、人民银行、银监会《关于规范购房融资和加强反洗钱工作的通知》（建房〔2017〕215 号）规定，房地产开发企业、房地产经纪机构应要求房屋交易当事人以银行转账方式支付购房款，并使用交易当事人的同名银行账户；发生退款的，应按原支付途径，将资金退回原付款人的银行账户。如确需使用现金支付的，当日现金交易单笔或者累计达到人民币 5 万元以上，应在交易发生之日起 5 个工作日内向中国反洗钱监测分析中心报送大额交易报告。

二、房地产交易资金交割方式

（一）房地产交易当事人自行交割

　　1. 自行交割的含义

　　房地产交易当事人自行交割是指买方将交易资金直接支付给卖方或转账到其指定账户。如采用贷款支付部分房款的，金融机构在贷款发放后根据买方的授权，将贷款划转到卖方账户。

　　目前新建商品房买卖中，交易资金通常采用自行交割的方式。但由于期房建设中存在很多不确定性，为防止开发企业将预售资金挪作他用，有关主管部门会对商品房预售资金实行监管。房地产开发企业须将预售资金存入银行专用监管账户，预售资金只能用作本项目建设，不得随意支取、使用。实操中，买方将应付房款存入房地产开发企业在银行开设的商品房预售资金监管专用账户，开发企业根据工程进度和实际需要提出资金使用申请，房地产管理部门根据实地勘察的工程进度，决定是否支付资金，直至商品房竣工验收取得商品房交付使用许可手续后，才可撤销监管。

　　存量房买卖中，由于产权转移复杂等原因，自行交割会存在较大的资金和权属风险，一般不推荐自行交割。实操中，如买卖双方坚持自行交割或者所在城市没有实行资金监管的，房地产经纪人员要告知买方交易资金交割中存在的风险。在实行交易资金监管的城市，如买卖双方自行交割交易资金，登记部门一般要求买卖双方在办理房屋转移登记手续时，提交放弃资金监管声明或交易资金自行划转声明，声明交易过程中发生的资金及权属风险由交易双方自行承担。

　　2. 自行交割的缺点

　　房地产交易资金自行交割虽然操作简单，但是存在较大风险。对于存量房的买方而言，已交割资金的安全无任何保障及约束。例如，房屋出现质量问题或无法过户时，卖方可能已将钱款挪作他用无法退还，甚至卷款逃跑等，导致买方利益受损，并难以追偿，房地产经纪人员有义务将这些风险提前告知买方。

3. 自行交割适用的情形

交易资金自行交割适用于下列情形：

（1）新建商品房买卖交易资金，以及定金、押金、租金、保证金等小额钱款的交割。

（2）存量房买卖中，房屋产权清晰、不存在争议，无查封、征收、违法违章、抵押、租赁等情形，确保能顺利过户，且交易双方对自行交割无异议。

（3）存量房买卖中，卖方为法人、其他组织，或交易双方为亲属关系，且对自行交割无异议。

（二）通过第三方专用账户划转

通过第三方专用账户划转交易资金，是政府对存量房交易资金进行监管的重要途径，在实行存量房交易资金监管的城市才具有这种资金交割方式。具体是指买方通过政府部门、交易保证机构或房地产经纪机构在银行开设的监管专用账户划转交易资金。如交易成功，在产权转移手续完成后，交易资金从监管专用账户划转到卖方指定账户；如交易失败，交易资金将退还到买方账户。交易期间，任何个人和机构不得挪用交易资金。

1. 监管规定

早期的存量房买卖经纪业务中，由于买卖双方互不信任，一般通过房地产经纪机构账户代收代付交易资金。由于这些资金缺乏监管，出现了个别经纪机构卷款逃跑的恶性事件。为了保障存量房交易资金安全，2006年建设部和中国人民银行联合发布了《关于加强房地产经纪管理规范交易结算资金账户管理有关问题的通知》（建住房〔2006〕321号），规定建立存量房交易结算资金管理制度。按通知要求，交易当事人可以通过合同约定，由双方自行决定交易资金支付方式，也可以通过房地产经纪机构或交易保证机构在银行开设的客户交易结算资金专用存款账户（以下简称"监管专用账户"），根据合同约定条件划转交易资金。同时加强专用账户监管，房地产经纪机构、交易保证机构和房地产经纪人员不得通过监管专用账户以外的其他银行结算账户代收代付交易资金。

2. 监管模式

根据存量房交易资金监管的主体不同，目前主要有3种监管模式：

（1）政府监管。由房地产行政主管部门设立存量房交易资金托管中心、住房置业担保机构等资金监管（保证）机构，对存量房交易资金进行监管。

（2）商业银行监管。由房地产行政主管部门指定银行作为存量房交易资金的监管银行，买卖双方可以自愿选择一家作为监管银行，交易资金通过监管专用账户划转。

（3）房地产经纪机构或交易保证机构监管。要求符合条件的房地产经纪机构或交易保证机构，在银行开设监管专用账户，交易资金可以通过该账户划转。

根据是否对存量房交易资金监管实行强制性要求，可以分为强制监管和自愿监管。强制监管，是指政府部门规定所有存量房交易，都应将交易资金存入指定专用监管账户，由资金监管机构实行监管，方能办理不动产登记；自愿监管，是指政府不对交易资金监管进行强制要求，由买卖双方自行选择是否进行交易资金监管，但有的城市规定选择不进行交易资金监管的，要签署交易资金自行划转声明，并自行承担交易过程中发生的资金风险。房地产经纪人员要清楚了解所在城市的存量房交易资金监管要求，并明确告知买卖双方，保障交易资金安全。

3. 监管的范围和期限

存量房交易资金监管的范围各地有不同的规定，有的城市要求比较严格，对定金、首付款、购房贷款、尾款等全部房款实施监管；有的城市规定房地产交易税费也予以监管；有的地方对定金、购房贷款等不予监管。有的城市对住房租赁企业预收的租金和押金进行监管。房地产经纪人员要了解当地存量房交易资金监管的有关政策，协助买卖双方办理交易资金监管手续，通过第三方专用账户划转交易资金。

交易资金监管的期限为交易资金存入监管专用账户起至不动产权证书颁发止。

4. 交易资金监管的作用

通过交易资金监管专用账户划转交易资金，虽然手续复杂，但由于其实际上构建了房地产交易"一手交钱，一手交房"的模式，理顺了交易程序，能很好地保障交易资金安全，房地产经纪人员应推荐买卖双方采用这种交割方式。

交易资金监管具有以下积极作用：

（1）保障交易安全。交易资金监管可以保障卖方及时足额拿到房款，保障买方所购房屋顺利交付，有效地维护交易双方的合法权益。可以避免以下风险：一是避免买卖双方的不诚信给对方造成损失，即避免买方得到房地产后不履行支付房款的义务，卖方得到房款后不履行交房及配合办理产权转移手续的义务；二是避免经纪机构或其他代收代付机构将交易资金挪作他用。监管专用账户中资金的存储和划转都经过严格的审批手续，在不符合规定的情况下，严禁动用，可以有效防范经纪机构卷款逃跑等事件的发生。

（2）规范交易流程。通过接受存量房交易资金监管，按照既定的公平、公正、公开的模式进行房产交易，让买卖双方不再纠结于先过户还是先付房款，使交易环节更加流畅，更易于促进房地产交易达成。

（3）提高交易效率。实行存量房交易资金监管，银行可以凭存量房买卖合同直接审批贷款，不必因担心产权转移不成而无法设定抵押，而等到产权转移完成后再办理，从而大幅缩短交易时间，提高交易效率。

（4）规范市场秩序。通过开展存量房交易资金监管，能有效减少市场交易过程中的资金纠纷，规范了市场秩序，促进房地产经纪机构提供安全、便捷、高效的居间服务，提升了消费者的置业信心，从而有利于促进房地产市场的健康、稳定、持续发展。

【例题6-2】在房地产交易中，通过交易资金监管可以保障卖方及时足额拿到房款，保障房屋顺利交付是其（　　　）作用的体现。

A. 保障交易安全　　　　　　　　　B. 规范交易流程

C. 提高交易效率　　　　　　　　　D. 规范市场秩序

第三节　存量房交易资金交割的操作流程

在新建商品房销售代理业务中，一般由买方和房地产开发企业直接进行交易资金交割，房地产经纪机构不参与此过程，故本节主要介绍存量房交易资金结算的业务流程。

一、买卖双方自行交割房地产交易资金的流程

如买卖双方选择自行交割房地产交易资金，操作流程一般如下：

（1）买卖双方签订存量房买卖合同。

（2）买方按合同约定的时间和方式支付定金或首付款至卖方指定账户。

（3）如买方需要贷款，办理抵押贷款手续，银行批贷。

（4）买方或贷款银行支付部分购房款给卖方。

（5）买卖双方办理缴税及不动产转移登记手续，买方取得不动产权证书。

（6）买方或贷款银行支付剩余购房款给卖方。

一般来说，房地产经纪人员不应建议买卖双方自行交割房地产交易资金。如买卖双方选择这种交割方式，房地产经纪人员需提醒其交易风险。如所在城市有关于强制资金监管的规定，买卖双方还应签订放弃交易资金监管或交易资金自行划转声明。

二、通过第三方专用账户划转交易资金的一般流程

在实行交易资金监管的情况下，房地产经纪人员要熟练掌握资金划转的操作流程，因监管的主体、资金监管的范围等不同，交易资金划转的具体流程可能会有一定差异。在交易资金全额（包括银行贷款）监管的情况下，基本交易流程可概括为图6-1。

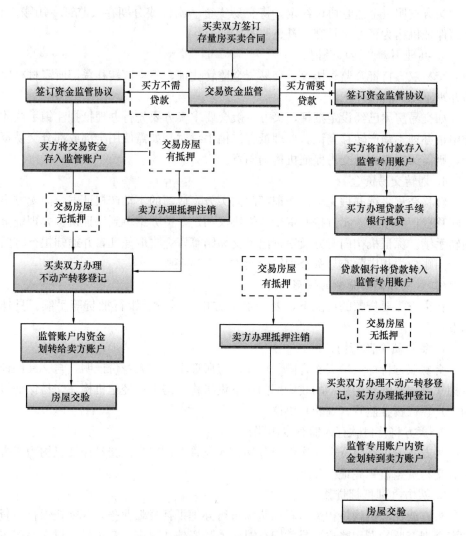

图 6-1 存量房交易资金监管的基本交易流程

（一）买方不需贷款的情形

1. 签订资金监管协议

交易双方持存量房买卖合同、房地产权属证书、本人身份证明，与交易保证机构（设立监管专用账户的政府部门或下设机构、房地产经纪机构、交易保证机构等）签订资金监管（划转）协议。

2. 买方将交易资金存入监管账户

买方按照资金监管协议约定，将交易资金一次性或分期存入监管专用账户。交易保证机构为买方出具交易资金监管凭证。

3. 办理不动产转移登记

交易双方持资金监管协议、交易资金监管凭证、不动产转移登记所需材料申请办理不动产转移登记。

如交易房屋已经设定抵押，买方一般会要求卖方要先行办理抵押注销手续才能申请办理不动产转移登记。办理抵押注销手续时，如需使用全部或部分交易资金，则需买卖双方及交易保证机构均同意。

4. 划转交易资金

转移登记手续办理完毕，登记部门向买方发放新的不动产权证书，向卖方出具转移登记办结单。卖方按照资金监管协议约定，持办结单到保证机构办理资金划转手续。保证机构向卖方及银行出具交易结算资金支取凭证，并通知银行将监管专用账户中相应的交易资金划转给卖方，交易完成。

（二）买方需要贷款的情形

在买方需要贷款的情况下，要增加买方申请贷款、银行批贷等手续。具体如下：

1. 签订资金监管协议

交易双方持存量房买卖合同、房地产权属证书、本人身份证明，与交易保证机构（设立监管专用账户的政府部门或下设机构、房地产经纪机构、交易保证机构等）签订资金监管（划转）协议。

2. 买方将首付款存入监管专用账户

买方将购房首付资金一次性或分期存入监管专用账户。交易保证机构为买方出具交易资金监管凭证。

3. 买方办理抵押贷款

买方或保证机构持相关材料向贷款银行办理抵押贷款业务，并委托银行将贷款资金划至监管专用账户。贷款银行对买方的资信状况审核合格后，对交易房屋进行评估，确定贷款额度，出具批贷证明。

4. 贷款银行将贷款转入监管专用账户

贷款银行与买方签订借款合同、抵押合同，将贷款资金存入监管专用账户。

5. 办理不动产转移登记和抵押登记

交易双方持资金监管协议、交易资金监管凭证、不动产转移登记、抵押登记所需材料申请办理不动产转移登记和抵押登记。如交易房屋已经设定抵押，买方一般要求卖方要先行办理抵押注销手续。

6. 划转交易资金

转移登记和抵押登记手续办理完毕，将相应的交易资金划转给卖方，交易完成。

有的城市不要求对银行贷款资金实施监管，上述交易资金、交割操作流程据实际情况有所差异。另外，自2021年《民法典》生效起，全国有条件的地区在积极推行"带押过户"的交易模式，上述图6-1存量房交易资金监管的基本交易流程图中的交易房屋若有贷款，其抵押权注销、转移登记、新的抵押权登记三项手续合并为一个环节办理，若无贷款，其抵押权注销与转移登记两项手续合并办理，具体办理流程手续以当地相关政策为准。

三、通过第三方专用账户划转交易资金的注意事项

（一）交易失败的处理方式

通常情况下，买卖双方与保证机构签订资金监管协议时，会约定终止交易、取消资金监管的方式，因所交易房屋不具备转移登记条件、买卖双方约定终止交易、买方或卖方单方面违约等情况导致存量房买卖合同无法履行的，有以下三种情况：①如果买卖双方协商一致，则买卖双方、保证机构可根据相关条款约定解除资金监管协议。保证机构向双方当事人及银行出具交易结算资金支取凭证，并通知银行将监管专用账户相应的交易结算资金根据监管协议约定划转给双方当事人。②如果买卖双方就房屋交易相关条款无法达成一致，导致交易尚未完成的，买方可以向保证机构提供交易不成功的证明，保证机构审核后，出具交易资金支取凭证，将资金打回买方账户，终止交易资金监管。③如果买卖双方产生纠纷并已诉诸法院，保证机构将根据买卖双方任一方提供的生效的法院判决书划转监管专用账户的资金。

（二）房地产经纪人员操作规范

房地产交易资金结算阶段，房地产经纪人员要做到以下几点：

（1）提醒买卖双方进行交易资金监管，并告知资金监管的范围、基本流程和要求。

（2）不擅自更改资金监管流程。

（3）核对买卖双方收付款的姓名及账号，确保无误。

（4）提醒买卖双方收付款账户要求。提醒买卖双方账户存折、银行卡要符合银行Ⅰ类账户要求，要妥善保管账户存折、银行卡，密码不可外泄。

（5）向买卖双方解释资金监管协议的内容及其他相关事项。

（6）事前提醒需要贷款的买方准备好贷款相关资料，到银行申请贷款。

（7）事前提醒买方当前可申请的贷款金额、年限及利率与个人信用有关，最终以银行批复的结果为准。

（8）不得以任何名义擅自收取交易资金监管手续费用。

【例题 6-3】无论买方是否需要贷款，交易资金监管的第一步是（   ）。

A. 签订资金监管协议

B. 买方将交易资金或首付款存入监管账户

C. 办理不动产转移登记

D. 划转交易资金

复 习 思 考 题

1. 房地产交易涉及的钱款有哪些？各有什么作用？

2. 定金和订金有什么区别？

3. 房地产交易资金有哪些支付方式？

4. 房地产交易资金有哪些交割方式？

5. 存量房交易资金监管有哪些模式？

6. 存量房交易资金监管的作用是什么？

7. 存量房交易资金监管的操作流程是怎样的？

8. 通过第三方专用账户划转交易资金要注意哪些事项？

第七章　协助办理不动产登记与房屋交验

不动产登记由于专业性较强且手续复杂，交易双方自行办理的难度较大，需要房地产经纪机构协助办理。房地产经纪人员要清楚登记的类型、办理流程和要件。不动产转移登记完成后需要进行房屋交付和验收，简称房屋交验，房屋交验是否顺利，可能影响交易的成败，房地产经纪人员应认真对待并掌握相关技能。在房屋交验阶段，房地产经纪人员要协调处理好交易双方可能出现的分歧和问题，协助交易双方顺利完成交接并签字确认。

第一节　协助办理不动产登记

根据我国法律规定，不动产物权的设立、变更、转让和消灭，经依法登记，发生效力。房屋买卖中的房屋所有权转移、抵押权设立、注销等须依照法律规定进行不动产登记才产生效力，不动产登记是房地产交易过程中的关键环节之一。房屋交易中涉及的不动产登记类型包括不动产转移登记、不动产抵押权登记和不动产抵押权注销登记。不动产转移登记俗称产权过户，房屋由于买卖而发生的房屋所有权转移须申请不动产转移登记；如果交易中涉及房地产抵押贷款，还需要申请不动产抵押权登记，如果办理不动产转移登记前卖方有抵押贷款未结清，买方一般会要求办理不动产抵押权注销登记。由于不动产登记相对复杂，交易当事人一般不了解不动产登记的条件、需要提供的申请材料和程序，通常会委托房地产经纪机构协助办理。

一、协助办理不动产登记的流程

（一）协助办理不动产转移登记的一般流程

近年来，随着不动产登记制度改革及优化营商环境，不动产登记的办理流程在不断变化，但总的方向是缩短办理时限、减少办理环节，房地产经纪人员要了解当地不动产登记部门的要求。协助办理不动产登记的一般流程如下：

（1）介绍相关政策及流程。介绍与不动产转移登记有关的政策、法规及办理登记的流程。告知应当由买卖双方缴纳的税费、准备的材料。由于不动产交易税费的收取标准由主管部门制定，不同时期收费标准可能发生变化，必须详细解析，必要时提供相关的法律法规资料供其参考。

（2）了解权属现状。实地查看房屋并再次到房地产主管部门或通过相关网站、APP 等核验产权，了解不动产的使用状况及权属现状。重点了解是否存在共有人、是否存在抵押、查封等权利限制情况，是否已出租，是否存在异议登记等。如果交易的房屋存在查封、权利人去世未办理继承更名手续等情况，此房屋是无法办理转移登记的。

（3）收集相关材料。告知委托人需要准备的材料及其提供时间。在接受委托人提供的相关材料时，要注意签收并妥善保管。办理不动产转移登记需要的材料主要有房屋买卖合同、房地产交易结算资金托管凭证、买卖双方的身份证明、不动产权属证书、契税完税凭证等。交付材料时，一般要求买卖双方亲自到场，如果本人无法到场，委托他人办理的，登记机构一般还会要求提供受托人的身份证明以及经过公证的授权委托书。根据不动产交易相关法律规定，房屋买卖合同依法应当备案的，申请登记时须提交经备案的买卖合同。目前预售商品房合同依法必须备案，但在一些交易风险管理较严格的城市，要求办理二手房买卖转移登记时也须提供经备案的买卖合同，房地产经纪机构应注意提供正确的合同版本。

此外，实践中，要注意一些特殊性质的住宅转让，在办理不动产转移登记时，需要另行提交相关证明材料：①已购经济适用住房取得契税完税凭证或不动产权证满 5 年出售，需提交产权人户口所在地住房保障部门开具的放弃回购权的证明以及补交土地出让金的证明；②成本价购买的公房、按经济适用住房管理的住房、限价商品房等转移的，也需提交补交土地出让金的证明；③房屋已设抵押且未申请注销的，应根据当地带押过户的相关政策，按要求准备相关材料。

（4）填写登记申请书。根据相关法律规定，房屋所有权转移登记应当由当事人双方共同申请。但属于因继承或受遗赠、因人民法院、仲裁委员会的生效法律文书等导致房屋所有权发生转移的，可由单方申请。房地产经纪人员要指导交易双方填写登记申请书（参考式样见表 7-1），如委托人同意，可以代收不动产转移登记费。

（5）前往登记部门办理登记。房地产经纪人员陪同交易当事人前往不动产所在地不动产登记部门申请办理相关的登记事项，缴纳不动产登记各类税费。有的城市的登记部门要求现场办理登记前需要先在网上预审，持预约通知单到现场办理。

（6）领取不动产权证书。办理完不动产转移登记，领取不动产权证书，连同办理登记所缴纳的各种税费的发票一并转交给委托人。

此外，要注意一些特殊情况，例如，办理车位产权转移登记的，需要提交购房人在车位相同物业管理区域内所购房屋买卖合同或不动产权证书。再如，对于存在异议登记的房屋申请办理不动产转移登记时，登记机构会将异议情况告知申请人，申请人提供知悉异议登记存在并自担风险的书面承诺后，方可继续申请办理登记。

（二）协助办理不动产抵押权登记的一般流程

根据相关法律规定，不动产抵押权登记应当由抵押人和抵押权人共同申请，抵押权人即债权人，抵押人可以是债务人，也可以是债务人之外的第三人。目前，一些城市不动产抵押登记与转移登记实行一窗办理，房地产经纪人员可以收齐两个登记所需材料一并提交登记，有的城市还是需要先办理转移登记，再办理抵押登记。协助办理不动产抵押登记的一般流程为：

（1）介绍相关政策及流程。介绍房地产抵押的相关政策、法规及办理登记的流程，告知需要买卖双方准备的材料。

（2）了解权属现状。重点了解是否存在共有人、是否存在限制抵押的情形、是否存在查封等权利限制情况、是否已出租。

（3）填写登记申请书。指导委托人填写登记申请书，如委托人同意，可以代收不动产抵押登记费。

（4）收集相关材料。在接收委托人提供的相关材料时，要注意签收并妥善保管。办理不动产抵押权登记需要的材料主要有不动产权属证书、主债权合同（如借款合同）和抵押合同、抵押权人的身份证明、抵押人的身份证明。与办理转移登记一样，交付材料时，一般要求抵押双方亲自到场，如果本人无法到场，委托他人办理的，还应提供受托人的身份证明以及经过公证的授权委托书。

（5）前往登记部门办理登记。将抵押合同、不动产权证书等资料递送当地不动产登记部门，领取领证回执单。

（6）领取不动产登记证明。领取不动产登记证明（他项权证），连同办理登记所缴纳各种税费的发票一并转交给委托人。

（三）不动产抵押权注销登记的一般流程

民法典第四百零六条规定："抵押期间，抵押人可以转让抵押财产。当事人另有约定的，按照其约定。抵押财产转让的，抵押权不受影响。抵押人转让抵押财产的，应当及时通知抵押权人。抵押权人能够证明抵押财产转让可能损害抵押权的，可以请求抵押人将转让所得的价款向抵押权人提前清偿债务或提存。转让的价款超过债权数额的部分归抵押人所有，不足部分由债务人清偿。"目前，有些城市已经可以实现带抵押过户，即不注销抵押权也可办理转移登记，但多数城市还无法实现，房地产经纪人员应了解不动产抵押权注销的流程。抵押权注销登记原则上应当由抵押人与抵押权人共同申请，抵押人或抵押权人也可以委托对方代为申请抵押权注销手续。当抵押权人放弃抵押权的时候，可以由抵押权人单方提出申请。一般流程如下：

（1）向借款银行咨询提前还款的程序和要求。

（2）向银行申请提前还款。

（3）在约定时间内还款。

（4）到银行办理贷款结清手续，打印利息清单。

（5）到银行贷后管理中心、担保中心（未签署担保协议的不需要）办理解抵押材料。

（6）到不动产登记中心办理抵押权注销登记（表7-1）。需要提交的材料有：申请书、申请人的身份证明、不动产登记证明、抵押权消灭的证明（如抵押权人统一放弃抵押权的书面文件、债务清偿证明等）。

不动产登记申请书　　　　　　　　表7-1

收件	编号		收件人		单位：□平方米　□公顷
	日期				（□亩）、万元

申请登记事由	□土地所有权	□国有建设用地使用权	□宅基地使用权
	□集体建设用地使用权	□土地承包经营权	□林地使用权
	□海域使用权	□无居民海岛使用权	□房屋所有权
	□构筑物所有权	□森林、林木所有权	□森林、林木使用权
	□抵押权	□地役权	□其他＿＿＿＿
	□首次登记	□转移登记	□变更登记
	□注销登记	□更正登记	□异议登记
	□预告登记	□查封登记	□其他＿＿＿＿

续表

	登 记 申 请 人				
申请人情况	权利人姓名（名称）				
	身份证件种类		证件号		
	通信地址			邮 编	
	法定代表人或负责人		联系电话		
	代理人姓名		联系电话		
	代理机构名称				
	登 记 申 请 人				
	义务人姓名（名称）				
	身份证件种类		证件号		
	通信地址			邮 编	
	法定代表人或负责人		联系电话		
	代理人姓名		联系电话		
	代理机构名称				
不动产情况	坐 落				
	不动产单元号		不动产类型		
	面 积		用 途		
	原不动产权属证书号		用海类型		
	构筑物类型		林 种		
抵押情况	被担保债权数额（最高债权数额）		债务履行期限（债权确定期间）		
	在建建筑物抵押范围				
地役权情况	需役地坐落				
	需役地不动产单元号				
登记原因及证明	登记原因				
	登记原因证明文件	1.			
		2.			
		3.			
		4.			
		5.			
		6.			

续表

申请证书版式	□单一版　□集成版	申请分别持证	□是　□否
备注			

本申请人对填写的上述内容及提交的申请材料的真实性负责。如有不实，申请人愿承担法律责任。

申请人（签章）：　　　　　　　　　　申请人（签章）：
代理人（签章）：　　　　　　　　　　代理人（签章）：
　　年　月　日　　　　　　　　　　　　年　月　日

附：不动产登记申请书使用和填写说明

一、使用说明

不动产登记申请书主要内容包括登记收件情况、申请登记事由、申请人情况、不动产情况、抵押情况、地役权情况、登记原因及其证明情况、申请的证书版式及持证情况、不动产登记情况。

不动产登记申请书为示范表格，各地可参照使用，也可以根据实际情况，从便民利民和方便管理出发，进行适当调整。

二、填写说明

【收件编号、时间】填写登记收件的编号和时间。

【收件人】填写登记收件人的姓名。

【登记申请事由】用勾选的方式，选择申请登记的权利或事项及登记的类型。

【权利人、义务人姓名（名称）】填写权利人和义务人身份证件上的姓名或名称。

【身份证件种类、证件号】填写申请人身份证件的种类及编号。境内自然人一般为《居民身份证》，无《居民身份证》的，可以为《户口簿》《军官证》《士官证》；法人或其他组织一般为《营业执照》《事业单位法人证书》《社会团体法人登记证书》。港澳同胞的为《居民身份证》《港澳居民来往内地通行证》或《港澳同胞回乡证》；台湾同胞的为《台湾居民来往大陆通行证》或其他有效证件。外籍人的身份证件为《护照》和中国政府主管机关签发的居留证件。

【通信地址、邮编】填写规范的通信地址、邮政编码。

【法定代表人或负责人】申请人为法人单位的，填写法定代表人姓名；为非法人单位的，填写负责人姓名。

【代理人姓名】填写代权利人申请登记的代理人姓名。

【代理机构名称】代理人为专业登记代理机构的，填写其所属的代理机构名称，否则不填。

【联系电话】填写登记申请人或者登记代理人的联系电话。

【坐落】填写宗地、宗海所在地的地理位置名称。涉及地上房屋的，填写有关部门依法确定的房屋坐落，一般包括街道名称、门牌号、幢号、楼层号、房号等。

【不动产单元号】填写不动产单元的编号。

【不动产类型】填写土地、海域、无居民海岛、房屋、建筑物、构筑物或者森林、林木等。

【面积】填写不动产单元的面积。涉及宗地、宗海及房屋、构筑物的，分别填写宗地、宗海及房屋、构筑物的面积。

【用途】填写不动产单元的用途。涉及宗地、宗海及房屋、构筑物的，分别填写宗地、宗海及房屋、构筑物的用途。

【原不动产权属证书号】填写原来的不动产权证书或者登记证明的编号。

【用海类型】填写《海域使用分类体系》用海类型的二级分类。

【构筑物类型】填写构筑物的类型，包括隧道、桥梁、水塔等地上构筑物类型，透水构筑物、非透水构筑物、跨海桥梁、海底隧道等海上构筑物类型。

【林种】填写森林种类，包括防护林、用材林、经济林、薪炭林、特种用途林等。

【被担保债权数额（最高债权数额）】填写被担保的主债权金额。

【债务履行期限（债权确定期间）】填写主债权合同中约定的债务人履行债务的期限。

【在建建筑物抵押范围】填写抵押合同约定的在建建筑物抵押范围。

【需役地坐落、不动产单元号】填写需役地所在的坐落及其不动产单元号。

【登记原因】填写不动产权利首次登记、转移登记、变更登记、注销登记、更正登记等的具体原因。

【登记原因证明文件】填写申请登记提交的登记原因证明文件。

【申请证书版式】用勾选的方式选择单一版或者集成版。

【申请分别持证】用勾选的方式选择是或者否。

【备注】可以填写登记申请人在申请中认为需要说明的其他事项。

二、协助办理不动产登记中的资料核验

房地产经纪机构协助办理不动产登记时，要对委托人身份、不动产有关的权属证明、不动产的权属状况进行核验。

（一）身份核验

1. 不动产登记委托人为自然人

（1）不动产登记委托人应当具有完全民事行为能力。由监护人委托的，应当提交监护人身份证明、被监护人居民身份证或户口簿（未成年人）、证明法定监护关系的户口簿，或者其他能够证明监护关系的法律文件。

（2）查看委托人提供的身份证件。境内年满十六周岁的自然人应提交居民身份证，未满十六岁的自然人可以提交居民身份证，也可以提交户口簿作为身份证明。军人应提交居民身份证或军官证、士兵证等有效身份证件。我国香港、澳门特别行政区自然人应提交香港、澳门特别行政区居民身份证或香港、澳门特别行政区护照、港澳居民来往内地通行证、港澳同胞回乡证。我国台湾地区自然人应提交台湾居民来往大陆通行证或台胞证；华侨应提交中华人民共和国护照；外籍人士应提交中国政府主管机关签发的居留证件或其所在国护照。

2. 不动产登记委托人为法人或其他组织

境内企业法人应提交企业法人营业执照，事业单位法人和社团法人应提交事业单位法人证书和社会团体法人登记证书；境外企业法人应提交其在境内设立分支机构或代表机构的批准文件和注册证明；境内经营性其他组织应提交营业执照；境内非经营性其他组织应提交社会信用代码证。

【例题 7-1】关于协助办理不动产登记时核验委托人身份的说法，正确的是（　　）。

A. 境内和境外的自然人提供的身份证件一致

B. 境外的自然人提供的身份证件一致

C. 自然人和法人提供的身份证件一致

D. 不具有完全民事行为能力的自然人须提供其本人和监护人的身份证明

（二）不动产权属证书核验

在不动产统一登记制度实施前，我国大多数城市房屋和土地分别登记发证。根据《不动产登记暂行条例》的规定，在该条例施行前依法颁发的各类房屋、土地等不动产权属证书和房屋、土地等不动产登记簿继续有效。也就是说，不动产统一登记后，原房屋、土地登记部门颁发的房屋权属证书、土地权属证书依然有效。因此，房地产经纪人员不但要熟悉现行的不动产权属证书和不动产登记证

明，还需要了解熟悉《不动产登记暂行条例》实施前，土地、房地产管理部门颁发的土地使用权证、房屋所有权证、房屋他项权证和预告登记证明。房地产经纪人员尤其应掌握与房地产经纪活动最为密切的房屋所有权证书的真伪基本知识，防范风险。

1. 历史不同时期的房屋权属证书。

按照开始使用的时间，全国统一的房屋权属证书主要有 6 个版本，即 1998 年普通版、2000 年版、2004 年版、2006 年版、2008 年版和 2012 年版。1998 年普通版、2000 年版、2004 年版和 2006 年版的房屋权属证书均由中华人民共和国建设部监制。2008 年版和 2012 年版由中华人民共和国住房和城乡建设部监制。

1998 年版房屋所有权证书，从纸张上看，权证的内页纸张用的是不定位专用水印，其识别方法类似人民币中的水印头像，对着光线看权证纸内有房屋和大厦的水印。从底纹上看，房屋所有权权证底纹有浮雕文"房屋所有权证" 6 个字，字迹清晰，线条光滑，容易识别。

2000 年版房屋所有权证书，证书内页采取专用浮雕底纹，页内花边内藏有微缩文字，微缩文字用肉眼看为一道虚线，在放大镜下则可清晰可辨"FWSYQZ"英文大写字母。证书封二团花的花芯为劈线花芯，即在花芯中藏有一个双线小花。假房产证的制作过程由于没有专业线纹技术，这部分也会模糊不清。

2004 年版房屋所有权证，在"编号"之后增加了长方形电子水印块，用配套的膜片从不同角度观察会显示出不同的字样。

2006 年版房屋所有权证，改进的防伪功能为证书封二团花为单线，外第三层虚线为字母线，团花中央的花芯横线由字母组成。

从 2008 年版房屋所有权证书开始，住房和城乡建设部统一核准编制了全国房屋登记机构注册号，每本证书印有唯一的编号。证书中的团花较 2000 年、2004 年和 2006 年三个版本有所改动，即在封面里页上由两色空心细纹组成莲花叠加团花图案。莲花周边由"房屋所有权证"的汉字拼音大写字母组成的线围绕。

2012 年版房屋所有权证书在证书防伪水印纸内埋入全息开窗安全线，安全线均匀分布在证书内页，宽 2mm，其上文字内容为循环排列的"住房和城乡建设部"字样，在光线下呈现不同颜色的镭射光。版式、颜色等其他要素维持不变。

常见的不同历史时期土地、房屋各类权属证书式样见附录四，房地产经纪人员要注意识别。

【**例题 7-2**】《不动产登记暂行条例》实施前颁发的房地产相关权属证书的效力是（　　）。

A. 无效　　　　　　　　　　　B. 有效

C. 一定时期内有效　　　　　　D. 效力待定

2. 现行不动产权证书

现行不动产权证书是 2015 版不动产权证书，其有激光防伪镭射区，内页纸张内嵌多根防伪纤维，在紫色荧光灯照射下可见。最后一页嵌入纸张安全线，透光可见"不动产权证书 BDCQZS"字样。增添了两个二维码，一个二维码在登记机构页，另一个在附记页。在附记页扫描二维码，会出现电子版的"房产分户图，幢宗地图"。具体样式见图 7-1。

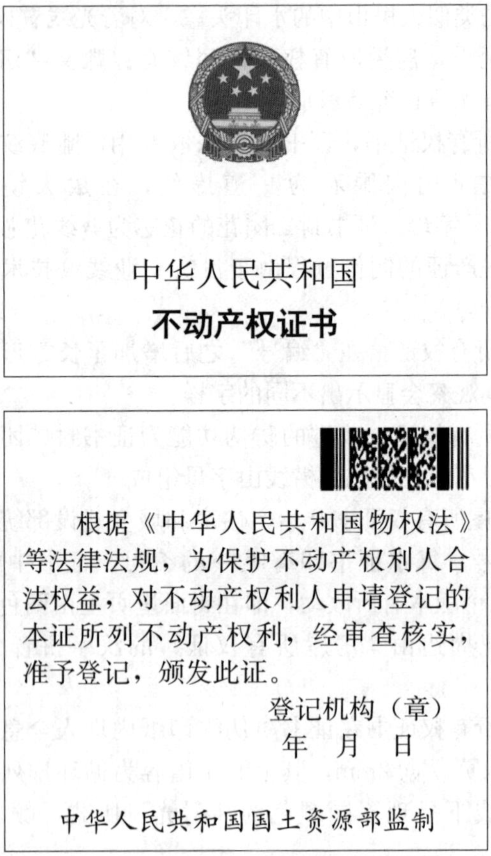

中华人民共和国
不动产权证书

根据《中华人民共和国物权法》等法律法规，为保护不动产权利人合法权益，对不动产权利人申请登记的本证所列不动产权利，经审查核实，准予登记，颁发此证。

登记机构（章）
年　月　日

中华人民共和国国土资源部监制

图 7-1　不动产权证书（一）

编号 NO. D00000000000

___（ ）___不动产权第 号

权利人	
共有情况	
坐落	
不动产单元号	
权利类型	
权利性质	
用途	
面积	
使用期限	
权利其他状况	

图 7-1 不动产权证书（二）

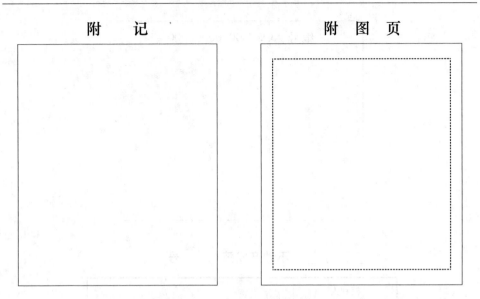

图 7-1　不动产权证书（三）

不动产权证书填写内容：

（1）二维码。登记机构可以在证书上生成二维码，储存不动产登记信息。二维码由登记机构按照规定自行打印。

（2）登记机构（章）及时间。盖登记机构的不动产登记专用章。登记机构为县级以上人民政府依法确定的、负责不动产登记工作的部门，如：××县人民政府确定由该县国土资源局负责不动产登记工作，则该县国土资源局为不动产登记机构，证书加盖"××县国土资源局不动产登记专用章"。填写登簿的时间，格式为××××年××月××日，如 2015 年 03 月 01 日。

（3）编号。即印制证书的流水号，采用字母与数字的组合。字母"D"表示单一版证书。数字一般为 11 位。数字前 2 位为省份代码，北京 11、天津 12、河北 13、山西 14、内蒙古 15、辽宁 21、吉林 22、黑龙江 23、上海 31、江苏 32、浙江 33、安徽 34、福建 35、江西 36、山东 37、河南 41、湖北 42、湖南 43、广东 44、广西 45、海南 46、重庆 50、四川 51、贵州 52、云南 53、西藏 54、陕西 61、甘肃 62、青海 63、宁夏 64、新疆 65。国家 10，用于国务院国土资源主管部门的登记发证。数字后 9 位为证书印制的顺序码，码值为 000000001～999999999。

（4）不动产权证书号。A（B）C 不动产权第 D 号"A"处填写登记机构所在省区市的简称。"B"处填写登记年度。"C"处一般填写登记机构所在市县的全称，特殊情况下，可根据实际情况使用简称，但应确保在省级范围内不出现重名；"D"处是年度发证的顺序号，一般为 7 位，码值为 0000001～9999999。如苏（2015）徐州市不动产权第 0000001 号、苏（2015）睢宁县不动产权第 0000001 号。国务院国土资源主管部门登记的，"A"处填写"国"。"B"处填写登记年度。"C"处填写"林"或者"海"。"D"处是年度发证的顺序号，一般为 7 位，码值为 0000001～9999999。

（5）权利人。填写不动产权利人的姓名或名称。共有不动产，发一本证书的，权利人填写全部共有人，"权利其他状况"栏记载持证人；共有人分别持证的，权利人填写持证人，其余共有人在"权利其他状况"栏记载。

（6）共有情况。填写单独所有、共同共有或者按份共有的比例。涉及房屋、筑物的，填写房屋、构筑物的共有情况。

（7）坐落。填写宗地所在地的地理位置名称。涉及地上房屋的，填写有关部门依法确定的房屋坐落，一般包括街道名称、门牌号、幢号、楼层号、房号等。

（8）不动产单元号。填写不动产单元的编号。

（9）权利类型。根据登记簿记载的内容，填写不动产权利名称。涉及两种的，用"/"分开（"/"由登记机构自行打印）。如：①集体土地所有权；②国家土地所有权；③国有建设用地使用权；④国有建设用地使用权/房屋（构筑物）所有权；⑤宅基地使用权；⑥宅基地使用权/房屋（构筑物）所有权；⑦集体建设用地使用权；⑧集体建设用地使用权/房屋（构筑物）所有权等。

（10）权利性质。国有土地填写划拨、出让、作价出资（入股）、国有土地租赁、授权经营等；集体土地填写家庭承包、其他方式承包、批准拨用、入股、联营等。土地所有权不填写。房屋按照商品房、房改房、经济适用住房、廉租住房、自建房等房屋性质填写。构筑物按照构筑物类型填写。涉及两种的，用"/"分开（"/"由登记机构自行打印）。

（11）用途。土地按《土地利用现状分类》填写二级分类，海域按《海域使用分类体系》填写用海类型二级分类。房屋、构筑物填写规划用途。涉及两种的，用"/"分开（"/"由登记机构自行打印）。

（12）面积。填写登记簿记载的不动产单元面积。涉及宗地及房屋、构筑物的，用"/"分开（"/"由登记机构自行打印），分别填写宗地及房屋、构筑物的面积。土地共有的，填写宗地面积。共同共有人和按份共有人及其比例（共有的宗地，填写相应的使用权面积；建筑物区分所有权房屋和共有土地上建筑的房屋，填写独用土地面积与分摊土地面积加总后的土地使用面积）等共有情况在"权利其他状况"栏记载。

（13）使用期限。填写具体不动产权利的使用起止时间，如××××年××月××日起××××年××月××日止。涉及地上房屋、构筑物的，填写土地使用权的起止日期。土地所有权以及未明确权利期限的可以不填。

（14）权利其他状况。根据不同的不动产权利类型，可以分别土地所有权、房屋所有权。房屋结构：按照钢结构、钢和钢筋混凝土结构、钢筋混凝土结构、混合结构、砖木结构、其他结构等六类填写。房屋总层数和所在层：记载房屋所在建筑物的总层数和所在层。

（15）附记。记载设定抵押权、地役权、查封等权利限制或提示事项以及其他需要登记的事项。

（16）附图页。反映不动产界址及四至范围的示意图形，不一定依照比例尺。附图应当打印，暂不具备条件的，可以粘贴。房地一体登记的，附图页要同时打印或粘贴宗地图和房地产平面图。

3. 现行不动产登记证明

不动产登记证明用于证明不动产抵押权、地役权或预告登记、异议登记等事项。现行不动产登记证明样式见图7-2。

不动产登记证明填写内容：①证明权利或事项。填写抵押权、地役权或者预告登记、异议登记等事项。②权利人（申请人）。抵押权、地役权或者预告登记，填写权利人姓名或名称。异议登记，填写申请人姓名或名称。③义务人。填写抵押人、供役地权利人或者预告登记的义务人的姓名或名称。异议登记的，可以不填写。④坐落。填写不动产单元所在宗地、宗海的地理位置名称。涉及地上房屋的，填写有关部门依法确定的房屋坐落，一般包括街道名称、门牌号、幢号、楼层号、房号等。⑤不动产单元号。填写不动产单元的编号。⑥其他。根据不同的不动产登记事项，分别填写以下内容：抵押权，不动产权证书号；抵押的方式和担保债权的数额。地役权，供役地的不动产权证书号；需役地的坐落；地役权的内容。预告登记，已有的不动产权证书号和预告登记的种类。异议登记，异议登记的内容。⑦附记。记载其他需要填写的事项。

（三）不动产权属状况核验

1. 不动产转移登记权属状况核验

核验要点包括：①所有权归属情况。所有权是否为共有。属共有的，必须经共有人书面同意。②房屋性质。是否是限制出售的经济适用住房、央产房等。按照政策规定，购买经济适用住房不满5年，不得直接上市交易。③抵押情况。房屋是否已抵押。抵押的房屋转让，需抵押权人书面同意。④预告登记情况。在预告登记生效期间，需经预告登记的权利人书面同意。⑤异议登记情况。在异议登

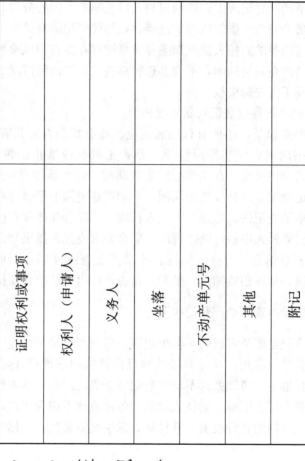

不动产登记证明

根据《中华人民共和国物权法》等法律法规，为保护申请人合法权益，对申请人申请登记的本证明所列不动产权利或登记事项，经审查核实，准予登记，颁发此证明。

登记机构（章）

年 月 日

（ ） 不动产证明第 号

证明权利或事项	
权利人（申请人）	
义务人	
坐落	
不动产单元号	
其他	
附记	

图 7-2 现行不动产登记证明

记期间，不动产登记簿上记载的权利人以及第三人因处分权利申请登记的，房地产经纪人员应当书面告知该权利已经存在异议登记的有关事项。委托人申请继续办理的，应当要求委托人提供知悉异议登记存在并自担风险的书面承诺。⑥查封情况。不动产在查封期间，不能办理转移登记。⑦出租情况。如租赁期内，承租人是否放弃了优先购买权。

2. 不动产抵押权登记权属状况核验

核验要点包括：①所有权归属情况。所有权是否为共有。属共有的，必须经共有人书面同意。②房屋性质。是否是限制或禁止抵押的廉租住房、学校等。③预告登记情况。在预告登记生效期间，需经预告登记的权利人书面同意。④异议登记情况。在异议登记期间，不动产登记簿上记载的权利人以及第三人因处分权利申请登记的，房地产经纪人员应当书面告知该权利已经存在异议登记的有关事项。委托人申请继续办理的，应当要求委托人提供知悉异议登记存在并自担风险的书面承诺。⑤查封情况。不动产在查封期间，不能办理抵押权登记。⑥出租情况。如在租赁期内，抵押人是否将已出租情况告知抵押权人。

三、协助办理不动产登记收费

房地产经纪服务实行明码标价制度。房地产经纪机构应当遵守经纪服务收费管理的相关法律法规，在经营场所醒目位置标明房地产经纪服务项目、服务内容、收费标准等。协助办理不动产登记属于房地产经纪基本服务内容，不在佣金外单独收取费用，但应由委托人缴纳的各种税费不包含在内，房地产经纪人员应将代委托人缴纳的各种税费缴款凭证、发票交给委托人，据实结算。

第二节 房 屋 交 验

存量房买卖、租赁经纪业务需要房地产经纪机构协助交易双方完成房屋交验，新建商品房销售代理业务中，一般由房地产开发企业指定的物业服务企业与买方进行房屋交接。存量房与新建商品房不同，由于已经使用多年，房屋的自然损耗、人为损坏以及意外灾害等，都可能使房屋的完好程度下降。存量房交易时绝大多数房屋都超过了保修期，如果某些问题查验时未被发现，会增加日后的使用和维护成本。存量房买卖和租赁业务中房屋的交付和验收工作内容类似，但侧重点有所不同，存量房租赁中一般还包含对家具电器、室内设施设备使用情况的查验，下面分别进行介绍。

一、前期准备

（一）存量房买卖交验的前期准备

（1）卖方需要准备的资料和物品。包括身份证明、合同约定转移的各种设施设备的使用说明、相关交费凭证及交费卡、物业服务合同、钥匙、门禁卡、电梯卡等。如果在办理房屋过户手续前查验房屋的，要提醒卖方携带房地产权属证书。

（2）买方需要准备的资料。包括身份证明、房屋买卖合同、房地产权属证书以及需要支付的款项等。

（3）房地产经纪人员需要准备的资料和物品。包括各种验房工具及房屋状况说明书、房屋交接单等。

（二）存量房租赁查验的前期准备

（1）出租方要准备的资料。包括身份证明、房地产权属证书或相关证明材料、室内家具电器及相关设备的说明书、相关交费凭证、钥匙等。

（2）承租方要准备的资料。包括身份证明、需要支付的钱款等。

（3）房地产经纪人员要准备的资料。包括各种验房工具及房屋状况说明书、房屋交接单等。

二、检查资料

（一）存量房买卖需要检查的资料

为了维护当事人的合法权益，房地产经纪人员要根据有关规定，检查交易双方提供的资料是否齐全、真实和有无瑕疵。检查无误后，对各种费用的交纳情况和单据进行分类整理，一般可以分为三类：①需要提前结清的费用，要关注是否已结清；②预付费用，要关注是否有余款，是否需要交割资金；③需要更名过户的收费项目，要关注是否符合过户的条件。

（二）存量房租赁需要检查的资料

房屋租赁交接一般不涉及收费项目更名过户问题，重点检查各类证件的真实性，对各类设备的说明书、交费单据进行分类整理，以便引导租赁双方有序交接。

三、实地查验

（一）存量房买卖查验

存量房买卖的交验阶段，重点关注以下三方面情况：①是否与带看时或房屋状况说明书中记录的情况不一致或发生重大变化；②是否存在买方未被告知或不知悉的影响房屋正常使用的情况；③设施设备、家具家电等是否与房屋交易合同中约定随房屋一同转移的动产相符。主要检查以下事项：

1. 检查房屋结构

存量房的结构部分可能出现的问题主要有：由于建筑物不均匀沉降、使用中荷载超出允许范围以及钢筋锈蚀等原因，造成墙体、梁和柱等结构部分出现裂缝，查验时应特别关注。

2. 查验装修和设备

通常装修的折旧年限是 5 年，所以房龄稍长的房屋装修一般较为陈旧。但装修查验的重点并不是新旧程度，而是通过装修的表面变化发现更严重的问题。如果邻近卫生间墙体表面泛碱，则卫生间的水管可能漏水；如果卫生间的顶棚有水渍，说明上层的卫生间防水可能已破坏。另外，卫生间和厨房的上水阀门是否灵活，排水管道是否通畅也应重点查验。

3. 查看计量表

查验时要注意户内各种计量表是否能够正常使用，并记录读数。如果燃气管道有改动，需要卖方提供改装许可证。

4. 检查家具家电

存量房买卖交接的物品有时还包括家具家电等动产，应按照交易合同逐一查验，并登记造册。主要查验家具家电的数量、品牌是否与合同约定一致，相应的说明书、遥控器等物品是否齐备。

5. 实地户口查验

户口查验对于入托、入学、养老、医疗等影响较大。存量房交接时，需要到户籍所在地派出所实地调查卖方户口是否迁出，以免影响买方户口迁入。

【例题 7-3】存量房买卖交验阶段，须重点关注的事项有(　　　)。

A. 房屋状况是否与带看时的房屋状况一致

B. 房屋状况是否与房屋状况说明书记载的内容一致

C. 设施设备和家具家电等是否与房屋交易合同中约定的内容一致

D. 物业服务企业是否正规

E. 公共区域的卫生情况

（二）存量房租赁查验

存量房租赁，主要查验屋内设施设备、家具家电的使用状况是否良好，记录各类计量表的读数。

1. 检查设施设备

主要检查上下水、电路、有线电视、网络设备、洁具等是否能正常使用。

2. 检查家具家电

主要检查家具家电是否能正常使用，外观是否完好，记录家具家电的品牌和尺寸，所有电器设备要一一试用，检查是否有损坏。

3. 记录计量表读数

记录水、电、燃气等各类计量表的读数，以便交接相关费用。

4. 测试钥匙、门禁卡

主要检查室内房间钥匙、入户门钥匙及密码，小区出入口门禁卡，如有车位车库，则需要办理更名及车号登记后，测试车辆出入门禁卡。

房地产经纪人员要根据现场查看情况，边查边记录房屋及各项设施设备的基本状况，并填写房屋交接单。

四、办理交接手续

房屋查验结束后，需要办理相关的交接手续，主要包括：查验中发现问题的解决方式、相关费用结算、设施设备使用人变更和签署房屋交接单。对于租赁的房屋交接要注意，不能只交钥匙不签订房屋交接单，否则承租人可能不承认已交接而拒交租金。

（一）验房发现问题的解决方式

买方或承租方在房屋验收时发现问题，应与卖方或出租方交涉。如果发现的某些瑕疵在房屋出售信息、房屋状况说明书、交易合同中已经载明，买方或承租方早已知悉，且与查验时情况相符，如交易合同有约定，按约定处理，如没有约定，则应由买方或承租方自行解决；如果发现存在的问题与房屋出售信息或房屋状况说明书所载明的有所不同，或是新出现的问题，房地产经纪人员要引导和协助交易双方商议确定解决方案。

（二）费用结算

应结算的费用主要有水费、电费、燃气费、供暖费、电话费、有线电视费、网络费、物业服务费、电梯费、停车费、专项维修资金等。

（1）后付费项目结算。有些能源和服务费是使用后交费，房屋交接日由卖方或出租方按计量表据实结算，只要以往不欠费即可办理交接手续。

（2）预付费项目结算。有些专营服务是先付费后消费，因此这类服务项目卖方不可能欠费，需要在办理手续时对照计量表的读数，按照单价计算结清，买方或承租方将卖方或出租方多交的费用返还。通常维修资金和暖气费都是预交，其余的费用中哪些费用属于后交费、哪些属于预交费，要根据设备本身和当地政策的具体情况而定。

通常可能欠费的项目是物业服务费，房地产经纪人员需要调查清楚。有的城市已经作出规定，不补齐物业服务费不予办理产权过户手续。政府相关管理部门负责把关的，房地产经纪人员只需按照管理规定程序和要件办事，就可以保证双方的权益。在没有管理部门把关的城市，经纪人员应做到尽职调查，引导双方结清费用、互不相欠后再办理过户和交接手续。

对于交验现场无法立即解决的问题，经纪人员则可以协助双方协商一个解决方案，可留一定数额的保证金，应注意解决方案需经双方签字确认。

（三）相关信息变更

由于许多设施设备的使用都与使用者的个人信息相关联，办理交接手续时，应要求卖方协助办理相应的信息变更手续，将使用人的姓名由卖方改为买方。房地产经纪人员要掌握当地各项设施设备的使用规定，并弄清需办理信息变更的项目，一般来说，必须更名的项目包括有线电视、电话、宽带、水、电、燃气、停车位等的缴费卡。

对于有专项维修资金的房屋，房屋买卖时也要做好交接。按照相关规定，房屋买卖时，专项维修资金账户中的余额是随房屋所有权同时过户的。对于这部分余额，原则上不退还卖方。

此外，买卖双方还需要到物业服务办公室办理物业服务合同的变更手续，对于新装电梯的老旧小区，需要办理电梯使用协议的变更；对于智能小区，还需要办理指纹采集、人脸信息录入等事宜。

（四）签署房屋交接单

在完成以上程序，相关问题得到解决以后，可以交付和接收钥匙并签署房屋交接单。房屋交接单，有时也称房屋确认书或房屋确认表。这一环节非常重要，签署房屋交接单后说明房屋已经转移占有。房屋出租的交接单，因为不涉及产权转移，不涉及配套设施设备所有者的信息变更，相对简单，房屋买卖和租赁交接单样表见表7-2、表7-3。房地产经纪人员可以根据实际状况和需要进行添加或删减。

房屋交接单样表（买卖）　　　　　　　　表7-2

房屋坐落	
房屋瑕疵及解决方案	
结构	
装修	
设备	
其他	
解决方案	

续表

交接的家具、电器清单								
名称	数量	品牌/型号	名称	数量	品牌/型号	名称	数量	品牌/型号
双人床			餐桌			电视		
单人床			椅子			洗衣机		
衣柜			沙发			冰箱		
床头柜			茶几			抽油烟机		
书柜			电视柜			燃气灶		
梳妆台						电话机		
写字台						热水器		
						空调		
需要补充的其他信息								

交接的房屋使用配套物品	
钥匙	房屋入户门/单元门/小区门/信箱/车库/其他
IC 卡	水/电/燃气/电梯/其他
使用凭证和交费凭证	有线电视/电话/网络/水/供暖/燃气/物业管理/维修资金/停车费
有关文件和合同	供暖合同/物业管理合同/车库车位承租合同
其他物品	固定装饰物、家电等的使用说明书、保修卡、遥控器

房屋的债权债务信息							
费用	价格	预付余额	欠费额	费用	价格	预付余额	欠费额
水费				电费			
燃气费				固定电话费			
物业服务费				供暖费			
有线电视费				互联网费			
专项维修资金				停车费			
需要补充的其他信息							

交割金额		
_____于_____年___月___日，向_____支付费用_____元。		

交接人签字				
卖方		日期		
买方		日期		
房地产经纪人员		日期		

房屋交接单样表（租赁）　　　　　表 7-3

房屋坐落							
配套设施设备							
供水	自来水/纯净水/热水/中水			供电		220V/380V	
外供暖气	气暖/水暖			供燃气		天然气/煤气/人工燃气/液化石油气	
自备供暖	电暖/燃气供暖/燃煤供暖			供暖周期			
太阳能集热器	有/无		空调	中央空调/自装柜机台/自装挂机台			
电视	无线/有线（数字、模拟）			互联网接入方式		光纤/宽带/ADSL	
电话							
需要补充的其他信息							

交接的家具、电器清单

名称	数量	品牌/型号	名称	数量	品牌/型号	名称	数量	品牌/型号
双人床			餐桌			电视		
单人床			椅子			洗衣机		
衣柜			沙发			冰箱		
床头柜			茶几			排油烟机		
书柜			电视柜			燃气灶		
梳妆台			路由器			电话机		
写字台						热水器		
						空调		
需要补充的其他信息								

交接的房屋使用配套物品

钥匙	房屋入户门/单元门/小区门/信箱/车库/其他
IC 卡	水/电/燃气/电梯/其他
使用凭证和交费凭证	有线电视/电话/网络/水/供暖/燃气/停车费
其他物品	家电遥控器

续表

房屋的债权债务信息							
费用	价格	预付余额	欠费额	费用	价格	预付余额	欠费额
水费				电费			
燃气费				固定电话费			
物业服务费				供暖费			
有线电视费				互联网费			
需要补充的其他信息				停车费			
交割金额							
_____于_____年___月___日，向_____支付费用_____元。							
交接人签字							
出租人				日期			
承租人				日期			
房地产经纪人员				日期			

第三节 房地产经纪业务档案管理

根据相关规定和要求，房地产经纪机构应建立业务记录和保管制度，房地产经纪人员要全程做好房地产经纪业务记录，依法归入档案，并妥善保管。

一、房地产经纪业务记录的主要内容

所谓业务记录并非仅仅是文字记录，还应包括一些图表和影像资料记录。房地产经纪业务记录主要是指房地产经纪机构和房地产经纪人员在经纪活动中涉及或形成的各类具有法律效力，按照规定必须归档保存或具有保存价值的文字、图表、影像等形式的资料的总称。主要包括：

（1）房地产经纪服务合同。

（2）房地产交易合同（买卖和租赁合同）。

（3）委托人及交易相对人提供的资料。

（4）房屋状况说明书、房屋查验报告。

（5）收据、收条及各种票据等原始凭证的复印件。

（6）房屋交接单或房屋交接确认书。

（7）交易房屋房地产权属证书复印件。

（8）其他有关资料。

二、房地产经纪业务档案管理的要求

（一）设立档案管理专职岗位

房地产经纪机构应建立档案管理制度，设立档案管理岗位专门管理档案资料。规模较大的经纪机构，该岗位应设专人甚至多人担任；规模较小的经纪机构可设专人兼任。经纪机构的档案管理人员应经过必要的专业技能培训。

（二）实行房地产经纪机构统一管理

房地产经纪机构应将所有的经纪业务记录统一归档管理，各房地产经纪分支机构或房地产经纪人员不能自己截留档案资料。房地产经纪机构的专职档案管理人员应按照公司归档管理的相关要求，及时催收相关资料、整理并归档。

（三）档案保存的时间要求

保存档案资料是为了便于日后查阅使用，因此保存时间越长越好。但档案保管成本很高，不可能实现永久保存，只要能够满足解决纠纷的需要即可。根据《房地产经纪执业规则》规定："房地产经纪服务合同等房地产经纪业务相关资料的保存期限不得少于 5 年。"

三、房地产经纪业务档案管理的步骤

房地产经纪业务档案管理的步骤包括收集、整理、归档和利用四个环节。

（一）收集

收集是指专职档案管理人员将分散在房地产经纪机构各分支机构或门店的房地产经纪业务记录集中在一起的过程。收集业务记录一定要及时，最好是建立房地产经纪业务信息及时归缴制度并严格执行，保持收集渠道通畅、严密，确保信息记录的完整性和安全性。

（二）整理

整理是将收集到的零散的房地产经纪业务信息包括文本、图表、影音资料等，按照一定要求和标准进行分类、合并，剔除掉一些不需要保存的信息，从而形成系统化的各类信息的过程。

（三）归档

归档就是按照业务记录的内在联系进行分类和保存。房地产经纪业务信息的归档，要按照"一个委托项目一份档案"的原则建档。档案资料要整理立卷，并编制卷内目录、案卷编号，填写备考表、案卷封面和案卷脊背。其中，卷内备考表是卷内文件状况的记录单，排列在卷内文件之后，用于注明卷内文件与立卷状况，具体内容包括本卷情况说明、立卷人、检查人、立卷时间四个部分。

（四）利用

房地产经纪业务记录，可为社会提供信息查询服务，但对涉及的国家秘密、商业秘密、技术秘密和个人隐私应当予以保密。房地产经纪机构可制定相关制度，按照一定手续对社会开放，供需要的公众检索使用。

复 习 思 考 题

1. 协助办理不动产登记时需要核验的内容有哪些？
2. 协助办理不动产登记的流程是怎样的？
3. 常见的土地、房屋权属证书有哪几类，如何识别其真伪？
4. 存量房买卖查验和交接的流程是怎样的？
5. 存量房租赁查验和交接的流程是怎样的？
6. 存量房买卖和租赁实地查验主要查看哪些内容？
7. 存量房查验发现的问题如何解决？
8. 房地产经纪业务记录有哪些？
9. 如何对房地产经纪业务记录进行归档？

第八章　个人住房贷款代办服务

个人住房贷款代办的目的是为达成买方客户的购房目标，帮助其制定合理的贷款方案，办理贷款及抵押登记手续。由于贷款流程复杂，客户需多次来往于银行、公积金管理中心、房地产管理部门、交易资金监管机构等部门，每个部门所需资料、办理时间、办理要求等不尽相同，房地产经纪人员要根据委托人的主体资格和资金条件、相关部门的要求等按规定的程序办理。

第一节　个人住房贷款代办服务概述

一、个人住房贷款代办服务的内涵

个人住房贷款，是指个人在购买自用普通住房时，支付购房首付款后，剩余房款以所购房产作为抵押向贷款方申请的贷款，即购房抵押贷款，简称"房贷"。个人住房贷款本质上是一种消费贷款，这项住房贷款的借款人大多是居民个人，通常情况下由贷款方向购房者提供大部分购房款项，购房者以稳定的收入分期还本付息，一旦购房者不能按期还本付息，贷款方有权依法处理其抵押物或质物，或由保证人承担偿付本息的连带责任。比如，贷款方可以将抵押房产出售，并优先受偿而抵消欠款。需要注意的是，个人住房贷款限用于购买自用普通住房和城市居民修、建自用住房，不得用于购买豪华住房。按照个人住房贷款的资金来源，个人住房贷款的主要方式有三种，分别是个人住房商业性贷款、住房公积金贷款与个人住房组合贷款（相关内容详见本章的第二、三、四节）。

由此，房地产抵押贷款代办是一项专业的房地产经纪延伸服务，房地产经纪机构可以代为办理个人住房贷款、不动产抵押登记等手续，通过为客户提供专业建议，帮助客户理解房贷的办理流程与贷款方的要求，从而更好地把握贷款的进度和风险，提高办理效率，促成房产交易。但是，房地产经纪机构不能为客户直接办理住房贷款，客户需要自己与贷款方联系并提交申请材料，房地产经纪机构只能提供相关咨询和建议，以及提供与办理个人住房贷款相关的前期资料收集、相关证明审核、递送单据等服务，从而帮助客户满足贷款方的要求。可见，房贷能否通过审批，主要取决于客户个人综合资质是否达到经办银行的贷款标准，房地产经纪机构不是银行或其他金融机构的代表，并不能直接向客户提供贷款，因此，不能承诺贷款申请的成功，也不能担保贷款的最终条件和利率。

二、个人住房贷款代办委托

（一）沟通接洽

买方客户委托房地产经纪机构代办个人住房贷款时，房地产经纪人员应详细告知客户贷款办理流程和银行贷款政策，并充分考虑客户的家庭财产、收入水平、家庭开支及其理财状况，提出合理的建议。例如，客户是否具备申请住房公积金贷款的资质，以及交易合同中对资金支付的时间要求是否允许使用公积金贷款，如两个条件都具备，建议优先选择住房公积金贷款。在公积金贷款不足的情况下，如果预估的放款时间可以满足交易合同的约定，可以选用组合贷款方式；如果以上两种方式都不可行，则只能选择商业贷款。

（二）签订个人住房贷款代办服务合同

按照《房地产经纪管理办法》第十七条规定："房地产经纪机构提供代办贷款、代办房地产登记等其他服务的，应当向委托人说明服务内容、收费标准等情况，经委托人同意后，另行签订合同。"第十条第二款规定："房地产经纪机构不得收取任何未予标明的费用；不得利用虚假或者使人误解的标价内容和标价方式进行价格欺诈；一项服务可以分解为多个项目和标准的，应当明确标示每一个项目和标准，不得混合标价、捆绑标价。"因此，房地产经纪机构与委托人签订个人住房贷款代办服务合同时，应明确委托事项，约定双方的权利义务和收费标准。

根据个人住房贷款代办服务的内容，代办服务合同主要包括以下内容：

（1）房屋买卖双方的基本资料。一般需要买方的身份证、户口簿、结婚证等；卖方的业主本人身份证、不动产权证，业主名下借记卡或活期存折等。

（2）委托事项，明确个人住房贷款代办服务内容，包括拟定贷款方案、协助委托人准备贷款申请材料、协助委托人办理贷款申请手续等。

（3）双方的权利和义务，明确委托方应对提供资料的真实性和完整性负责，受托方应协助委托方办理有关手续。

（4）服务收费。代办贷款服务一般按件收费，也有的机构按贷款额的一定比例收费，不管采用何种收费方式，应在经营场所醒目位置公示，并在签订代办合同前告知委托方。

（5）违约责任。包括委托方违约须承担的责任，以及经纪机构违约须承担的责任。一般以违约金的形式约定。

（6）争议解决。主要约定解决争议的方式，如调解、仲裁、诉讼等。

（7）其他约定。

（8）委托双方签字盖章。包括委托方签名、房地产经纪机构公章或合同章，经纪人员签名。

三、个人住房贷款代办服务的内容

个人住房贷款代办的内容包括：查询买方征信、拟定贷款方案、协助准备贷款申请材料、协助办理贷款相关手续。

（一）查询买方征信

房地产经纪人员承接个人住房贷款代办服务前，需要判断买方是否具有借款资格，主要从两个方面来判断：一是是否具有偿还能力；二是征信是否合格。偿还能力主要根据借款人家庭收入和借款总额的倍数关系（偿还比率）来判定，一般要求家庭收入不低于负债的 2 倍，房地产经纪人员根据借款人的家庭收入情况可以初步判断其可贷款金额。征信则需要到征信部门查询。

征信是专业化的、独立的第三方机构为个人或企业建立信用档案，依法采集、客观记录其信用信息，并依法对外提供信用信息服务的一种活动。征信按服务对象可以分为信贷征信、商业征信、雇佣征信及其他征信，个人住房贷款中需要查询买方的信贷征信，为金融机构的信贷决策提供支持。目前我国商业银行普遍采用的个人信贷征信是中国人民银行征信中心出具的个人信用报告。

个人信用报告有 3 个版本，分别为：①个人版。供消费者了解自己信用状况，主要展示了信息主体的信贷信息和公共信息等，包括个人版和个人明细版。②银行版。主要供商业银行查询，在信用交易信息中，该报告不展示除查询机构外的其他贷款银行或授信机构的名称，目的是保护商业秘密、维护公平竞争。③社会版。供消费者开立股指期货账户，此版本展示了个人的信用汇总信息，主要包括个人的执业资格记录、行政奖励和处罚记录、法院诉讼和强制执行记录、欠税记录、社会保险记录、住房公积金记录以及信用交易记录。

根据《征信业管理条例》的规定，个人有权每年两次免费获取本人的信用报告。在没有得到他人授权的情况下，个人是无权查询他人信用报告的。如果买方委托他人查询其信用报告，需要提供买方和代理人的有效身份证件原件和复印件、授权委托公证证明原件，同时填写《个人信用报告本人查询申请表》。房地产经纪人员应告知买方个人征信的查询方式，如通过"中国人民银行征信中心"网站（www.pbccrc.org.cn）或中国人民银行各地营业网点查询。

中国人民银行征信中心只是提供个人信用报告，供商业银行审批贷款申请时参考，最终能否贷款及贷款的额度，取决于商业银行贷款审批的结果。一般银行对个人征信的要求是：当前不能逾期，半年内不能有 2 次逾期记录，2 年内不能连续 3 次，累计 6 次未按时还款记录。

（二）拟定贷款方案

目前，几乎所有商业银行都提供个人住房贷款，如何选择贷款银行是贷款方案的首要任务。选择贷款银行主要考虑以下几个因素：①贷款对象及条件；②贷款额度；③贷款期限；④贷款利率；⑤还款方式；⑥当地房贷政策。（相关内容详见本章的第二、三、四节）。当前在"房住不炒"的大环境下，中国人民银行对房贷的调控政策很严，并对房贷利率、房贷门槛、贷款额度等产生直接影响，如，2019 年 10 月 8 日，中国人民银行发布房贷新政，新发放的个人住房贷款定价基准从贷款基准利率转换为（Loan Prime Rate，LPR）贷款基础利率。LPR是商业银行对其最优质的客户执行的贷款利率，其他贷款利率可在此基础上加减点生成。LPR 的集中报价和发布机制是在报价行自主报出本行贷款市场利率的基础上，由指定发布人对报价进行计算，形成平均利率对外予以公布。LPR 于每月 20 日（遇节假日顺延）9 时 30 分在全国银行同业拆借中心和中国人民银行网站公布。此次调整改变原有房贷利率机制，从此前房贷按照基准利率来上浮或打折，转变为运用 LPR 作为房贷利率定价基准，规定房贷下限。比如，首套房贷不能低于相应期限的 LPR 报价，二套房贷款利率不得低于相应期限 LPR 报价加 60 个基点，各地银行根据这一全国统一的最低要求，制定自己的定价。因此房地产经纪人员应保持政策敏感度，实时关注最新贷款政策，以有效地帮助客户拟定贷款方案。

（三）协助准备贷款申请材料

在贷款过程中，客户应根据银行要求提供贷款所需资料，申请个人住房贷款一般需要提供下列资料：

（1）个人住房借款申请。

（2）基本证件（指居民二代身份证、居民户口簿和其他有效居留证件、婚姻状况证件）。

（3）借款人家庭稳定的经济收入的证明，这个证明对能否贷款成功及最高贷款额度有比较大的影响。

（4）符合规定的购买（建造、大修）住房合同、协议或其他批准文件。

（5）借款人用于购买（建造、大修）住房的自筹资金的有关证明。

（6）抵押物或质押物的清单、权属证明以及有处分权人同意抵押或质押证明；保证人同意提供担保的书面文件和保证人资信证明。为提高房屋抵押贷款通过率，要尽量多地提供家庭其他财产证明，如房产股票、基金、存折、车辆证明等。

（7）贷款人要求提供的其他文件或资料。

近几年由于受国家房地产调控政策的影响，金融机构的贷款政策变化较快，可能会出现因提供资料不及时而影响贷款审批或遭遇利率变化，进而引起贷款代办服务纠纷；或是因客户提供虚假资料而产生诚信问题影响贷款审批。因此，房地产经纪机构应明确告知客户，资料提供应真实、全面、及时。

因涉及房地产经纪机构和客户之间的资料移交中，身份证明或房屋产权证明原件等重要文件的交接安全，为避免因资料的交接时间无准确记录而引发纠纷，房地产经纪机构应有书面交接手续，内容包括资料名称、提供人、接收人、交接时间等，明确交接双方的责任，房地产经纪人员应认真、准确地填写，妥善保管。

（四）协助办理贷款相关手续

材料准备齐全后要根据与银行预约的时间办理各类贷款相关手续，主要包括：

（1）带领客户去银行面签借款合同。

（2）协助客户办理交易资金监管手续。

（3）根据银行通知领取批贷函，并提醒借款人注意批贷函的有效期。

（4）协助客户到不动产登记部门办理不动产抵押登记手续。

【例题 8-1】若买方符合住房公积金贷款的申请条件，在同等条件下，房地产经纪人员应向此客户推荐的个人住房贷款的优先顺序为（　　）。

A. 商业贷款、公积金贷款、组合贷款

B. 公积金贷款、商业贷款、组合贷款

C. 组合贷款、公积金贷款、商业贷款

D. 公积金贷款、组合贷款、商业贷款

四、个人住房贷款代办服务中业务文书的使用

（一）个人住房贷款代办合同

个人住房贷款代办合同是指借款人委托房地产经纪机构代办个人住房贷款而签订的服务合同。房地产经纪机构在为客户提供办理贷款的服务时，必须签订个人住房贷款代办服务合同，明确约定经纪机构的服务内容和责任范围，不对贷款能否获批、贷款额度、利率、放款期限等做出承诺。

如在操作中不注意风险防范，客户贷款不成功的责任就可能要由经纪机构承担，因为贷款能否成功需银行批准，主要取决于客户的征信和条件。因此，房地产经纪人员应熟悉代办合同的内容，在委托前对客户讲清代办内容，及时签订代办合同，不要不实承诺或夸大代办范围，避免因责任不清而产生纠纷。

（二）借款合同

借款合同是指办理贷款业务的银行作为贷款人一方，向借款人提供贷款，借款人到期返还借款并支付利息的合同。

借款合同的主要内容包括借款种类、币种、用途、数额、利率、期限和还款方式等条款。

签订借款合同，应注意以下事项：

1. 借款合同要由借款人填写

根据《民法典》的有关规定，借款合同是借款人向贷款人借款，到期返还借款并支付利息的合同。银行借款合同一般都是格式合同，提供格式条款的一方也就是银行，因此，借款合同应由借款人填写，可以让借款人理解合同内容、条款，银行对条款负有解释的义务，这样可以防止因理解不同发生纠纷。

2. 借款人需要明确借款用途

借款人应当按照约定的借款用途使用借款，借款人未按照约定的借款用途使用借款的，贷款人可以停止发放借款、提前收回借款或者解除合同。

3. 按期支付利息和本金

银行借款合同作为有偿合同，借款人有义务按照约定的期限支付利息和本金，应注意还款日期，避免因为延迟还款影响个人信用记录。

（三）抵押合同

抵押合同是抵押权人（银行或公积金管理中心）与抵押人（房地产买卖中的买受人）签订的担保性质的合同，抵押人以一定的财物向抵押权人设定抵押担保，当债务人不能履行债务时，抵押权人可以依法处分抵押物所得价款优先受偿。

在贷款过程中，抵押人和抵押权人应持抵押合同、不动产权证书、有关文件及证件到当地登记部门申请抵押登记，登记的目的是为防范产权不清或已经失效，以及一物两押等风险。登记部门应在规定日期内办完登记手续，不动产抵押权自登记之日成立且立即生效。

1. 抵押合同的内容

抵押合同主要包括以下内容：

（1）抵押人、抵押权人的名称或者个人姓名、住所。

（2）主债权的种类、数额。

（3）抵押财产的具体状况。

（4）抵押财产的价值。

（5）债务人履行债务的期限。

（6）抵押权灭失的条件。

（7）违约责任。

（8）争议解决方式。

（9）抵押合同订立的时间与地点。

（10）双方约定的其他事项。

2. 抵押合同的效力

抵押权是对债权的保障，当债权无法实现时才出现。抵押合同具有从属性，当主合同即债权合同无效时，抵押合同也无效。

3. 抵押合同的变更和终止

抵押合同变更的，应当签订书面的抵押变更合同。抵押合同的变更事项需要抵押人和抵押权人协商一致，方可变更。

抵押合同可以约定终止事由，一般终止情况如下：抵押所担保的债务已经履行；抵押合同被解除；债权人免除债务；法律规定终止或者当事人约定终止的其他情形。

4. 带押过户

《民法典》施行前，购房者需要贷款购置设有抵押的房产时，需要卖方首先还清房贷，再凭结清证明办理抵押注销登记后，买方才能向银行申请房贷预审批，通过预审后签订房屋买卖合同并备案，再到不动产登记机构办理转移登记与抵押登记，所需的时间周期和流程较长。当前，依据《民法典》规定，抵押期间抵押人可以转让抵押财产且抵押权不受影响，但应当及时通知抵押权人，当事人另有约定的，按照其约定。相比此前还清房贷才可解押、过户，"带押过户"针对欲上市交易且存在抵押的房产，原房主无需先行还贷或垫付，即可实现抵押变更、转移登记、新抵押设立与新贷款发放。因此，"带押过户"有助于减轻买卖双方资金筹措压力、降低交易成本，加快二手房交易速度。

当前，各地不动产登记和交易中心持续探索"带押过户"的业务模式与办理流程。以北京为例，北京银监局、央行营管部、北京市规自委、北京市住建委四部门联合发布《关于推进个人存量住房交易"带押过户"有关工作的通知》，明确提出办理二手房"带押过户"的四个必要条件：①北京市个人二手房交易；②买方必须是全款或者办理的是个人住房商贷购房；③卖方未结清的贷款必须是商贷，或是已经还清公积金贷款部分的组合贷；④所交易的住房在辖区内商业银行仅存一次有效抵押。据此推行了"带押过户"的办理流程：

（1）签订房屋买卖合同。买卖双方自行或在中介机构的居间服务下达成房屋买卖意向，签订房屋转让合同，约定同意"带押过户"。

（2）办理网签。买卖双方在北京市存量房交易服务平台办理房屋网签；

（3）向银行申请"带押过户"；

（4）办理"带押过户"登记手续。买卖双方及相关方在不动产登记中心办理"带押过户"登记手续；

（5）贷款发放及结清。银行对买方房贷进行发放，分别结清卖方原贷款及卖方实收款。

房地产经纪机构在提供经纪服务时，要主动向买卖双方介绍"带押过户"交易模式，并熟悉当地关于"带押过户"的相关规定与办理流程，有效防范"带押过户"风险。

【例题8-2】关于个人住房贷款代办合同的说法，错误的是（　　　）。

A. 是借款人委托房地产经纪机构代办住房贷款的服务合同

B. 是房地产经纪机构欲协助客户办理贷款时，必须签订的

C. 应明确约定经纪机构的服务内容和责任范围

D. 应承诺贷款能否获批、贷款额度、利率与代办期限

第二节　个人住房商业性贷款代办

个人住房商业性贷款（以下简称商业贷款）是指中国公民因购买商品房而向银行申请的，以其所购买的产权住房作为抵押向银行申请的住房商业性贷款。具体由购房者向贷款银行填报房屋抵押贷款申请并提供相关的合法证明文件，贷款银行经审查合格后向购房者承诺贷款，并根据购房者提供的房屋买卖合同与抵押贷款合同，办理房地产抵押登记和公证，在借款合同规定的期限内放款。本节分别介绍了商业贷款代办的接洽沟通阶段中拟定商业贷款方案的必要事宜，以及商业贷款代办阶段的一般通用流程，实操中应以当地相关政策为准。

一、沟通拟定贷款方案

（一）商业贷款对象资质

个人住房商业性贷款的申请对象必须是具有完全民事行为能力的自然人，而且必须同时具备以下条件：①具有城镇常住户口或有效居留身份；②有稳定的职

业和收入，信用良好，有偿还贷款本息的能力；③具有购买住房的合同或协议；④无住房补贴的以不低于所购住房全部价款的 30% 作为购房的首期付款，有住房补贴的以个人承担部分的 30% 作为购房的首期付款；⑤有贷款方认可的资产作为抵押或质押，或有足够代偿能力的单位或个人作为保证人；⑥贷款方规定的其他条件。

此外，银行为了有效防控贷款风险，通常会对申请贷款购房者的年龄、贷款期限予以限制，一旦超出年龄限制与期限设置，可能导致房贷申请失败。实操中，如果借款人年龄越大，还款年限则缩短，由此加大了贷款风险，如果借款人年龄太小，其收入可能尚不稳定，偿还能力将成为银行评估的重点。一般情况下，按照借款人年龄加贷款年限不得超过 70 岁来执行，具体以当地购房政策及贷款银行政策为准，银行规定商贷的借款人年龄在 18 周岁至 70 周岁之间，也有部分地区更为严格地要求不能超过 65 周岁。

（二）商业贷款额度

个人住房商业贷款额度是指购房者向银行或其他金融机构贷款的金额，影响商业贷款金额的主要因素有：①网签价格；②评估价格；③贷款成数。其中，网签价格是指网签合同上体现的房屋成交价格。评估价格是指房地产估价报告标明的价格。贷款成数是指所贷款的额度总额占整个抵押物价值的比例。一般情况下，新建商品房最高贷款额不超过购房总价的 80%，二手房住宅最高贷款额为网签价格与评估价格两者低值的 70%，需要注意的是各地、各时期贷款成数不尽相同，不同银行、不同套数商业贷款额度也有所浮动，应及时掌握当地及各银行的贷款政策，具体以所贷款银行的规定为准。由此，计算商业贷款额度的公式为：贷款金额＝网签价格与评估价格中的较小值×贷款成数。

实操中，房地产经纪机构协助购房客户拟定商业贷款额度时，要综合考虑首付款金额、房屋评估值、购房者还款能力、个人征信、房屋房龄等诸多因素，并注意以下事项：

（1）综合评估购房者的家庭经济实力，以此确定首付款与贷款比例。银行在发放贷款时，通常将偿还比率作为衡量贷款申请人偿债能力的一个指标，目前大多数银行都对个人住房抵押贷款规定了最高偿还比率，一般是 50%，即给予借款人的最高贷款金额不使其分期偿还额超过其家庭同期收入的 50%。由于银行审批的贷款额度通常是小于或等于申请的贷款额度，实操中要避免贷款额度不足而造成房屋买卖合同违约。

（2）合理预期家庭未来的收支状况及其可能的变化，预算购房者的还款能力，以谨慎制定贷款与还款计划。还贷能力系数是贷款本金与贷款者当月收入的比例，可以此计算购房者的还款能力，从而避免每月还款额占家庭收入比例过高而无力偿还房贷的风险发生。

（3）遵循首付款宽松原则，应提示购房客户切忌将所有资金都使用完，而应预留部分资金用于装修、家具购置、支付交易税费等。

（4）评估所购房产价值，避免因房龄太久、贷款额度不足而无法支付购房款、造成违约。

（三）商业贷款期限

商业贷款期限的确定要综合考虑房龄、借款人年龄与最长商业贷款年限三个主要因素：①房龄，一般情况下，要求房龄在 30 年以内，并同时满足"贷款年限＋房龄≤70 年"，需要注意不同银行的规定有差异，有的要求 50 年、55 年、60 年等，还有的银行规定房龄超过 20 年的房屋不予贷款，有的规定是 15 年甚至是 10 年。实操中，为防止贷款与放款跨年可能导致的房龄增加 1 年，建议房地产经纪机构代办商业贷款时，按照所贷银行规定的年限减去 1 年来执行；②借款人年龄，一般情况下，银行规定商业贷款借款人的年龄在 18 周岁至 70 周岁之间，也有部分地区更为严格地要求男性不能超过 65 周岁，女性不能超过 60 岁，并同时满足"贷款年限＋借款人年龄≤70 周岁"；③最长商业贷款年限不能超过 30 年。

房地产经纪机构协助客户拟定商业贷款期限时，在同时满足上述三个要求的情况下，应以贷款年限短的为准，并兼顾有关房龄、借款人年龄与最长商业贷款年限的规定，如住房的寿命越短，贷款期限会越短；借款人的年龄越大，贷款期限会越短，而且不同地区、不同银行有关个人住房商业贷款期限的规定是存在差异的，具体根据所贷银行的规定执行。此外，由于房贷期限直接影响到购房成本与还款压力，房地产经纪人员需要提示购房客户应根据自身情况（经济情况、职业规划及家庭规划等）进行综合考量，并兼顾到还款总额、还款周期、利率等诸多因素，从而确定合适的商业贷款期限。

（四）商业贷款利率

商业贷款利率的影响因素主要有以下三种：一是，中国人民银行的政策，自 2019 年 10 月 8 日起，新发放商业性个人住房贷款利率以最近一个月相应期限的贷款市场报价利率（LPR）为定价基准点形成，即 LPR 及加减点范围都是由中国人民银行统一规定的，各个商业银行执行时可以在一定的区间内自行浮动；二是，此次购房行为被认定为几套房，尤其在实行限贷政策的城市，首套房的利率最为优惠，二套房利率一般会上浮；三是，购房者的征信情况，个人征信较差的，如过去曾发生过还款逾期情况的，银行可能会提高贷款利率。根据以上情况，各地银行可以根据各省级市场利率定价自律机制确定的加点下限，结合本机构经营情况，自行确定房贷利率具体加点数值，经纪人员要熟悉当地各大银行的利率政策，向买方推荐利率优惠较大的银行。

由于房贷利率会跟随国家政策而变化，针对调息方式，每个银行对基础利率调整后执行新利率还款时间有不同的规定，如有的规定利率调整后的次年元月开始调息，有的规定利率调整后的次月调息，有的可以让借款者自行选择，还有的银行可以执行固定利率不变。经纪人员要将这些规定告知买方，由其自行决定选择满足其要求的银行。

（五）商业贷款还款方式

不同的还款方式对借款人借款后的现金流要求不尽相同，常见的还款方式有等额本息与等额本金两种。

（1）等额本息是指每月以相等的还本付息数额偿还贷款本息，即每月偿还的本金与利息之和不变，但本金与利息比例是变化的。因此，等额本息每月等额还款，便于客户做出预算，每月还款额中本金所占比例逐月递增，利息所占比例逐月递减，即还款前期所还的利息比例大、本金比例小，还款期限过半后逐步转为本金比例大、利息比例小。此种还款方式所还的利息较高，但前期还款压力较小。

（2）等额本金是指每月还款的本金一样，即借款人每月按相等的金额（贷款金额/贷款月数）偿还贷款本金，每月贷款利息按月初剩余贷款本金计算并逐月结清，两者合计即为每月的还款额。等额本金每月还款额递减，故初期的还款压力较大，等额本金的还款总额低于等额本息的还款总额。

房地产经纪人员在帮助客户拟定还款方案时，需要关注银行还贷的相关规定，有的银行规定只能采用等额本金或只能采用等额本息方式还款，有的银行则规定可由借款人自主选择还款方式，经纪人员要建议客户选择满足其要求的银行。而且，有的银行规定借款人提前还贷要收取违约金，有的规定要还款满1年才能申请提前还贷，经纪人员要熟悉各银行的规定，向买方推荐同等条件下对其提前还贷约束较小的银行。而且，房地产经纪人员应兼顾到客户的储蓄、收入水平、家庭开支以及家庭理财状况，并向借款人介绍等额本金和等额本息两种还贷方式的区别，为贷款客户提供参考意见。但是，最终还贷方式一般由借款客户自己选择。

【例题8-3】张某欲申请商业贷款购置一套网签价格为100万元的二手房，银行委托的估价机构给出此房源的评估价格为80万，一般情况下，张某可以申请的最高贷款额度是（　　）万元。

A. 56 　　　　　　　　　　　　 B. 64

C. 70 　　　　　　　　　　　　 D. 80

二、协助办理商业贷款的相关手续

（一）商业贷款的办理程序

1. 贷款资格预审

买卖双方达成房产购买意向以后，借款人（购房者）可以向所选定的贷款银行提出购房贷款申请，并递交相关贷款申请资料，银行受理借款人申请后，主要核实房屋的情况与借款人的资质信用情况等，包括民事主体资格、资信状况、还款能力等，以确定其是否符合规定条件。具体提交的贷款申请资料有：①《个人住房贷款申请表》；②借款人的身份证、户口本、结婚证原件以及复印件，外地户籍需要提供暂住证或者居住证；③购房合同或购房意向书等其他证明文件；④借款人以及共同借款人职业收入证明；⑤资信证明原件；⑥贷款银行要求的其他证明材料。

2. 签署买卖合同

银行审批通过后出具《银行贷款承诺书》等证明文件，借款人凭此证明与卖方签订正式购房合同，以明确贷款金额与付款方式，并完成网签备案。

3. 面签与签订贷款合同

借款人（连同共同还款人或担保人）持有效证件原件、印章及贷款所需费用，到贷款银行办理贷款手续，并进行面谈、签名与缴纳相关费用。银行面签的流程一般包括预约面签、准备资料、面签确认等步骤，借款人需要提前预约面签时间和地点，并仔细查看银行要求提供的资料与审核标准，提前准备齐全。面签时，主借款人必须亲自办理不可以公证委托他人办理，其中，二手房商业贷款面签时，买卖双方必须亲自到场，当业主方为多人时，需要全部业主及配偶到场，若不到场，需出具公证委托书。面签时银行会核对购房合同中写明的买卖双方的姓名、住所、联系方式等基本情况，并查看借款人提交的申请材料是否填写完整，身份证照片与本人是否一致，签名是否一样等。

面签后可以查看审核结果，贷款审批通过后，借款人可以与银行签订相关贷款合同，如《住房抵押借款合同》，该合同主要包括抵押合同和借款合同两部分，并办理有关担保手续。在签订贷款合同、办理担保手续的时候一定要提示购房客户详细了解合同细则，明确自己的权利和义务，以免发生误会。

4. 办理房地产抵押登记

抵押当事人（借款人和银行）到房地产所在地的房地产管理部门提出登记办

理申请，并提交登记材料。一般情况下，登记机关在受理登记之日起 7 日内决定是否予以登记，银行取得不动产登记证明。

5. 银行放款

贷款银行将贷款资金直接划入指定的房地产开发企业在贷款银行开立的存款账户，或先划入"房地产交易资金专用账户"，符合资金划转条件后再划至卖方在银行开立的存款账户。

（二）商业贷款的办理流程

一般而言，商业贷款的办理流程具体如图 8-1 所示。实操中，网签和评估没有先后顺序，签署买卖合同后即可预约评估。

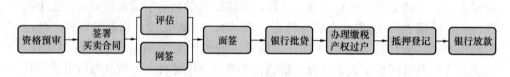

图 8-1　个人住房商业性贷款一般流程图

【例题 8-4】房地产经纪人员代办商业房贷面签时，下列提示客户的事项中，正确的有（　　）。

A. 应携带有效证件原件、印章及贷款所需费用

B. 按经办银行要求准备好审核材料

C. 借款人无法亲自办理的，应出具委托授权书

D. 提前预约面签时间和地点

E. 房屋交易的卖方需要到场

第三节　住房公积金贷款代办

住房公积金是指企事业等单位及其在职职工缴存的长期住房储金，不论职工自己缴存的或所在单位为其缴存的，住房公积金的所有权均归职工个人。缴存职工购买、建造、翻建、大修自住住房的，可以申请住房公积金贷款。住房公积金贷款是指各地住房公积金管理中心统筹运用所在城市缴存职工及其所在单位缴纳的住房公积金基金，委托商业银行向缴存对象发放的个人住房抵押贷款。作为政策性的个人住房贷款，住房公积金贷款利率低于同期个人住房商业性贷款利率，并按中国人民银行规定的公积金个人住房贷款利率执行，贷款最高额度和贷款具体条件由各设区城市住房公积金管理委员会确定。本节分别介绍了公积金贷款代

办的接洽沟通阶段中拟定贷款方案的必要事宜，以及公积金贷款代办阶段的一般通用流程，实操中应以当地相关政策为准。

一、沟通拟定贷款方案

（一）公积金贷款对象资质

只有缴存了住房公积金的职工（含离退休职工）才有资格申请住房公积金贷款。按照现行有关规定，公积金贷款申请人还应同时满足以下条件：①连续、足额缴存住房公积金6个月（含）以上（从申请日开始向前推算6个月）；②账户处于正常缴存状态；③以申请人家庭为单位，无未结清的公积金贷款与政策性贴息贷款；④申请人具有较稳定的经济收入和偿还贷款的能力。

（二）公积金贷款额度

按照《住房公积金管理条例》相关规定，由当地住房公积金管理委员会确定住房公积金的最高贷款额度。公积金贷款额度的主要影响因素包括所购住房价值、还贷能力、缴存余额、缴存时间、贷款最高限额的相关规定等，由于各地公积金管理中心对贷款额度的规定存在差异，具体以各地住房公积金管理中心的规定为准。

以北京为例，按现行贷款政策，已婚应以家庭为单位申请贷款，且贷款额度以夫妻中较高的一方为准。北京市首套住房个人住房公积金最高可贷120万元，二套住房最高额度是60万元，若从首都功能核心区或中心城区外迁购房，贷款额度还可以上浮10~20万元。在确定借款申请人的公积金贷款额度时，主要根据最低首付款比例、最高可贷款额度、贷款期限、公积金缴存年限、还款能力这五个因素：①拟申请贷款额度及需支付的首付款金额应符合北京住房公积金管理中心关于最低首付款比例、最高可贷款额度的政策要求；②拟申请贷款期限应符合北京住房公积金管理中心关于贷款期限的政策要求；③目前每缴存一年可贷10万元，不足一年的按一年计算；④在保证借款申请人基本生活费用的前提下，按等额本息还款法计算的月均还款额不得超过申请人月收入60%；⑤购买二手住房申请住房公积金贷款的，贷款额度不能超过二手住房最高可抵押价值。

（三）公积金贷款期限

公积金贷款期限最长不超过30年，一般情况下，公积金贷款期限主要与所购房屋类型、房龄、申请人及配偶年龄等有关，取三者的最低值作为最终贷款年限。①购买普通商品房、限价商品房、定向销售（安置）经济适用住房的，一般公积金贷款期限不得超过30年；购买私产住房的，不得超过20年；购买公有现住房或在农村集体土地上建造、翻建、大修自有住房的，不得超过10年；

②"房龄＋贷款年限≤50年",不同地区对二手房公积金贷款房龄的要求存在差异,有的地区要求贷款年限与房龄之和不得超过40年,并提出贷款终止日期不能大于存量房土地使用终止日期等限制,具体以当地公积金住房管理委员会政策为准。③公积金贷款到期日不超过借款申请人(含共同申请人)法定退休时间后5年,即"贷款年限＋借款人年龄≤退休年龄后5年",一般情况下,退休年龄按照女性55岁、男性60岁来计算,国家另有规定的,退休年龄按其规定执行但最高不得超过65周岁。

(四)公积金贷款利率

公积金贷款利率由中国人民银行调整并发布,全国施行统一的住房公积金贷款利率,具体按照国家有关规定执行,贷款期限在1年以内的,实行合同利率,遇法定利率调整,不分段计息;贷款期限在1年以上的,遇法定利率调整,于下年年初开始,按相应利率档次执行新的利率。2022年10月1日人民银行下调首套个人住房公积金贷款利率,5年以下(含5年)和5年以上利率分别调整为2.6％和3.1％。第二套个人住房公积金贷款利率政策保持不变,即5年以下(含5年)和5年以上利率分别不低于3.025％和3.575％,自2023年1月1日起执行新的利率标准。而且,由于公积金贷款执行的是央行贷款基准利率,只有央行调低了贷款基准利率,公积金贷款才会于次年1月1日开始执行调低后的新利率,目前仅个人住房商业性贷款利率参照LPR最新利率执行,公积金贷款利率暂不调整。

【例题8-5】关于住房公积金贷款的说法,错误的有(　　)。

A. 各设区城市施行的公积金贷款利率可能存在差异

B. 住房公积金需专款专用,不能用于自建房屋

C. 已退休人员无法申请公积金贷款

D. 各地公积金管理中心对贷款额度的规定存在差异

E. 公积金贷款期限最长不超过30年

二、协助办理公积金贷款的相关手续

(一)公积金贷款的办理程序

1. 贷款资格预审

购房者在选择公积金贷款买房前,房地产经纪机构应协助客户评估其是否具有公积金贷款资格。首先,需要满足当地公积金政策规定的贷款对象条件,并审核购房者的个人信用记录。此外,协助客户查询贷款额度,购房者可以在当地公积金管理中心查询自己的公积金贷款额度。根据规定,贷款额度通常是按照购房

者公积金缴存年限和月缴存金额的一定比例确定的，具体以当地公积金管理中心的相关规定为准。

2. 签署买卖合同

一般情况下，申请公积金贷款前需要签订购房合同，并按照约定支付购房定金或首付款，购房合同应明确公积金贷款的使用方式。

3. 提出贷款申请

借款人（购房者）需要向当地公积金管理中心提出贷款申请，填写住房公积金贷款申请表，并按当地《住房公积金个人住房抵押贷款实施办法》的规定提交有关材料，一般情况下，需要提交如下材料：①申请人及配偶住房公积金缴存证明；②申请人及配偶身份证明（指居民身份证、常住户口簿和其他有效居留证件），婚姻状况证明文件；③家庭稳定经济收入证明及其他对还款能力有影响的债权债务证明；④购买住房的合同、协议、个人购房缴款凭证等有效证明文件；⑤用于担保的抵押物、质物清单、权属证明以及有处置权人同意抵押、质押的证明，有关部门出具的抵押物估价证明；⑥公积金中心要求由第三方担保人作担保，并缴纳担保费用，由借款人、贷款人及第三方担保人共同签订三方合同；⑦公积金中心要求提供的其他资料。公积金管理中心审核申请资料后，根据借款人的信用记录和贷款额度进行贷款审批。

4. 面签借款、抵押合同

通过贷款审批后，购房者（买方借款人、共同借款人、产权共有人及配偶）需要持有效证件到公积金管理中心现场签订借款合同、抵押合同。一般情况下，待借款合同交接到各设区城市住房公积金管理中心后，通常以微信或短信的方式通知购房者，收到通知后买方就可以办理申税过户等手续。

5. 办理过户及抵押登记

购房者提前预约卖方后，买卖双方共同前往房产交易中心办理缴税、房屋产权过户与抵押登记等手续。借款申请人和共同申请人办妥抵押登记后，将不动产登记证明提交给公积金贷款受托银行。

6. 贷款发放

公积金管理中心一般会委托银行发放贷款资金。其中，二手房贷款通常是在房屋抵押登记办理完毕后，受委托银行按照公积金管理中心规定办理贷款发放手续，将贷款划入售房人名下银行账户，新建商品房贷款通常是在借款人完成借款合同签约后，受委托银行按照公积金管理中心规定办理贷款发放手续，将贷款划入房地产开发企业名下银行账户。此后，银行根据借款人提供的联系电话和地址通知领取或邮寄借款合同等个人资料，借款人收到个人资料后，按照借款合同约定的还款日按期足额还款。

（二）公积金贷款的办理流程

现行住房公积金贷款审批制度沿用了银行贷款审批流程的基本环节，并增加了住房公积金政策性审批环节，具体涉及确定贷款资格、查询贷款额度、签订购房合同、办理贷款申请、签订贷款合同、办理过户手续、支付首付款、购房贷款放款等步骤。一般而言，公积金贷款的办理流程具体如图 8-2 所示。实操中，住房公积金贷款主要分为国管公积金、市管公积金、省直公积金、市直公积金与中直公积金等类型，而且现阶段各地住房公积金管理中心都是属地化管理，因此不同类型、不同地区住房公积金管理中心对于公积金贷款的条件、流程等规定存在差异，房地产经纪人员要熟悉当地住房公积金的政策要求，据此协助购房客户办理贷款事项。

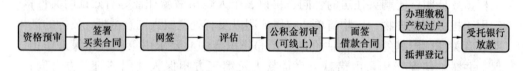

图 8-2 公积金贷款一般流程图

与此同时，随着很多地方政府建立了互联网电子政务平台，大多城市推行了公积金业务网上办理服务，通过线上预约、线上预审、线上咨询等服务，促使借款申请人明确所应携带的申报资料，并提高了申报资料的准确性与完整性，提高了一次性审批通过率。但现阶段主要提供线上住房公积金申请服务，只需要搜索"对应城市名称＋住房公积金管理中心"即可，以北京市住房公积金管理中心为例，申请人可以在公积金中心管理网站上传相关文件提交贷款申请进行公积金初审。

【例题 8-6】下列个人资料中，买方客户申请住房公积金贷款时无须提供的是（   ）。

A. 居民身份证　　　　　　　　　　B. 婚姻状况证明

C. 户口簿　　　　　　　　　　　　D. 工作证

第四节　个人住房组合贷款代办

个人住房组合贷款是指以住房公积金贷款和信贷资金为来源向同一借款人发放的用于购买自用普通住房的贷款，是指住房公积金贷款和住房商业性贷款。组合贷款面向同时符合住房公积金贷款和个人住房商业贷款条件的借款人，一般是在拟贷款金额超过规定的公积金贷款额度上限时所采用的贷款方式。实操中，普遍来看商业贷款门槛低但利率较高，公积金贷款利率低却有额度限制，因此，个人住房组合贷款可以弥补其不足，成为贷款购房的主要形式之一。本节分别介绍了组合贷款代办的接洽沟通阶段中拟定贷款方案的必要事宜，以及组合贷款代办阶段的一般通用流程，实操中应以当地相关政策为准。

一、沟通拟定贷款方案

（一）组合贷款对象资质

申请个人住房组合贷款时，需同时满足住房公积金贷款与个人住房商业性贷款的条件，并要求组合贷款的借款人必须是同一人。此外，借款人需要在同一家商业银行办理，不能选择多家银行办理组合贷款，通常到公积金管理中心指定的银行办理，具体以当地公积金管理规则为准。虽然公积金贷款由公积金管理中心审批，商业贷款由银行审批，但是公积金贷款通常是公积金管理中心委托给银行（此银行简称为"受托银行"）放款，且需要使用同一套住房作为抵押物，因此，办理公积金贷款和商业贷款的银行应为同一家银行。

房地产经纪人员协助购房者确定其是否具备组合贷款资格时，还需告知购房者以下事项：

（1）重点审核借款人是否具有良好的还款能力、信用状况和住房公积金正常缴存记录等，原则上两笔贷款的月还款额相加不能超过该职工家庭月收入的50%～60%。

（2）组合贷款中的公积金贷款和商业贷款须在同一家商业银行办理。

（3）须同时满足公积金贷款和商业贷款的首付、利率等要求。

（4）购房者使用组合贷款买房的，公积金贷款与商业贷款的利率分开计算。

（5）组合贷款提前还款的，分别按照公积金贷款与商业贷款提前还款的相关规定执行。

（二）组合贷款额度

组合贷款额度由公积金贷款金额和商业贷款金额组成，一般情况下，根据本人住房公积金月缴存额核定出住房公积金贷款的可申请额度，其剩余款项再申请个人商业贷款。在个人住房贷款中，优先推荐使用公积金贷款，公积金贷款不足的部分使用商业贷款补足。组合贷款额度占所购房产总价的比例不得超过商业银行个人住房贷款最高比例，即，组合贷款总额度＝网签价格与评估价格中的较小值×贷款成数，贷款成数通常为65%～80%，具体以当地商业贷款政策为准。其中，住房公积金贷款金额不得超过公积金贷款的最高限额，商业贷款额度等于组合贷款额度减去公积金最高可贷额度，因各地住房公积金管理中心所规定的公积金贷款限额存在差异，具体以当地住房公积金管理中心的相关规定为准。

以上海为例，上海公积金贷款最高额度为 60 万元，当购房款为 100 万元时，首付 30％后，仍有 70 万元需要贷款，则需通过商业贷款申请 10 万元贷款才能满足购房需求，此时，组合贷款的最高额度是房价的 70％。

（三）组合贷款期限

组合贷款年限须同时符合公积金管理中心与商业银行的规定，并按照从严原则取公积金贷款和商贷年限低值而确定。实操中，组合贷款期限一般执行公积金贷款政策规定，最长为 30 年，且不得超过借款人办理贷款时至国家法定退休年龄后 5 年，为确保公积金贷款和商业贷款抵押物的抵押期限一致，公积金贷款和商业贷款的期限应相同。由于组合贷款中的公积金贷款和商业贷款二者设定的是同一抵押物（即借款人欲购买的房子），贷款年限届满，借款人未还清贷款的，承办银行将申请对设定抵押物进行处置，若二者设定的期限不一致，将导致"一种贷款到期，而另一种贷款未到期"的问题，造成银行难以处置抵押物。

（四）组合贷款利率

组合贷款利率中每种贷款方式按各自利率水平计息，其中的公积金贷款额度按照公积金贷款利率计息，商业贷款额度按照商贷利率计息。组合贷款利率受到不同种贷款利率水平、各自贷款金额与两者之间贷款比例的综合影响。一般情况下，商业贷款的利率比公积金贷款的利率要高一些，因此商业贷款所占比例越大，组合贷款利率也越高。还需要注意，不同银行的组合贷款利率存在一定的差异，实操中，虽然商业银行实行的贷款利率依据央行统一发布的"基准利率"水平，但具体的贷款政策法规是不同的，如，限购城市的首套、二套认定及其利率浮动水平等，具体贷款额度，利率优惠政策等，也会综合考虑借款人的具体情况而确定。

（五）组合贷款还款方式

组合贷款还款方式有三种：自由还款、商业银行认可的还款和按月转账还款代扣业务。在组合贷款中，一般设立两个独立账户分开还款，公积金贷款部分采用自由还款的方式，即每月设定一个最低还款额，以后月供不得少于此数额。若公积金账户的余额较多，可以签订按月转账还款代扣业务，即，每月还款时首先通过公积金账户转账偿还，账户金额不足时通过委托扣款卡扣除。商业贷款通常按月自动扣除所绑定的还款账户里的钱。一旦组合贷款中公积金贷款部分和商业贷款部分出现逾期扣款，按照公积金管理中心、商业银行的各自规定和标准执行。

【例题 8-7】 购买二手房的客户申请组合贷款的最高年限是(　　)年。

A. 20   B. 25

C. 30   D. 40

二、协助办理组合贷款的相关手续

（一）组合贷款的办理程序

1. 提出贷款申请

借款人应分别向当地住房公积金管理中心和商业银行提出书面贷款申请，填写"个人住房公积金贷款（组合）贷款申请书"，并提交有关资料，涉及的公积金贷款材料及商贷材料均需准备，主要包括个人资料、还款能力证明、购房合同正本以及首付款收据、抵押物评估等。公积金管理中心受理、审核后，作出准予或不予贷款的决定，准予贷款的，经初步测算、确定公积金贷款的金额、期限、还款方式等，出具《商品房组合贷款联系单》，之后，借款人可以向银行申请组合贷款。商业银行根据《商品房组合贷款联系单》和借款人提供的资料，确定商业贷款的金额、期限、还款方式等，并将审核结论填入《商品房组合贷款联系单》，由借款人携带其中的一联转交公积金中心办理公积金贷款。

2. 面签借款、抵押合同

公积金贷款通过审批后，公积金管理部门打印《签订合同通知单》，并将有关手续移交商业银行，借款人与受托商业银行分别签订住房公积金和商业性个人住房贷款的借款合同、办理抵押登记等手续。待银行通过商业贷款审批后，一般情况下，由商业银行负责通知借款人分别签订《住房公积金借款合同》《商业银行个人住房贷款借款合同》和《抵押保证合同》等相关合同文本。需要注意由于组合贷款中的公积金贷款属于委托贷款，《住房公积金借款合同》应由公积金中心、商业银行与借款人共同签订，《商业银行个人住房贷款借款合同》应由商业银行与借款人签订。

3. 办理过户、抵押与保险

签订借款合同、抵押合同后，借款人应根据国家和当地的法律法规办理过户手续，之后，借款人、抵押人（或售房单位）和商业银行凭《借款合同》等相关资料到不动产管理部门办理房产抵押登记手续，不动产管理部门出具的房屋《不动产登记证明》（预告登记）原件交由商业银行管理，复印件交由公积金中心保存。

4. 贷款发放

办理相关手续后，由公积金管理中心和商业银行联合发放贷款，将贷款一次性或分批划到售房产权人（或开发企业）在贷款银行开立的存款账户内，分别按照各自《借款合同》约定的金额、期限和利率计收本息。

（二）组合贷款的办理流程

申请组合贷款时，客户首先向当地住房公积金管理中心提出贷款申请，其初审手续与公积金贷款相同。公积金管理中心对购房者贷款资格进行审核，并初步核定其贷款额度和期限等，随后，由受托银行展开调查，组合贷款申请由经办银行主管机构审批通过后，由公积金管理中心签发委托贷款通知单。受托银行在接到通知单后，与客户签订借款合同，办理抵押、担保手续，然后，公积金管理中心将资金划入银行的住房委托贷款基金账户，再由受托银行将委托资金和银行贷款资金一并划入售房者（或开发企业）的账户中。一般而言，组合贷款的办理流程具体如图8-3所示。

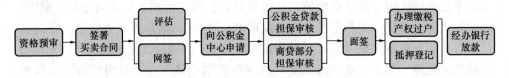

图 8-3 办理组合贷款一般流程图

【例题 8-8】关于办理个人住房组合贷款相关手续的说法，正确的有（   ）。

A. 必须在公积金管理中心指定的银行办理

B. 由受托银行初审购房者的贷款资格

C. 《住房公积金借款合同》由公积金管理中心与购房者签订即可

D. 《不动产登记证明》原件需交给受托银行留存

E. 经办银行放款时将贷款发放给卖方账户

复 习 思 考 题

1. 个人住房抵押贷款代办服务的内涵是怎样的？

2. 个人住房抵押贷款代办服务包括哪些内容？

3. 个人住房贷款商业性贷款的对象、额度、期限等有何要求？

4. 代办个人住房商业性贷款的流程如何？

5. 个人住房公积金贷款的对象、额度、期限等有何要求?

6. 代办个人住房公积金贷款的流程如何?

7. 个人住房组合贷款的对象、额度、期限等有何要求?

8. 代办个人住房组合贷款的流程如何?

第九章　房地产经纪服务礼仪

礼仪是气质、风度、修养的完美展现。礼仪是礼节和仪式的统称，是指人们在各种社会交往中，用以美化自身、尊重他人的约定俗成的行为规范和程序。服务礼仪有助于塑造个人美好形象，创造沟通先机，提升服务价值，是服务行业从业人员必备的素质和能力要求。房地产经纪服务涉及与客户交往、沟通，协助其达成房产交易等过程，因此，对于房地产经纪人员来说，认识到服务礼仪的重要性，掌握人际交往的各种礼仪，并把这些礼仪体现在房地产经纪服务的全过程，是其应具备的基本素质，也是打造良好职业印象、获得客户信任、提升自身工作业绩的重要保证。

第一节　房地产经纪服务礼仪的含义和作用

一、房地产经纪服务礼仪的含义

（一）礼仪

礼是礼貌、礼节，是一种要求；仪是仪表、仪态，是一种约定俗成的秩序。合二为一，礼仪是人际交往中体现出来的人们之间互相尊重的意愿，即与人交往的程序、方式及实施交往行为时的语言、仪容、仪态、风度等外在表象方面的规范。

从适用对象和适用范围来看，礼仪大致可以分为政务礼仪、商务礼仪、服务礼仪、社交礼仪和涉外礼仪等。

政务礼仪是指国家公务员在行使国家权力和管理职能所必须遵循的礼仪规范。

商务礼仪是指在商务活动中体现相互尊重的行为准则。商务礼仪的核心是一种行为的准则，用来约束我们日常商务活动的方方面面。

服务礼仪是指服务人员在工作岗位上，通过言谈、举止、行为等，对客户表示尊重和友好的行为规范和惯例，是服务行业的从业人员应具备的基本素质和应遵守的行为规范。

社交礼仪是指在人际社会交往中，用于表示尊重、亲善和友好的首选行为规范及惯用形式，是人们在人际交往过程中所应具备的基本素质与交际能力等。社交礼仪在当今社会人际交往中发挥的作用愈显重要。

涉外礼仪是指在长期的国际往来中，逐步形成的外事礼仪规范，即人们参与国际交往所要遵守的惯例。它强调交往中的规范性、对象性、技巧性。

（二）房地产经纪服务礼仪

房地产经纪服务礼仪是指房地产经纪人员在房地产经纪活动过程中应具备的基本素质以及适用的服务规范和行为准则，简单地说，是房地产经纪人员在工作场合使用的礼仪规范与工作艺术，可以彰显经纪服务的具体过程和方式，使无形的服务有形化、规范化、系统化。在某种程度上，房地产经纪服务礼仪可以被解读为房地产经纪人员自律的行为，是个人修养与职业素养的重要体现。结合房地产经纪人员的职业特点，在本章中将房地产经纪服务礼仪分为职业形象礼仪、岗位礼仪和沟通礼仪三部分：其中职业形象礼仪包括仪容、仪表、仪态礼仪等；岗位礼仪包括日常、接待、带看、洽谈和送别礼仪等；沟通礼仪包括倾听、面谈、电话、网络礼仪等。

二、房地产经纪服务礼仪的作用

在房地产经纪服务过程中，有形、规范、系统的服务礼仪，不仅能够塑造房地产经纪人员专业化的职业形象，同时有助于树立房地产经纪机构的良好企业形象与品牌声誉，还可以创设良好的沟通先机和融洽的沟通氛围，让房地产经纪人员在与客户交往中赢得好感、理解和信任，进而提升客户的满意度、服务价值和企业的整体竞争力。总的来说，房地产经纪服务礼仪有以下作用。

（一）塑造良好的职业形象及企业形象

职业形象是社会公众对从业者的着装、气质、言谈、举止、能力、人格等方面形成的综合印象。房地产经纪人员通过其仪容、仪表、仪态的有形化展示可以确立"强调专业、认识自我、扬长避短、展现修养"的形象定位，在客户心目中塑造良好的职业形象，从而获得客户的尊重、好感和信任。而房地产经纪人员作为其所在房地产经纪机构的代言人，其职业形象既构成又反映了企业的整体形象，个人良好的职业形象，也有助于企业整体形象的提升。

（二）创设良好的沟通先机和沟通氛围

心理学中的"首因效应"，揭示了交往双方初次接触所形成的第一印象对今后交往的影响。而人们对于某人的第一印象，主要来自交往之初获得的有关仪容、仪表、仪态及语言等重要信息，这些信息是制约人们第一印象形成的重要因素。房地产经纪人员给客户留下良好的第一印象，有助于拉近彼此的距离，创造进一步沟通的条件；同时，房地产经纪人员通过柔和、平视的目光和神态自然、热情适度的微笑，让客户感受到被尊重的服务，为彼此创造一个良好的沟通氛围，并在此基础上逐步建立信任，为后续业务的开展奠定良好的基础。

（三）提升服务价值与企业竞争优势

房地产经纪人员的职业形象与企业形象都是房地产经纪机构的无形资产，有助于提升企业服务价值。房地产经纪人员以良好的礼仪接待每一位客户，使客户感到受重视、受尊重，从而提高客户的体验感和满意度，并由此提升服务价值。而较高的服务价值是房地产经纪机构在日益激烈的市场竞争中，留住老客户并拓展新客户，不断扩大市场占有率的基础。市场的竞争是客户的竞争，服务礼仪能让房地产经纪人员获得并发展更多的忠诚客户，从而提高企业的整体竞争优势。

第二节　房地产经纪人员的职业形象礼仪

房地产经纪人员的职业形象是指在客户大脑中形成的对经纪人员仪容、仪表、仪态等的整体印象。根据房地产经纪服务的特点，将房地产经纪人员的职业形象定位为"强调专业、认识自己、扬长避短、展现修养"。房地产经纪服务是与人打交道的工作，在房地产经纪服务过程中，房地产经纪人员的外在形象和言谈举止会影响到客户对房地产经纪机构以及房源的选择，如有些客户可能会出于对某一房地产经纪人员的好感、信任和尊重而选择接受其服务和推荐的房源。因此，房地产经纪人员必须注重在仪容、仪表、仪态等方面塑造良好的职业形象。

一、仪容礼仪

仪容即容貌，通常是指人的外观、外貌。仪容能够反映一个人的精神状态和礼仪素养，引发人际交往的"首因效应"。"首因效应"是指最初接触到的信息所形成的第一印象会对今后交往关系产生影响，将影响到对方对自己的整体评价以及双方交往关系的走向。因此，房地产经纪人员的仪容是给客户留下的第一印象，也是客户以后对其进行认知与评价的重要依据。房地产经纪人员必须从细微处着手，通过保持仪容的洁净、健康、自然、端庄，给每个初次接触的客户留下良好的第一印象，从而较快地获得客户的好感与信任。

（一）仪容礼仪的基本要求

房地产经纪人员仪容的总体要求是美观、整洁、卫生、得体。

（1）头发要梳理整齐，保持清洁无头屑；女士长发过肩宜束起马尾或盘发鬓，前刘海不遮眉毛；男士头发要常修剪，发脚长度应以"前不覆盖额头，侧不盖耳部和后不触及衣领"为标准。

（2）男士不留胡须，保持无明显胡茬；经常留意及修剪鼻毛，使其不外露。

（3）注重口腔清洁，保持口气清新。

（4）女士化妆以淡雅为原则，粉底均匀，与肤色协调；眼影、眼线不宜过重；眉型自然；胭脂以较淡和弥补脸型为宜。

（5）定期修剪指甲，长度仅能遮盖指尖为宜；保持指甲干净。

（二）仪容中的常见问题

（1）头发凌乱，沾着头屑，发型另类；男士烫发或光头，女士头发颜色夸张。

（2）男士脸上胡茬明显，鼻毛外露。

（3）上班前饮酒及含酒精的饮料，吃有异味的食物，牙齿有明显残留物。

（4）女士浓妆艳抹，使用香味过浓的化妆品和香水。

（5）指甲过长或指甲缝里有污垢，指甲上有吸烟留下的污渍，女士指甲涂夸张的颜色。

二、仪表礼仪

仪表是仪容的一种外在表现，包含外表的装饰、服饰等。仪表礼仪的核心是通过规范、得体的着装，使其仪表与年龄、体形、职业和所处场合保持和谐，给人以美感，进而增进相互好感。仪表礼仪也是影响第一印象形成的重要因素之一。房地产经纪人员在日常工作中，要重视自己的仪表礼仪，做到着装规范、得体，以展现敬业、专业的职业风范，给客户留下良好的第一印象。

（一）仪表礼仪的基本要求

房地产经纪人员仪表礼仪的总体要求：穿着公司统一规定的制服或正装西服套装，西装剪裁合体，干净整洁；应按照工作单位的要求，佩戴经由单位统一制作的标志牌，以便客户识别；佩戴饰物遵守"以少为佳"的原则。

1. 男士着装

（1）西装要剪裁合体，整洁笔挺；西装上衣不宜过长或过短，一般以盖住臀部为宜；西裤要有裤线，裤长要盖住皮鞋表面；西装上衣与西裤的口袋原则上不应装物品。

（2）西装扣子系法，单排两粒扣式的上衣，讲究"扣上不扣下"，即只扣上面一粒，或全部不扣；单排三粒扣式的上衣，扣上面两粒或中间一粒，不可全扣；双排扣上衣的扣子必须全部扣上。

（3）正装衬衫为长袖，颜色为单色，以浅色为主，白色为首选；衬衫袖口一般最多到手腕2cm，且要露出西服袖口3～5cm，并扣上纽扣。

（4）系领带时应扣好衬衫领口的纽扣；领带的颜色、图案应与西服相协调，领带的长度以触及皮带扣为宜；领带夹应夹在衬衣第四、第五粒纽扣之间。

（5）穿西服时应穿皮鞋，皮鞋要保持干净无尘、光亮；皮鞋颜色以黑色系为主；应穿深色无鲜艳花纹的袜子，且袜子长度以落座后不露袜口为宜。

（6）腰带颜色以黑色为主，与皮鞋颜色相统一；腰带扣不适用夸张造型和鲜艳颜色。

（7）西装应搭配公文包，公文包颜色可以与腰带、皮鞋同色；公文包款式应商务正式，以手提的长方形为首选。

2. 女士着装

（1）服装色彩以黑色、藏青色、灰褐色、灰色和暗红色等为宜；职业套裙中裙子的适宜的长度为：不短于膝盖以上3cm、不长于膝盖以下5cm；西装上衣的口袋原则上不应装东西，装饰以少为宜。

（2）单排扣西服上衣可以不系扣，双排扣西服上衣一定要系扣。

（3）穿面料较为单薄的裙子时，应着衬裙，并注意把衬裙拉平。

（4）衬衫以单色为最佳之选，衬衫下摆应掖入裤腰或裙腰之内，衬衫纽扣除最上面一粒可不系外，其他纽扣均应系好。

（5）穿西服时应穿简洁船型皮鞋，皮鞋要保持干净、光亮；穿西服套裙通常要配肉色、黑色长筒袜或连裤袜。

（6）搭配丝巾需干净且平整，丝巾的颜色、图案和质地要符合套裙颜色和质地，丝巾系法可根据工作单位要求执行。

（7）工作场合可使用颜色较暗、形状较方正的手提公文包。

3. 标志牌佩戴

（1）应注意将标志牌佩戴于规定的位置，并保持干净整洁、完好无缺。

（2）佩戴挂绳式标志牌时，应注意使其正面朝外。

（3）佩戴别针式、扣式标志牌时，应佩戴在外衣左胸中间位置，如党徽与标志牌同时佩戴，应将党徽置于标志牌之上。

4. 配饰选择

（1）项链。女士允许佩戴项链，但应选择质地较轻、体积较小的金属项链；男士不宜佩戴项链，即使因为特殊原因佩戴，也要藏于衣间，不允许显露在外。

（2）戒指。戒指戴在不同的手指上会传递不同的信息。职场男女戒指一般戴在左手，数量不允许超过两枚，且不得佩戴夸张款式。

（3）手表。在职业场合佩戴手表通常意味着时间观念强、作风严谨，也是地位、身份、财富状况的体现。工作中佩戴的手表，造型上要庄重、保守。

（4）眼镜。框架眼镜的镜架颜色应为黑色或金属色，款式可以为全边、半边或无边，形状为普通方框；隐形眼镜不能佩戴彩色隐形眼镜（美瞳）。

（5）其他配饰。在室内不允许戴帽子；男士原则上不允许佩戴耳钉；女士在工作中最多只能同时佩戴项链、耳饰（耳环和耳钉）、手镯（含手链、手串）和戒指中的两种，且手镯、手链、手串最多只能佩戴一种，切忌夸张款式；

（二）仪表中的常见问题

（1）穿西装时没有拆掉袖子上的商标。

（2）上装下装搭配出现颜色冲突、艳丽或超出三种，且图案不协调、面料不同质；服装脏、有污渍、有异味、褶皱。

（3）服装过大或过小；口袋中因放入东西太多而突起；各类内衣露在制服外。

（4）男士穿西装配尼龙丝袜或白色袜子；女士着西服裙时不穿衬裙，光腿或把健美裤、九分裤当成袜子来穿。

（5）衬衫款式奇特个性，衬衫袖口和领口扣子不扣。

（6）男士穿夹克打领带；着西装时穿布鞋、凉鞋、靴子或旅游鞋；挽起袖口和裤腿。

（7）首饰佩戴超量、夸张；配搭卡通手表、旅行双肩包等。

（8）标志牌佩戴随意，放入兜内，标志牌子破损，不清晰，挂绳脏，佩戴歪歪扭扭。

（9）文身裸露在外。

【例题 9-1】 下列房地产经纪人员接待客户时的仪表，不符合仪表礼仪的是（　　）。

A. 男士西装盖住臀部　　　　　　　B. 单排扣西装不系扣

C. 衬衫款式彰显个性　　　　　　　D. 配搭手表

三、仪态礼仪

仪态是指人体的动作、举止等形体语言，主要包括站姿、坐姿、走姿、手势、表情等。仪态是人的另一张名片，通过无声的语言反映一个人的气质风度、礼貌修养，"外塑形象，内强素质"，端庄的站姿、优雅的坐姿、正确的步姿、适度的表情有助于房地产经纪人员展现高素质的职业形象。

（一）站姿

站姿是指人们在自然直立时所采取的正确姿势。优美的站姿能表达出自信、诚实可靠、脚踏实地，衬托出良好的气质和风度，并给他人留下美好的印象。

1. 站姿的基本要求

（1）头正，肩平。头摆正，肩放平，面带微笑、眼睛平视前方。

（2）臂垂。两臂自然下垂，两手伸开，手指落在腿侧裤缝处。

（3）躯挺。挺胸，收腹，紧臀，颈项挺直，头部端正，微收下颌。

（4）腿并。两腿绷直，脚间距与肩同宽，脚尖向外微分。

（5）身体重心主要支撑于脚掌、脚弓上。男士双脚呈"V"形或双脚平行分开不超过肩宽；女士双脚呈"丁"字形。

（6）从侧面看，头部肩部、上体与下肢应在一条垂直线上。

（7）手位。手部虎口向前，手指稍许弯曲，指尖朝下。

2. 站姿的变化要求

（1）站姿男女有别。男士给人"刚"的壮美，可以将双手相握叠放于腹前，或者相握于身后，双腿可以叉开，大致与肩膀同宽，这也是双脚之间距离的极限；女士给人"柔"的优美，可以将双手相握或叠放于腹前，双脚可以在以一条腿为重心的前提下，稍许叉开。

（2）站姿场景有别。等待站姿双膝可以稍分开，双腿可以前后十字交叉，但宽度均不允许超过肩宽；交通工具上的站姿双腿重心要稳，一只手扶好扶手，注意与他人之间的距离。

3. 站姿中的常见问题

（1）东倒西歪，无精打采，懒散地倚靠在墙上、桌子上。

（2）低着头，歪着脖子，含胸，端肩，斜肩，驼背。

（3）身体重心明显地偏左或偏右。

（4）身体下意识地做小动作，用脚捻地、抖脚。

（5）在正式场合，将手叉在裤袋里面，双手交叉抱在胸前，或是双手叉腰。

（6）两腿交叉站立或双脚左右开立时，双脚距离过大、挺腹翘臀。

（7）浑身乱动，手臂挥来挥去，身躯扭来扭去。

（二）坐姿

坐姿文雅、端庄，不仅给人以沉着、稳重、冷静的感觉，也是展现自己气质与修养的重要形式。

1. 坐姿的基本要求

（1）当客人到访时，应起立相迎，当客人就座后自己方可坐下。

（2）入座时要轻稳，尽量不要坐得座椅乱响，尽量从座椅的左侧入座。

（3）入座后上体自然挺直、挺胸，双膝自然并拢，双腿自然弯曲，双肩平整放松，双臂自然弯曲，双手自然放在双腿上或椅子、沙发扶手上，掌心向下。

（4）坐在椅子上时，应坐满椅子的 2/3 处，脊背轻靠椅背，头正，嘴角微闭，下颌微收，双目平视，面容平和自然。

（5）离座时，要自然稳当。先有表示、注意先后、起身缓慢、站好再走从左侧离开。

2. 常用的落座规范姿势

（1）标准式。男女均常用，上身与大腿、大腿与小腿都应当呈直角，小腿垂直于地面，双膝、双脚都要完全并拢。

（2）开膝式。男士常用，在标准式的基础上，双膝允许稍微分开，但不超过肩宽。

（3）双腿叠放式。裙装女士常用。将双腿一上一下完全交叠，两腿之间没有缝隙，双脚同时斜放，腿部与地面呈 45 度夹角，叠放在上面的脚尖垂向地面。

（4）双腿斜放式。裙装女士常用。双腿并拢，双脚向左或向右斜放，力求使斜放后的腿部与地面呈 45 度夹角。

（5）双脚交叉式。男女均可用，双膝先要并拢，双脚在踝部交叉，交叉后双脚不向前方直伸。

（6）前伸后曲式。女士常用，要求大腿并紧，向前伸出一条腿，并将另一条腿屈后，双脚脚掌着地，双脚前后要保持在一条直线上。

3. 坐姿中的常见问题

（1）落座后，两手或一手托腮、玩弄物品或有其他小动作。

（2）落座后，双手撑椅或双手放于臀部或两腿之间。

（3）落座后，双腿过于叉开超过肩宽、长长地伸出，大腿并拢小腿分开，跷二郎腿，脚尖向上翘。

（4）落座过深、仰卧在座位上，或坐沙发时太靠里面，呈后仰状态。

（5）落座后，脚跟落地、脚尖离地，脚踏拍地板或抖动。

（6）离位时，拖动或推动座椅，引起较大声响。

（三）走姿

走姿是人体在行走之时所呈现的姿态，是站姿的延续。走姿是展现人的动态美的重要形式，是"有目共睹"的肢体语言。

1. 走姿的基本要求

（1）上身保持站立的标准姿势，昂首，挺胸，收腹，眼直视，身要直，肩要平，两臂自然下垂摆动，手掌朝向体内，脚尖略开，脚跟先接触地面，依靠后腿将身体重心送到前脚脚掌，使身体前移。

（2）行走时步伐要适中，女性多用小步，走"一"字步；男子行走时双脚跟行两条线，但两线尽可能靠近，步履可稍大。

（3）走廊、楼梯等公共通道，应靠右边而行，不走中间。

（4）几人同行时，不要并排走。如确需并排走时，并排不要超过3人，随时注意为他人让路。

（5）行进中遇到客户或同事时，应主动退后，同时说"您先请"；向他人告辞时，应先向后退两三步，再转身离去，同时说"再见"；陪同引导客户时，应位于客户行进方向的左侧，同时做出引领手势。

（6）行走时，如需超过客户，首先应说"对不起"，待客户让开时说声"谢谢"，再轻轻穿过。

2. 走姿中的常见问题

（1）走路方向不定，忽左忽右，忽快忽慢，步伐过大或拖脚走。

（2）走路时体位失当，摇头、晃肩、扭臀，左顾右盼，重心偏后或前移。

（3）行走时哼歌曲、吹口哨；与多人同行时，拉手，勾肩搭背，大声喧哗，蹦蹦跳跳或手舞足蹈，横排超出三人同行等。

（4）双手反背于背后或是插入裤袋。

（四）手势

手势又叫手姿，是运用手指、手掌和手臂的动作变化来传递信息、表达情感的一种肢体语言。可以说手就是人的第二双眼睛，手势可以帮助房地产经纪人员发出信息，表达善意，为房地产经纪人员的专业形象加分，给予客户被尊重的体验。

1. 手势使用的基本要求

（1）手势的使用应易于理解，明确简洁。手势是语言的点缀和配角，不可喧宾夺主，多余的手势不仅于事无补，反而制造沟通障碍。

（2）手势的幅度、速度要有界限。一般手势的上界不要超过对方的视线平视高度，下界不要低于腰部，左右幅度不超出一臂范围。使用手势宜亲切自然，不宜过快，过猛。

（3）手势的使用应准确、规范，符合礼节。应"以掌代指"。一般认为，掌心向上、向内的手势表示尊重。在伸手介绍、为人引路、指示方向、请人做事时，应该掌心向上，以肘关节为轴，上身稍向前倾，以示尊敬。

2. 手势使用中的常见问题

（1）使用不尊重他人的手势进行沟通，如用单一手指指点他人、指示方向，或掌心向外向下以示强势。

（2）与客户沟通时，手势过多且复杂，手舞足蹈的表达将倾听者的注意力全部集中到手势动作上，分散了对沟通内容的注意力。

（3）手势幅度过大，让对方感到不实、做作；手势幅度过小，无法让对方看到或者不明白其真实的意义，影响沟通效果。

（五）表情

表情是指从面部的变化表达出来的心理活动和思想感情，是人体语言中最丰富的部分，主要由笑容和目光两个方面构成。表情在人际沟通中发挥着重要作用，对于房地产经纪人员而言，愉悦的表情无疑是最好的营销手段之一，通过柔和、平视的目光和神态自然、热情适度的微笑，可以创造一个友好的沟通氛围和情境，向客户表达轻松、友好、热情、尊重的态度。

1. 微笑礼仪

微笑是房地产经纪人员在工作岗位上的一种常规表情和标准神态。房地产经纪人员的微笑不仅要亲切、怡和，带给客户愉悦舒心的感受，还要符合行业规范，适度有节制。

（1）微笑的基本要求

① 以良好的职业形象为基础。当房地产经纪人员仪容仪表端庄、得体，展现出热情、饱满的职业形象，其发自内心的微笑才具有打动人心的力量。

② 微笑时要神态自然、热情适度，姿态规范优雅，表示对对方的尊重时，可以嘴角的两端向上翘起，不露出牙齿，眼神带笑意；表示欢迎、幸会等含义时可以嘴唇轻启，露出牙齿，展现更深的笑容，同时注意微笑时尽量将脸庞和上半身转向客户，眉毛自然舒展，达到"眉开眼笑"的效果。

③ 应主动微笑，在与客户目光接触的同时、开口说话之前，首先露出微笑，创造出一个友好热情、对自己有利的气氛和情境条件。

（2）微笑的常见问题

① 微笑没有发自内心，缺乏真诚，无法让人产生共鸣。

② 微笑中带有不良情绪，流露出鄙夷和嘲讽等意味。

③ 微笑缺乏生动，面部肌肉紧绷，缺乏眉宇之间、身心之间的有机配合。

④ 微笑时机不当，在庄严场域、服务对象哀愁哭泣等时机微笑。

⑤ 微笑过大，露出牙龈，发出声音。

2. 目光交流礼仪

人们常说"眼睛会说话"，目光可以传达出欣喜、关注、藐视、愤怒或不安等多种情绪。房地产经纪人员应善于运用目光为客户提供服务，并能够规范而科学地使用目光语汇。

（1）目光交流礼仪的基本要求

① "目中有人"，柔和的目光源自内心对对方的尊重。

② 目光稳定平视与直视，目光运用采用"散点柔视"，即目光不是凝聚在某一点上，而是柔和地投射到对方脸上。

③ 目光注视区域视场景不同而有所不同，对于熟悉的客户，一般注视其眉心至嘴部这一三角范围，以显示亲密感；对于不熟悉的客户，通常应直视对方双眼与鼻子之间这一倒三角区域，以营造平等、亲切和轻松的交往气氛；处理客户投诉时，一般注视客户的眉心至双肩这一大三角范围，以营造宽松的交流氛围。

④ 目光与语言有机结合，用目光配合语言，用目光提升语言的价值。

⑤ 目光接触的时长一般是与对方相处的总时间的 30%～60%，每次看对方的眼睛 3 秒左右。可采用的方法是注视客户一段时间后，把目光移开，然后再注视，如此重复。

（2）目光交流中的常见问题

① 目光生硬和麻木，缺乏心灵的契合。

② 目光不稳定，上下打量对方或是眼珠转来转去。

③ 注视区域把握不当或注视时间过长，反复打量，让对方产生不适感。

④ 逃避与客户目光的直接接触，让对方觉得不被重视或有逃避感。

⑤ 频繁地眨眼看人，一般眨眼的次数是每分钟 5～8 次。

⑥ 斜眼、扭头注视、偷偷注视。

【例题 9-2】 下列房地产经纪人员王某的做法，符合仪态礼仪的是（　　）。

A. 在走廊中行走时，尽量走中间

B. 行走时直接超越其他客户然后说"谢谢"

C. 与客户交谈时，偶尔搭配手势

D. 与客户交谈时，一直注视客户的眼睛

第三节　房地产经纪人员的岗位礼仪

岗位礼仪是房地产经纪人员在日常工作中必须遵守的基本礼仪规范及岗位服务礼仪程序。房地产经纪人员提供的经纪服务是一种无形的商品，客户对经纪服务价值感知的重要载体之一就是岗位礼仪，其影响了交易能否顺利促成。房地产经纪人员通过有形、规范、系统的岗位礼仪既可以表达对客户的尊重，又有助于经纪人员在与客户交往中赢得理解、好感与信任，进而树立经纪机构与经纪人员专业化、职业化的形象，促进交易的顺利达成。因此，房地产经纪人员要遵循岗位礼仪的要求开展工作，特别是在接待客户时，除了注意各个接待环节的岗位礼仪外，尤其要注意接待工作的善始善终。

一、日常礼仪

（一）称呼礼仪

1. 称呼礼仪的基本要求

（1）称呼应使用敬称。对长辈、平辈中的长者、客户，可以使用敬辞"您"；对晚辈、平辈，可以使用"你"。

（2）一般性称呼中，对男士普遍使用"先生"，对女性普遍使用"女士"。与客户首次见面应使用一般性称呼。

（3）亲属性称呼中，可以直接使用关系的称呼，如爷爷、叔叔、姐姐等。

（4）姓名称呼中，直呼全名的方式，适合于长辈对晚辈，或者平辈之间。

（5）职务职业称呼中，一般以"姓/名＋职务/职称/学衔"多种组合出现，如王律师、王科长、王教授、王工（工为"工程师"简称）、王博士等。

（6）称呼中务必保证发音的准确，对于生僻字应提前查阅，如果时间紧，则可大方向对方请教。注意地域差别，既要入乡随俗，又要合乎常规。

2. 称呼礼仪常见的问题

（1）读错别字，用错称呼，导致尴尬和失礼。

（2）用庸俗称呼，易导致对方反感。

（3）在公众场合使用绰号、歧视性称呼。

（4）不分场合地使用网络流行称呼。

（二）介绍礼仪

1. 介绍礼仪的基本要求

（1）自我介绍。自我介绍尽量简短，内容包括姓名、单位、部门或从事的具体工作，也可以增加个人专业表现。如"您好，我叫王××，是××地点××门店的经纪人，在这个商圈已经耕耘7年了"。

（2）为他人介绍。介绍他人时一般应遵循"先位低后位高"的原则，即位高者有优先知情权。如介绍男士与女士相识，应先介绍男士，后介绍女士；介绍主人与客人相识，应先介绍主人，后介绍客人。

（3）集体介绍。当被介绍的双方有明显差别时，按照为他人介绍的原则"保证尊者先知"；当双方地位差不多时，以人数为依据，先介绍人数少的一方，后介绍人数多的一方；在一方中都应先介绍尊者，按照从高到低的顺序介绍。

（4）介绍时应起立，面带微笑，以示尊重。

2. 介绍礼仪的常见问题

（1）自我介绍时长超过半分钟；以自我为中心，不顾及对方；所说内容过分谦虚或自吹自擂。

（2）介绍顺序错误，未遵循"尊者先知"。

（3）坐着作介绍，动作随便且无礼。

（4）集体介绍未遵循规则，介绍时开玩笑，使用容易引起歧义的单位简称。

【例题 9-3】 下列房地产经纪人员介绍客户的做法中，不符合介绍礼仪的是（　　）。

A. 先向男士客户介绍女士客户

B. 看房时先介绍业主后介绍客户

C. 先向人数多的客户介绍人数少的客户

D. 从座位上站起来介绍客户

（三）握手礼仪

1. 握手礼仪的基本要求

（1）握手顺序一般尊者为先，如欢迎客人时，主人先伸手；年长年幼者之间，年长先伸手；男女之间，女士先伸手；上下级之间，上级先伸手。

（2）握手通常应该站着进行，除非两个人都已经坐下。当坐着时，有人走来握手，则必须站起来。

（3）行握手礼时上身应稍微前倾，两足立正，伸出右手，距离受礼者约一步，四指并拢，拇指张开，向受礼者握手；握手时上下摆动，礼毕后松开。

（4）握手时应双目注视对方，面带微笑，当手不清洁或有污渍时应事先向对方声明并致歉意。

（5）同客人握手必须由客人先主动伸手，同男客人握手时，手握稍紧；与女客握手时则需轻些。

2. 握手中的常见问题

（1）握手伸出左手；握手时斜视和低头；握手不看对方眼睛。

（2）握手时距离对方太近或太远；握手时间过短或过长；只握手指。

（3）握手时左右摇摆；握手同时拍肩膀。

（4）戴帽子、墨镜、手套握手；隔门槛握手、交叉握手。

（5）别人伸手时，拒绝握手、出手过慢、戴手套握手。

（6）握手时伸手不分先后。

（四）名片礼仪

1. 名片递接的基本要求

（1）递交名片时右手的拇指、食指和中指合拢，夹着名片的右下部分，双手呈递，以表示对对方的尊重。将名片的文字正向对方，在递交名片的同时作简单的自我介绍。

（2）接拿名片时双手接拿，认真过目，也可轻声读出名片姓名和职务，遇到难认字，应询问，然后放入自己名片夹的上端；如果是坐着，必须起身接收对方递来的名片。

（3）同时交换名片时，可以右手递名片，左手接名片。互换名片时，辈分或年龄较低者，率先以右手递出个人的名片，应用右手拿着自己的名片，用左手接对方的名片后，用双手托住。

（4）当对方递过名片之后，如果自己没有名片或没带名片，应当首先向对方表示歉意，再如实说明理由。

（5）上级在场的情况下，下级不要先递交名片，要等上级递上名片后才能递上下级的名片。

（6）名片原则上应该使用名片夹，名片夹应置于西装内袋，要保持名片或名片夹的清洁、平整，勿把过时或不洁的名片给他人。

2. 名片递接的常见问题

（1）把个人的名片夹或接过来的名片放置在裤兜中。

（2）无意识地把玩对方的名片。

（3）把对方的名片忘在桌上，或掉在地上。

（4）当场在对方名片上写其他备忘事情。

二、接待礼仪

（一）客户接待礼仪的基本要求

（1）接待时应仪表端正，态度亲切。

（2）门店外有客户经过时，看到客户在门店橱窗驻足1分钟左右，就应该主动出门微笑接待，记得携带资料及名片等工具。邀请客户进店时，提前侧身为客户打开店门，引导客户进店；如客户暂不进店只是先打听一下，尽快向客户介绍企业、介绍自己，递名片，力争留下客户联系方式。

（3）客户进店到访时，要起身迎接客户，致以"您好，欢迎光临"的问候，并请客户入座。

（4）客户落座后，双手送水，手握杯子的中下部，冬季要注意给客户倒温水。

（5）客户离开时，引导客户至出口，以礼貌的方式留下联系方式，目送客户离开并叮嘱"注意安全，慢行"，同时挥手再见。

（二）客户接待中的常见问题

（1）接送客户缺乏热情和主动性，怠慢客户，无耐心。

（2）把生活中的情绪带到工作中或对某类客户抱有成见、议论客户。

（3）在接待区吸烟、吃东西、整理衣装、拨弄头发、照镜子、化妆等。

（4）仪容仪表仪态不合格，接待工具不齐全。

（5）急功近利的心态。

三、带看礼仪

（一）乘车礼仪

乘车礼仪应该遵循的原则是：客人永远在安全和方便的位置。一般从右侧车门下车，上车后主动系好安全带，房地产经纪人员与客户同时乘车应后上车，先下车。

1. 乘车礼仪的基本要求

（1）五座车辆有专职司机驾车时，司机后右侧为上位，司机后方为次位、中间第三位、前座最次。通常接待用车不安排第二排中间座位坐人。

（2）五座车辆主人驾车时，第一排副驾驶为上位，后排座位中，右侧座位为次位，左侧座位为最次。

（3）七座车辆与五座车辆基本相同，第三排座椅的位次低于第二排座椅，有专职司机时，第一排副驾驶为最次位；主人驾车时，第一排副驾驶为上位。

（4）乘坐中巴车或大巴车时，前排座位为上位，越往后排位次越低，司机后方的左侧位次高于右侧，陪同人员通常位于中巴车右侧单排就座，大巴车司机后方右侧第一排为工作人员座位。

（5）年长的客人、尊贵的客人应优先上车，房地产经纪人员可以事前引导座位，如果客人已经执意坐在某个座位上，即使不符合礼仪座次规则，也不必再让其挪动。

（6）房地产经纪人与客人共同乘车，应提前打开导航软件，沿途做好引路和介绍。

2. 乘车中的常见问题

（1）缺乏座次礼仪，随意乱坐座位。

（2）乘车时先上，先下，不照顾客人，以自己为中心。

（3）乘车时，不按交通规则胡乱指挥驾驶人，沿途在车内大声喧哗、大声接打电话，不停地说话。

（二）带看行进中的礼仪

1. 带看行进中的基本要求

（1）为客人引路时，在走廊引路时应走在客户左前方的2、3步处。

（2）引路人走在走廊的左侧，让客户走在路中央；要与客户的步伐保持一致。

（3）引路时要注意为客户适当地作些介绍；途中要注意引导提醒客户。

（4）拐弯处或有楼梯台阶的地方应使用手势，并提醒客人"这边请"或"注意楼梯"等。

（5）楼梯上行走时，先说一声："在××楼"，然后开始引领客户上楼。上楼时经纪人员应先行；下楼时经纪人员在后面跟随，待客户先离开房间后经纪人员最后离开；在上下楼梯时，不应并排行走，而应右侧上行，左侧下行。

（6）共乘电梯时，电梯无人时可先进电梯，一手按"开"，一手按住电梯侧门，对客户礼貌地说："请进！"在电梯内要面对电梯门而站；到目的地后，一手按"开"，一手做"请出"的动作，并说："到了，您先请！"客户走出电梯后，自己立即步出电梯，走到前面引导方向。电梯有人时，无论上下都应客户、上司优先。

2. 带看行进中的常见问题

（1）陪同客户在路上时未把安全的一侧留给客户。

（2）行走时夹在两个主要客人之间，谈话时只能面向一个人、背向另一个人。

（3）不使用手势或使用手势动作扭捏不自然。

（4）引路时，步伐太快或太慢，让客户跟不上或导致客户步伐磕绊。

（5）按电梯时，连续按键或用手上的物品直接触键。

（6）电梯有其他人时，跟客户不停说话。

（三）带看过程中礼仪

（1）电话联系业主及买方时需使用相关礼貌用语，提前预约时间、地点及目的。

（2）准备好资料文件、名片等。

（3）拜访要注意遵时守约。

（4）看房时应该注意敲门、按门铃、穿好鞋套，即使是有房屋的钥匙也要先敲门，确认无人后，再开门进入。

（5）带客户进门看房时，遵循"后入后出"的原则，请客户先进门，请客户先出门。

（6）使用或移动屋内用品时须经业主同意，并归位。

（7）看房离开时，礼貌地告别。空屋须确保门、窗、水、电、煤气等设备的关闭及安全。

四、洽谈礼仪

洽谈也称谈判，是指为了促成双方交易而进行的一种信息传播行为。房地产经纪人员为了促成业主方和客户方的交易行为，在日常工作中涉及邀约业主（或客户）方进行洽谈，以及签约前的三方洽谈。因此，房地产经纪人员应掌握洽谈礼仪，从而高效地成就居间行为，促成业主方和客户方的交易。

（一）洽谈礼仪的基本要求

1. 按照礼仪交往的对等原则，组织谈判辅助人员，搭建谈判团队，有效制定谈判预案。

2. 为体现对谈判双方的基本尊重和优质服务，应提前打扫洽谈场所，确保洽谈场所整洁安静、宽敞明亮，无异味，提前将谈判场所温度控制在 22～24℃之间为宜。

3. 根据"面门为上，以右为尊"的礼仪规范，安排洽谈到场人员的座次。在双方洽谈中：应安排客方面门而坐，主方背门而坐，即"面门为上"。双方其他人员，应以其身份高低，按照中国礼仪"以右为尊"，即各自的右侧为尊者之位。在三方洽谈中：居间方背门而坐，客户方和业主方安排面门而坐。如遇当地有特殊礼仪，座次安排也应入乡随俗。

4. 洽谈开局阶段，应按照相互介绍、轻松开头、切入整体的礼仪原则开场。

（1）相互介绍：以三方洽谈为例，居间方应先作自我介绍，然后再介绍交易双方。介绍时居间方应起立，介绍完毕后方可坐下。居间方向双方介绍的次序可以按照"先房源方，后客源方"的顺序，也可以按照"先长者方"的顺序。

（2）轻松开头：相互介绍完毕，不宜马上切入合同条款。需选择一些不涉及各方利益的中性话题开头，营造出轻松、诚挚的友好洽谈气氛。寒暄时长应控制在 3～5 分钟左右为佳。

（3）切入正题：居间方可依次邀请房源方和客源方说明各自的基本意图和目的，说明时应明确、简短，多以事实背景为基础，居间方应认真倾听，记录重点。

5. 洽谈明示阶段，应特别注意礼仪规范，保持融洽气氛。

（1）特别注意说话语气平和、亲切。

（2）保持双方有回旋的余地，双方争执的上限是观点的交锋。

（3）诚心诚意地探讨解决问题的共同途径，张弛有度，逐个问题去洽谈解决，不要急功近利，觉得一招即可制胜。

6. 较量与协议阶段，当双方容易陷入僵局，房地产经纪人员应主动打破僵局。

（1）插入几句幽默的话，缓和一下气氛；

（2）暂停洽谈，约双方到门口舒缓情绪；给双方倒水续杯，或更换饮品口味；

（3）把双方暂时分离，各自单独沟通。协助双方有诚意地调整自己的目标，使得双方让步的幅度基本对等。

7. 签字阶段，应注意签字顺序及其礼仪细节。

（1）签字时，一般按照甲方先签字盖章，依次再由乙方和丙方签字盖章。

（2）签章期间，房地产经纪人员应适时递上签字笔、擦手纸、老花镜等，电子合同应按要求打印，应双手传递合同，文字方向要朝向客户。

（3）签字后，房地产经纪人员应双手递交资料袋给客户留存，并协助双方办理后续事宜。

（4）签约事宜完成后，房地产经纪人员可以恭喜祝贺双方成功签约。

（二）洽谈中的常见问题

（1）洽谈准备仓促，谈判场所有异味和噪声，谈判座椅不够，谈判使用的合同、签字笔等未提前准备。

（2）客户进入谈判室没有迎接和引导，导致双方或三方随意入座，缺少互相介绍和寒暄。

（3）房地产经纪人员缺乏团队合作意识，一人面对客户双方多人，手忙脚乱，对客户照顾不周。

（4）房地产经纪人员急于促成签约，偏袒一方，说话语气带有责问、审问的声调，一味地要求一方做出让步。

（5）房地产经纪人员在协助谈判时，说话缺乏技巧，口无遮拦，导致谈判陷入僵局，甚至引发双方冲突，彻底丧失谈判机会。

（6）签字时房地产经纪人员或喜形于色，或严肃无表情，缺乏专业性，签约流程安排混乱，对后续事宜缺乏清晰解释。

【例题 9-4】在会议室进行房地产交易洽谈时的座次排列首先应遵循（　　）的原则。

A. 面门为上 　　　　　　　　　B. 卖方为上

C. 以右为尊 　　　　　　　　　D. 长者为尊

五、送别礼仪

心理学的"末轮效应"强调了人际交往中最后印象的重要性。"末轮效应"理论的核心思想是企业为客户提供服务时，必须有始有终，始终如一，最后印象在某种程度上决定了客户对服务的最终评价以及已在客户心目中建立的良好印象能否持续下去。因此，房地产经纪人员应该高度重视送别客户的礼仪，无论是否实现委托或促成交易，都要以饱满的热情、温馨的话语、恰当的姿态致谢、道别。

（一）送别客户礼仪的基本要求

（1）送别客户与接待客户时的态度保持一致，充满热情，注意引导。

（2）应先挺拔站好向客户道别，以示尊重。

（3）目光应注视客户，做到目中有人，微笑着道别并致谢。

（4）业主方和客户方均要送别时，应先送别其中一方，再送别另外一方。

（5）注意不同地点和场所的送别礼仪，建议做到：在门店的，送至门店大门口约5~10米处；在办公楼内的，送至办公楼楼下，或至少送至客户上电梯，直至电梯门关闭；在业主家的，可以与客户同时离开，将客户送至车站；客户开车的，应送至车上，并协助客户倒车，目送客户开车起步。

（6）做到"送客有声"，经常使用的有：再见；我们保持联络；您小心脚下；您慢点开车；您注意安全；您有事随时找我等。

（二）送别客户中的常见问题

（1）态度不热情，让客户感受到与迎客时的明显落差。

（2）"送别"流于形式，无声道别，不冷不热、缺乏感情色彩。

（3）坐在工位上，边工作，边与客户道别或随意站一下向客户摆手。

（4）同时送别业主和客户。

第四节　房地产经纪人员的沟通礼仪

房地产经纪服务具有特殊性，其主要工作内容就是和客户打交道。房产经纪人员应具备良好的沟通礼仪和沟通能力，通过创造良好的沟通氛围，取得客户信任，从而向客户有效传递专业建议，激发客户沟通愿望，有效地理解和实现客户的需求和愿望。房地产经纪人员的沟通礼仪主要包括倾听礼仪、面谈礼仪和电话礼仪等三个方面。

一、倾听礼仪

倾听是指听话者以积极的态度，认真、专注、悉心听取讲话者的陈述，观察讲话者的表达方式及行为举止，及时而恰当地进行信息反馈和回应，以促使讲话者全面、清晰、准确地阐述，并从中获得有益信息的一种行为过程。善于倾听客户的想法才能快速捕捉到服务的机会，有效地倾听客户的建议才能使服务符合客户的期待，不断开拓客户和留住客户。

（一）倾听礼仪的基本要求

（1）倾听时，脸上有真诚的微笑、专注的神情。

（2）倾听时，与客户有目光交流，用热情友好的目光，给予鼓励和肯定。

（3）倾听时，身体适当前倾，创造友好的交流氛围。

（4）倾听时，可配合适当地点头或"是这样，嗯，好的，是，是"等随声附和，以示礼貌和适当回应。

（5）客户讲话时，始终耐心倾听，不轻易打断对方。

（二）倾听中的常见问题

（1）客户讲话时，没有任何表情或东张西望。

（2）客户讲话时，把玩手中物品或做些百无聊赖的举动，转笔、整理头发等。

（3）客户讲话时，下意识地经常看手表或手机。

（4）客户讲话时，特别是谈到无关问题时，表现出不耐烦，或打断对方。

（5）对客户的讲话缺少必要的表情、姿态和语言上的回应。

二、面谈礼仪

所谓面谈，一般是指以谈话为基本形式，在两个人（或更多人）之间进行面对面的口头交流的活动。交谈是表达思想感情的重要工具，是人际交往的主要手段。对于房地产经纪人员而言，注重交谈礼仪，有助于创造良好的沟通氛围，以专业化的职业形象，聆听和了解客户的需求，解答客户提出的问题，对于留住老客户、开拓新客户具有积极的作用。

（一）面谈礼仪的基本要求

（1）交谈时用柔和的目光注视对方，面带微笑并通过轻轻点头表示领会客户谈话的内容。

（2）对客户的问询表示关心，并热情回答，语调清晰、亲切、音量适中。

（3）两人以上一起交谈时，要使用所有人均能听得懂的语言。

（4）谈话时经常使用"您""请""谢谢""对不起""不用客气"等礼貌用语。

（5）称呼客户时，要多称呼客户的姓氏，用"某先生"或"某小姐"或"某女士"，不知姓氏时，要用"这位先生"或"这位小姐或女士"。

（6）不管客户态度如何都必须以礼相待，不管客户情绪多么激动都必须保持冷静。

（7）谈话中如要咳嗽或打喷嚏时，应说"对不起"并转身向侧后下方，同时尽可能用手帕遮住。

（二）面谈中的常见问题

（1）与客户交谈时，经常看手表或手机。

（2）回答客人问询使用"不知道""也许""可能""大概"等词汇。

（3）与客户交谈时，使用过多的专业词汇，让客户感到迷茫。

（4）与客户交谈时，注意力分散，回应不及时。

（5）与客户交谈时，声音过高，影响到其他人。

三、电话礼仪

人际交往中，电话扮演着重要角色，电话接听得体与否，将直接影响到个人以及公司的形象和能否成功邀约客户。所以，房地产经纪人员必须掌握电话接听的基本礼仪，接听好每一通电话。

（一）电话沟通礼仪的基本要求

（1）所有电话，需在三声内接答。

（2）接电话时，先问好，再报公司或项目名称并询问"请问我能帮您什么忙吗？"

（3）带着微笑接听电话，会使双方通话更愉快，也会更快更直接得到对方信赖。

（4）通话时，手旁准备笔和纸，记录对方所说重点，对方讲完应简单复述一遍以确认。中途要与他人说话，应说"对不起"，请对方稍等，同时捂住送话筒，再与他人交谈。

（5）客户问询时，应礼貌、清晰回答，不清楚的马上核实给予答复。

（6）如碰到与客户通话过程中需较长时间查询资料，应不时向对方说声"正在查找，请您再稍等一会儿"。

（7）替他人接电话时，应询问对方姓名、电话，为他人提供方便。

（8）通话完毕时，要礼貌道别，如"再见""欢迎您到××来"等，待对方挂断再放下话筒。

（二）电话沟通中的常见问题

（1）问候语使用不当，用"喂"或"你好"回答，而不是："你好，我是××房地产经纪机构"。

（2）打电话"一心多用"，在与身边的人讲话时，没有用"对不起，请等一下"来提醒电话的那一方，让人分不清他在和谁说话。

（3）言而无信，保证过再打电话，但过时不致电，让客户空等。

（4）在不适当的时间致电，表示只说几句话，却迟迟不结束谈话。

（5）不能得体地结束电话，没等对方回答就单方面挂断电话。

四、网络礼仪

（一）社交软件

随着移动互联时代的发展，房地产经纪人员经常利用 PC 端或 APP 移动端接收客户发起的对话与咨询，通常采用一对一聊天模式或一对多聊天模式，经纪人员应积极响应，耐心解答线上客户的提问。

1. 社交软件使用礼仪的基本要求

（1）头像与名字的设置：为彰显自身的专业形象，建议使用正装照作为头像，并采用真实姓名。头像图片要清晰，名字要易辨识，其他性别、地区、个性签名、状态等的设置应与实际相符，并通过提供有价值的个人信息，塑造积极正向的社交形象。

（2）扫二维码添加：由尊者（长辈、上级、客户、女士、甲方）出示二维码，由晚辈、下级、服务者、男士、乙方去扫描二维码。扫码后申请添加好友，称呼使用敬语"您"，并进行简单自我介绍，发送"公司＋职位＋名字＋手机号"，既给对方留下美好的第一网络印象，又便于对方做好备注。加别人好友，一次没通过，第二次最好增加添加缘由，如果三次都没通过，则不建议再添加。

（3）加好友并通过后，应第一时间修改备注，也可以将好友按标签分组，便于发布信息时甄选对方查看权限。

（4）问候"您好"后，直接简洁地表达诉求或观点，方便对方快速浏览。在不确定对方实际情况时，优先发文字，尽量不发语音；跟对方通话前，应先发信息预约时间，或询问"您现在方便通话吗？"，待对方回复"方便"再通话。

（5）收到客户发来的信息时，应及时回复"收到"，对于重要的或常联系的人可以置顶，以避免遗漏重要信息。如不方便接听语音信息时，可以使用"语音转文字"功能查看;也可以回复"现在不方便接听语音,如有急事,可以发送文字"。

(6) 建群时,事先征求对方意见,得到同意后再邀约入群。工作群沟通要高效,慎重群发消息。需要多人协同工作时,建议在工作群直接沟通,涉及私人敏感信息,可以小窗私信,避免信息丢失或重复发送。

(7) 发送私人聊天信息记录或截屏,应得到对方允许,谨言慎行。推送他人名片,应经过本人授权或许可,并事先简单介绍推送方。注意表情包使用的场合,正式聊天中,不应使用表情包,应使用文字发送。

2. 社交软件使用中的常见问题

(1) 个人信息设置中,名字设置为符号、生僻字等,头像图片不清晰。

(2) 发送信息时,使用大段语音或大篇幅文字,引发对方不适;随时随地给对方打聊天电话;使用个人聊天截图发给他人或发朋友圈炫耀或佐证;半夜发送信息,打扰别人正常作息。

(3) 关闭客户发起对话的提示音,未及时地回复客户发起的对话。回答客户时,采用"一问一答"的"挤牙膏"的聊天模式,不会通过提问寻求客户进一步需求。

(4) 承诺客户再次回复的时间,存在爽约不回复失礼行为。

(5) 随意拉人进群,在群内频繁群发广告。例:连续三条的好盘好房介绍和用户求购,连续四五段视频的直播等。

(6) 发布宣泄负面情绪,在评论区、群内发布负面语言;发布未经核实的消息,散布谣言。

(二) 直播礼仪

直播是指利用互联网站、应用程序、小程序等以视频直播、音频直播、图文直播等形式开展的网络营销。互联网时代,为更好地传播房源、引入客流,网络直播已经脱颖而出,成为房地产经纪人员竞相尝试甚至日常使用的销售模式。房地产经纪人员应顺应时代的发展,在直播中营造良好的网络环境,在方便客户、活跃市场的同时,弘扬社会主义核心价值观,做到"礼法合治",即既要合法,还要合"礼"。

1. 直播礼仪的基本要求

(1) 称呼要得体,用语要标准。直播中规范称呼应为"先生、女士、客户、业主"等。应使用普通话,解释专业词汇和术语时,要有出处,有依据。直播人员不能对未点关注,未加入粉丝团的互动者置之不理,应一视同仁,且彬彬有礼地给予正向反馈。

（2）仪态要美观，举止要优雅。直播时应穿着标准工作装，出镜前自检仪容仪表的整洁程度，遵循仪态礼仪的基本规则。

（3）互动要礼貌，心态要端正。直播人员应按照预告时间准时开始直播，准时结束直播，守时是基本的礼貌。面对咨询提问，直播人员要细心耐心，不厌其烦；面对争议，应求同存异，站在客户的角度思考问题；面对刁难，要容忍，应保持冷静与克制；面对误解，应平衡心态，正视误解，努力真诚地沟通。

（4）直播中解答客户问题，应使用公开发布的信息，宣导的法律法规等必须有清晰的出处，发布的各类信息要从官方渠道获取，不得私自加工和解析。

2. 直播中常见问题

（1）直播人员在镜头前吃东西、喝茶、扇扇子、吃零食等。

（2）在线抱怨和"吐槽"，甚至引导粉丝对立，直播中评价客户，替客户作决定。

（3）直播中强制要求浏览者点关注，加入粉丝团，点亮灯牌，刷礼物等，用夸张性话语大肆夸赞进入粉丝团或刷礼物的粉丝，用攻击性话语贬低未关注的浏览者。

（4）直播主持人使用夸张的、带有侮辱性的称呼。直播中频繁使用网络热语。

（5）直播中发布未经核实的信息，未经当事人允许发布其照片、影像等侵犯个人隐私。

【例题 9-5】下列房地产经纪人员王某的做法中，符合网络礼仪的是（　　）。

A. 给客户发聊天消息频繁使用语音

B. 频繁在聊天群及朋友圈发送售房广告

C. 通过聊天软件与客户对话时适当提问

D. 直播时适当夸张描述房源优点

复 习 思 考 题

1. 什么是礼仪，房地产经纪服务礼仪有什么作用？

2. 房地产经纪人员的形象定位是怎样的？

3. 房地产经纪人员的职业形象包括哪些方面？

4. 如何提高房地产经纪人员的职业形象？

5. 房地产经纪人员仪容、仪表、仪态礼仪的基本要求是什么？应避免哪些常见问题？

6. 房地产经纪人员岗位日常礼仪包括哪些方面？有何基本要求？

7. 接待客户、带客看房、洽谈签约、送别客户时要注意哪些常见问题？

8. 房地产经纪人员的沟通礼仪包括哪些方面？

9. 房地产经纪人员在倾听、面谈、接打电话、网络沟通时应注意什么礼仪要求？避免哪些常见问题？

附录一

房地产经纪执业规则（2013版）

第一条 为加强对房地产经纪机构和人员的自律管理，规范房地产经纪行为，保证房产经纪服务质量，保障房地产交易者的合法权益，维护房地产市场秩序，促进房地产经纪行业健康发展，根据《中华人民共和国城市房地产管理法》《房地产经纪管理办法》等法律法规的规定，制定本规则。

第二条 本规则是房地产经纪机构和人员从事房地产经纪活动的基本指引，是社会大众评判房地产经纪机构和人员执业行为的参考标准，是房地产经纪行业组织对房地产经纪机构和人员进行自律管理的主要依据。

第三条 本规则有关术语定义如下：

（一）房地产经纪，是指房地产经纪机构和人员为促成房地产交易，向委托人提供房地产代理、居间等服务并收取佣金的行为。

（二）房地产经纪机构，是指依法设立，从事房地产经纪活动的中介服务机构。

（三）房地产经纪人员，是指从事房地产经纪活动的房地产经纪人和房地产经纪人协理。房地产经纪人在房地产经纪机构中执行房地产经纪业务；房地产经纪人协理在房地产经纪机构中协助房地产经纪人执行房地产经纪业务。

（四）房地产经纪人，是指通过全国房地产经纪人资格考试或者资格互认，依法取得房地产经纪人资格，并经过注册，从事房地产经纪活动的专业人员。

（五）房地产经纪人协理，是指通过房地产经纪人协理资格考试，依法取得房地产经纪人协理资格，并经过注册，在房地产经纪人的指导下，从事房地产经纪活动的协助执行人员。

（六）房地产代理，是指房地产经纪机构按照房地产经纪服务合同约定，以委托人的名义与第三人进行房地产交易，并向委托人收取佣金的行为。

（七）房地产居间，是指房地产经纪机构按照房地产经纪服务合同约定，向委托人报告订立房地产交易合同的机会或者提供订立房地产交易合同的媒介服务，并向委托人收取佣金的行为。

（八）房地产经纪服务合同，是指房地产经纪机构和委托人之间就房地产经纪服务事宜订立的协议，包括房屋出售经纪服务合同、房屋出租经纪服务合同、房屋承购经纪服务合同和房屋承租经纪服务合同等。

（九）房地产经纪服务，是指房地产经纪机构和人员为促成房地产交易，向委托人提供的相关服务，包括提供房源、客源、价格等信息，实地查看房地产，代拟房地产交易合同等。

（十）独家代理，是指委托人仅委托一家房地产经纪机构代理房地产交易事宜。

（十一）佣金，是指房地产经纪机构向委托人提供房地产经纪服务，按照房地产经纪服务合同约定，向委托人收取的服务费用。

（十二）差价，是指通过房地产经纪促成的交易中，房地产出售人（出租人）得到的价格（租金）低于房地产承购人（承租人）支付的价格（租金）的部分。

第四条　房地产经纪人员应当认识到房地产经纪的必要性及其在保障房地产交易安全、促进交易公平、提高交易效率、降低交易成本、优化资源配置、提高人民居住水平等方面的重要作用，应当具有职业自信心、职业荣誉感和职业责任感。

第五条　房地产经纪机构和人员从事房地产经纪活动，应当遵守法律、法规、规章，恪守职业道德，遵循自愿、平等、公平和诚实信用的原则。

第六条　房地产经纪机构和人员应当勤勉尽责，以向委托人提供规范、优质、高效的专业服务为己任，以促成合法、安全、公平的房地产交易为使命。

第七条　房地产经纪机构和人员在执行代理业务时，在合法、诚信的前提下，应当维护委托人的权益；在执行居间业务时，应当公平正直，不偏袒交易双方中任何一方。

第八条　房地产经纪机构应当成为学习型企业，加强对房地产经纪人员的职业道德教育和业务培训，鼓励和支持房地产经纪人员参加继续教育活动，督促其不断增长专业知识，提高专业胜任能力，维护良好的社会形象。

第九条　房地产经纪机构应当关心房地产经纪人员的成长和发展，营造人文关怀的企业文化，吸引和留住优秀人才。

倡导房地产经纪机构和人员积极参加社会公益活动，勇于承担社会责任。

第十条　房地产经纪机构之间、房地产经纪人员之间，应当相互尊重，公平竞争，共同营造良好的执业环境，建立优势互补、信息资源共享、合作共赢的和谐发展关系。

第十一条　房地产经纪机构及其分支机构应当在其经营场所醒目位置公示下列内容：

（一）营业执照和备案证明文件；

（二）服务项目、服务内容和服务标准；

（三）房地产经纪业务流程；

（四）收费项目、收费依据和收费标准；

（五）房地产交易资金监管方式；

（六）房地产经纪信用档案查询方式、投诉电话及 12358 价格举报电话；

（七）建设（房地产）主管部门或者房地产经纪行业组织制定的房地产经纪服务合同、房屋买卖合同、房屋租赁合同示范文本；

（八）法律、法规、规章规定应当公示的其他事项。

分支机构还应当公示设立该分支机构的房地产经纪机构的经营地址及联系方式。

房地产经纪机构代理销售商品房项目的，还应当在销售现场醒目位置公示商品房销售委托书和批准销售商品房的有关证明文件。

房地产经纪机构及其分支机构公示的内容应当真实、完整、清晰。

第十二条　房地产经纪人员在执行业务时，应当佩戴标有其姓名、注册号、执业单位和照片等内容的胸牌（卡），注重仪表、礼貌待人，维护良好的职业形象。

第十三条　房地产经纪业务应当由房地产经纪机构统一承接。分支机构应当以设立该分支机构的房地产经纪机构名义承接业务。房地产经纪人员不得以个人名义承接房地产经纪业务。

第十四条　房地产经纪机构和人员不得利用虚假的房源、客源、价格等信息引诱客户，不得采取胁迫、恶意串通、阻断他人交易、恶意挖抢同行房源客源、恶性低收费、帮助当事人规避交易税费、贬低同行、虚假宣传等不正当手段招揽、承接房地产经纪业务。

房地产经纪机构和人员未经信息接收者、被访者同意或者请求，或者信息接收者、被访者明确表示拒绝的，不得向其固定电话、移动电话或者个人电子邮箱发送房源、客源信息，不得拨打其电话、上门推销房源、客源或者招揽业务。

房地产经纪机构和人员采取在经营场所外放置房源信息展板、发放房源信息传单等方式招揽房地产经纪业务，应当符合有关规定，并不得影响或者干扰他人正常生活，不得有损房地产经纪行业形象。

第十五条　房地产经纪机构和人员不得招揽、承办下列业务：

（一）法律法规规定不得交易的房地产和不符合交易条件的保障性住房的经纪业务；

（二）违法违规或者违背社会公德、损害公共利益的房地产经纪业务；

（三）明知已由其他房地产经纪机构独家代理的经纪业务；

（四）自己的专业能力难以胜任的房地产经纪业务。

第十六条　房地产经纪机构承接房地产经纪业务，应当与委托人签订书面房地产经纪服务合同。

房地产经纪服务合同应当优先选用建设（房地产）主管部门或者房地产经纪行业组织制定的示范文本；不选用的，应当经委托人书面同意。

房地产经纪机构承接代办房地产贷款、代办房地产登记等其他服务，应当与委托人另行签订服务合同。

第十七条　房地产经纪机构与委托人签订房地产经纪服务合同，应当向委托人说明房地产经纪服务合同和房地产交易合同的相关内容，并书面告知下列事项：

（一）是否与委托房地产有利害关系；

（二）应当由委托人协助的事宜、提供的资料；

（三）委托房地产的市场参考价格；

（四）房地产交易的一般程序及可能存在的风险；

（五）房地产交易涉及的税费；

（六）房地产经纪服务的内容及完成标准；

（七）房地产经纪服务收费标准和支付时间；

（八）其他需要告知的事项。

房地产经纪机构根据交易当事人需要提供房地产经纪服务以外的其他服务的，应当向委托人说明服务内容、收费标准等情况，并经交易当事人书面同意。

书面告知材料应当经委托人签名（盖章）确认。

第十八条　房地产经纪机构与委托人签订房屋出售、出租经纪服务合同，应当查看委托人的身份证明、委托出售或者出租房屋的权属证明和房屋所有权人的身份证明等有关资料，实地查看房屋并编制房屋状况说明书。

房地产经纪机构与委托人签订房屋承购、承租经纪服务合同，应当查看委托人的身份证明等有关资料，了解委托人的购买资格，询问委托人的购买（租赁）意向，包括房屋的用途、区位、价位（租金水平）、户型、面积、建成年份或新旧程度等。

房地产经纪机构和人员应当妥善保管委托人提供的资料以及房屋钥匙等物品。

第十九条 房地产经纪机构对每宗房地产经纪业务，应当选派或者由委托人选定注册在本机构的房地产经纪人员为承办人，并在房地产经纪服务合同中载明。

第二十条 房地产经纪服务合同应当由承办该宗经纪业务的一名房地产经纪人或者两名房地产经纪人协理签名，并加盖房地产经纪机构印章。

第二十一条 房地产经纪机构和人员不得在自己未提供服务的房地产经纪服务合同等业务文书上盖章、签名，不得允许其他单位或者个人以自己的名义从事房地产经纪业务，不得以其他单位或者个人的名义从事房地产经纪业务。

第二十二条 房地产经纪机构和人员对外发布房源信息，应当经委托人书面同意；发布的房源信息中，房屋应当真实存在，房屋状况说明应当真实、客观，挂牌价应当为委托人的真实报价并标明价格内涵。

第二十三条 房地产经纪机构和人员不得捏造、散布虚假房地产市场信息，不得操控或者联合委托人操控房价、房租，不得鼓动房地产权利人提价、提租，不得与房地产开发经营单位串通捂盘惜售、炒卖房号。

第二十四条 房地产经纪人员应当根据委托人的意向，及时、全面、如实向委托人报告业务进行过程中的订约机会、市场行情变化及其他有关情况，不得对委托人隐瞒与交易有关的重要事项；应当及时向房地产经纪机构报告业务进展情况，不得在脱离、隐瞒、欺骗房地产经纪机构的情况下开展经纪业务。

第二十五条 房地产经纪人员应当凭借自己的专业知识和经验，尽职调查标的房地产状况，如实向承购人（承租人）告知所知悉的真实、客观、完整的标的房地产状况，不得隐瞒所知悉的标的房地产的瑕疵，并应当协助其对标的房地产进行查验。

第二十六条 房地产经纪机构和人员不得诱骗或者强迫当事人签订房地产交易合同，不得阻断或者搅乱同行提供经纪服务的房地产交易，不得承购或者承租自己提供经纪服务的房地产，不得将自己的房地产出售或者出租给自己提供经纪服务的委托人。

第二十七条 房地产经纪机构和人员应当向交易当事人宣传、说明国家实行房地产成交价格申报制度，如实申报成交价格是法律规定；不得为交易当事人规避房地产交易税费、多贷款等目的，就同一房地产签订不同交易价款的合同提供便利；不得为交易当事人骗取购房资格提供便利；不得采取假赠与、假借公证委托售房等手段规避国家相关规定。

第二十八条　房地产经纪机构和人员应当严格遵守房地产交易资金监管规定，保障房地产交易资金安全，不得侵占、挪用或者拖延支付客户的房地产交易资金。

房地产经纪机构按照交易当事人约定代收代付交易资金的，应当通过房地产经纪机构在银行开设的客户交易结算资金专用存款账户划转交易资金。交易资金的划转应当经过房地产交易资金支付方和房地产经纪机构的签字和盖章。

第二十九条　房地产经纪机构和人员不得在隐瞒或者欺骗委托人的情况下，向委托人推荐使用与自己有直接利益关系的担保、估价、保险、金融等机构的服务。

第三十条　佣金等服务费用应当由房地产经纪机构统一收取。房地产经纪人员不得以个人名义收取费用。

房地产经纪机构不得收取任何未予标明或者服务合同约定以外的费用；在未对标的房屋进行装饰装修、增配家具家电等投入的情况下，不得以低价购进（租赁）、高价售出（转租）等方式赚取差价；不得利用虚假信息骗取中介费、服务费、看房费等费用。

第三十一条　房地产经纪机构未完成房地产经纪服务合同约定的事项，或者服务未达到房地产经纪服务合同约定标准的，不得收取佣金；但因委托人原因导致房地产经纪服务未完成或未达到约定标准的，可以按照房地产服务合同约定，要求委托人支付从事经纪服务已支出的必要费用。

第三十二条　房地产经纪机构转让或者与其他房地产经纪机构合作开展经纪业务的，应当经委托人书面同意。

两家或者两家以上房地产经纪机构合作开展同一宗房地产经纪业务的，只能按照一宗业务收取佣金；合作的房地产经纪机构应当根据合作双方约定分配佣金。

第三十三条　房地产经纪机构和人员对已成交或者超过委托期限的房源信息，应当及时予以标注，或者从经营场所、网站等信息发布渠道撤下。

第三十四条　房地产经纪机构应当建立健全业务记录制度。执行业务的房地产经纪人员应当如实全程记录业务执行情况及发生的费用等，形成房地产经纪业务记录。

第三十五条　房地产经纪机构应当妥善保存房地产经纪服务合同和其他服务合同、房地产交易合同、房屋状况说明书、房地产经纪业务记录、业务交接单据、原始凭证等房地产经纪业务相关资料。

房地产经纪服务合同等房地产经纪业务相关资料的保存期限不得少于 5 年。

第三十六条 房地产经纪机构和人员应当保守在执业活动中知悉的当事人的商业秘密，不得泄露个人隐私；应当妥善保管委托人的信息及其提供的资料，未经委托人同意，不得擅自将其公开、泄露或者出售给他人。

第三十七条 房地产经纪机构应当建立房地产经纪纠纷投诉处理机制，及时妥善处理房地产交易当事人与房地产经纪人员的纠纷。

第三十八条 房地产经纪机构应当建立健全各项内部管理制度，加强内部管理，规范自身执业行为，指导、督促房地产经纪人员及相关辅助人员认真遵守本规则。

房地产经纪机构依法对房地产经纪人员的执业行为承担责任，发现房地产经纪人员的违法违规行为应当进行制止并采取必要的补救措施。

第三十九条 本规则由中国房地产估价师与房地产经纪人学会负责解释。

第四十条 本规则自 2013 年 3 月 1 日起施行。2006 年 10 月 31 日发布的《房地产经纪执业规则》（中房学〔2006〕15 号）同时废止。

附录二

房地产经纪业务相关文书

一、钥匙保管书

钥 匙 保 管 书

房屋坐落：_____。

委托人姓名（名称）：_____代理人姓名（名称）：_____。

身份证号（有效证件号）：_____身份证号（有效证件号）：_____。

联系方式：_____联系方式：_____。

现将该套房屋钥匙____套（共____把）委托给_____公司保管，以便于房地产经纪人员带客户看房。_____公司将保证妥善保管该房屋钥匙。保管期限至_____。

房 屋 物 品 清 单

房屋坐落：					
电器名称	品牌	数量	家具名称	品牌	数量
电视			衣柜		
冰箱			床		
油烟机			椅子		
洗衣机			餐桌		
空调			沙发		
……			……		
……			……		
……			……		

二、授权委托书

授 权 委 托 书

今委托_____（身份证号码：_____）为我（单位）的代理人，全权代表我（单位）办理坐落于_____房屋的登记事项。

初始登记□　　　　　转移登记□　　　　　变更登记□

注销登记□　　　　　抵押登记□　　　　　补证、换证登记□

我（单位）对代理人依规定办理的有关登记事宜均承担法律责任。

_____系我单位法定代表（负责人）。

委托人（盖章、签名）：

受托人（签名）：

受托日期：　　年　月　　日

附注：委托人是法人或其他组织的，应加盖公章并由法定代表人或负责人签字。

受托人联系地址：_____

联系电话：_____

三、定金收据

定 金 收 据

本人_____（身份证号码：_____）系房屋的所有权人，现收到_____（身份证号码：_____）交来用于购买本人位于_____房屋的购房定金人民币（大写）_____

（小写）￥____元。

经买卖双方协商一致同意，如买方违约，此定金不予退还。如卖方违约，应按此定金金额的双倍返还给买方。

收款人（签章、加手印）：

日期：　　年　月　　日

附录三

房地产经纪服务合同推荐文本（2017版）

一、房屋出售经纪服务合同

房屋出售委托人（甲方）: _____

【身份证号】【护照号】【营业执照注册号】【统一社会信用代码】

【_____】: _____

【住址】【住所】: _____

联系电话: _____

代理人: _____

【身份证号】【护照号】【_____】: _____

住址: _____

联系电话: _____

房地产经纪机构（乙方）: _____

【法定代表人】【执行合伙人】: _____

【营业执照注册号】【统一社会信用代码】: _____

房地产经纪机构备案证明编号: _____

住所: _____

联系电话: _____

根据《中华人民共和国民法典》《中华人民共和国城市房地产管理法》《房地产经纪管理办法》等法律法规，甲乙双方遵循自愿、公平、诚信原则，经协商，就甲方委托乙方提供房屋出售经纪服务达成如下合同条款。

第一条　房屋基本状况

委托出售的房屋（以下称房屋）【不动产权证书号】【房屋所有权证号】

【_____】: _____;

房屋坐落: _____;

规划用途：【住宅】【商业】【办公】【＿＿＿＿＿＿】；

房屋权利凭证记载【建筑面积】【套内建筑面积】【＿＿】：＿＿平方米；

户型：＿＿室＿＿厅＿＿厨＿＿卫；朝向：＿＿＿＿＿＿＿＿＿＿；

所在楼层：＿＿＿＿＿层；地上总层数：＿＿＿＿＿层；电梯：【有】【无】。

第二条　委托挂牌价格

甲方要求房屋出售的挂牌【总价为＿＿＿＿万元（大写＿＿＿＿万元）】【单价为＿＿＿＿元/平方米（大写＿＿＿＿元/平方米）】。

甲方如果调整挂牌价格，应及时通知乙方。

第三条　经纪服务内容

乙方为甲方提供的房屋出售经纪服务内容包括：

（一）提供相关房地产信息咨询；

（二）办理房屋的房源核验，编制房屋状况说明书；

（三）发布房屋的房源信息，寻找意向购买人；

（四）接待意向购买人咨询和实地查看房屋；

（五）协助甲方与房屋购买人签订房屋买卖合同；

（六）其他：＿＿＿＿＿＿＿＿＿＿＿＿＿＿＿＿＿＿＿＿＿＿＿＿＿＿。

第四条　服务期限和完成标准

经纪服务期限【自＿＿年＿＿月＿＿日起至＿＿年＿＿月＿＿日止】【自本合同签订之日起至甲方与房屋购买人签订房屋买卖合同之日止】【＿＿＿＿】。

乙方为甲方提供经纪服务的完成标准为：【在经纪服务期限内，甲方与乙方引见的房屋购买人签订房屋买卖合同】【＿＿＿＿＿＿＿＿＿＿＿＿＿＿＿】。

第五条　委托权限

（一）在经纪服务期限内，甲方【放弃】【保留】自己出售及委托其他机构出售房屋的权利。（注：如果勾选【放弃】，则房屋在经纪服务期限内即使不是由乙方出售，甲方仍可能须向乙方支付经纪服务费用。因此，当勾选【放弃】时，甲方应谨慎考虑，并关注本合同第八条的违约责任。）

（二）甲方【同意】【不同意】在经纪服务期限内将房屋的钥匙交乙方保管，供乙方接待意向购买人实地查看房屋时使用。

第六条　经纪服务费用

（一）乙方达到本合同第四条约定的经纪服务完成标准的，经纪服务费用【全由甲方】【全由房屋购买方】【由甲方与房屋购买方分别】支付。

（二）由甲方支付的经纪服务费用，按【房屋成交总价的＿＿％计收】【房屋成交总价分档计收，分别为：_____ 】【_____ 】。支付方式为下列第___种（注：只可选其中一种）：

1. 一次性支付，自乙方达到本合同第四条约定的经纪服务完成标准之日起___日内，支付经纪服务费用。

2. 分期支付，具体为：_____。

3. 其他方式：_____。

（三）如果因乙方过错导致房屋买卖合同无法履行的，则甲方无需向乙方支付经纪服务费用。如果甲方已支付的，则乙方应在收到甲方书面退还要求之日起10 个工作日内将经纪服务费用退还甲方。

（四）其他：_____。

乙方收到经纪服务费用后，应向甲方开具正式发票。

第七条 资料提供和退还

甲方应向乙方提供完成本合同第三条约定的经纪服务内容所需要的相关有效身份证明、不动产权属证书等资料，乙方应向甲方开具规范的收件清单，对甲方提供的资料应妥善保管并负保密义务，除法律法规另有规定外，不得提供给其他任何第三方。乙方完成经纪服务内容后，除归档留存的复印件外，其余的资料应及时退还甲方。

第八条 违约责任

（一）乙方违约责任

1. 乙方在为甲方提供经纪服务过程中应勤勉尽责，维护甲方的合法权益，如果有隐瞒、虚构信息或与他人恶意串通等损害甲方利益的，甲方有权单方解除本合同，乙方应退还甲方已支付的相关款项。如果由此给甲方造成损失的，乙方应承担赔偿责任。

2. 乙方应对经纪活动中知悉的甲方个人隐私和商业秘密予以保密，如果有不当泄露甲方个人隐私或商业秘密的，甲方有权单方解除本合同。如果由此给甲方造成损失的，乙方应承担赔偿责任。

3. 乙方遗失甲方提供的资料原件，给甲方造成损失的，乙方应依法给予甲方经济补偿。

4. 其他：_____。

（二）甲方违约责任

1. 甲方故意隐瞒影响房屋交易的重大事项，或提供虚假的房屋状况和相关资料，乙方有权单方解除本合同。如果由此给乙方造成损失的，甲方应承担赔偿责任。

2. 甲方自行与乙方引见的意向购买人签订房屋买卖合同的，应按照【本合同第六条约定的经纪服务费用标准】【_____】向乙方支付经纪服务费用。

3. 甲方放弃自己出售及委托其他机构出售房屋的权利，在本合同约定的经纪服务期限内自行或通过其他机构与第三人签订房屋买卖合同的，应按照【本合同第六条约定的经纪服务费用标准】【_____】向乙方支付经纪服务费用。

4. 其他：_____。

（三）逾期支付责任

甲方与乙方之间有付款义务而延迟履行的，应按照逾期天数乘以应付款项的万分之五计算违约金支付给对方，但违约金数额最高不超过应付款总额。

第九条 合同变更和解除

变更本合同条款的，经甲乙双方协商一致，可达成补充协议。补充协议为本合同的组成部分，与本合同具有同等效力，如果有冲突，以补充协议为准。

甲乙双方应严格履行本合同，经甲乙双方协商一致，可签署书面协议解除本合同。如果任何一方单方解除本合同，应书面通知对方。因解除本合同给对方造成损失的，除不可归责于己方的事由和本合同另有约定外，应赔偿对方损失。

第十条 争议处理

因履行本合同发生争议，甲乙双方协商解决。协商不成的，可由当地房地产经纪行业组织调解。不接受调解或调解不成的，【提交_____仲裁委员会仲裁】【依法向房屋所在地人民法院起诉】【_____】。

第十一条 合同生效

本合同一式_____份，其中甲方_____份、乙方_____份，具有同等效力。

本合同自甲乙双方签订之日起生效。

甲方（签章）：_____ 甲方代理人（签章）：_____

乙方（签章）：_____

房地产经纪人/协理（签名）：_____ 证书编号：_____

房地产经纪人/协理（签名）：_____ 证书编号：_____

联系电话：_____

签订日期： 年 月 日

附　件

1. 房屋所有权人及其代理人（有代理人的）的有效身份证明复印件。
2. 房屋的不动产权证书或房屋所有权证或其他房屋来源证明复印件。
3. 房屋所有权人出具的合法的授权委托书（代理人办理房屋出售事宜的）。
4. 公司章程、公司的权力机构审议同意出售房屋的合法书面文件（房屋属于有限责任公司、股份有限公司所有的）。
5. 房屋共有权人同意出售房屋的书面证明（房屋属于共有的）。
6. 房屋承租人放弃房屋优先购买权的书面声明、房屋租赁合同（房屋已出租的）。

二、房屋购买经纪服务合同

房屋购买委托人（甲方）：_____
【身份证号】【护照号】【营业执照注册号】【统一社会信用代码】
【＿＿＿＿＿＿＿】：_____
【住址】【住所】：_____
联系电话：_____
代理人：_____
【身份证号】【护照号】【＿＿＿＿＿】：_____
住址：_____
联系电话：_____
房地产经纪机构（乙方）：_____
【法定代表人】【执行合伙人】：_____
【营业执照注册号】【统一社会信用代码】：_____
房地产经纪机构备案证明编号：_____
住所：_____
联系电话：_____

根据《中华人民共和国民法典》《中华人民共和国城市房地产管理法》《房地产经纪管理办法》等法律法规，甲乙双方遵循自愿、公平、诚信原则，经协商，就甲方委托乙方提供房屋购买经纪服务达成如下合同条款。

第一条　房屋需求基本信息

规划用途：【住宅】【商业】【办公】【＿＿＿＿＿＿】；

所在区域：＿＿＿＿＿＿＿＿＿＿＿＿＿＿＿＿＿＿＿＿＿＿＿＿＿＿＿＿；

建筑面积：＿＿＿＿平方米至＿＿＿＿平方米；

户型：＿＿室＿＿厅＿＿厨＿＿卫；朝向：【南北通透】【不要全朝北】【不限】【＿＿＿＿＿＿＿＿＿】；

电梯：【有】【无】【不限】；

价格范围：【总价＿＿＿＿＿＿万元至＿＿＿＿＿＿万元】；

【单价＿＿＿＿＿＿元/平方米至＿＿＿＿＿＿元/平方米】；

付款方式：【全款支付】【商业贷款】【公积金贷款】【组合贷款】；

其他要求：＿＿＿＿＿＿＿＿＿＿＿＿＿＿＿＿＿＿＿＿＿＿＿＿＿＿。

甲方如果变更房屋需求信息，应及时通知乙方。

第二条　经纪服务内容

乙方为甲方提供的房屋购买经纪服务内容包括：

（一）提供相关房地产信息咨询；

（二）寻找符合甲方要求的房屋和带领甲方实地查看；

（三）协助甲方查验房屋出售人身份证明和房屋产权状况；

（四）协助甲方办理购房资格核验；

（五）协助甲方与房屋出售人签订房屋买卖合同；

（六）其他：＿＿＿＿＿＿＿＿＿＿＿＿＿＿＿＿＿＿＿＿＿＿＿＿。

第三条　服务期限和完成标准

经纪服务期限【自＿＿＿＿年＿＿＿＿月＿＿＿＿日起至＿＿＿年＿＿＿＿月＿＿＿＿日止】【自本合同签订之日起至甲方与房屋出售人签订房屋买卖合同之日止】【＿＿＿＿＿＿】。

乙方为甲方提供经纪服务的完成标准为：【在经纪服务期限内，甲方与乙方引见的房屋出售人签订房屋买卖合同】【＿＿＿＿＿＿＿＿＿＿＿＿＿＿＿＿＿】。

第四条　经纪服务费用

（一）乙方达到本合同第三条约定的经纪服务完成标准的，经纪服务费用【全由甲方】【全由房屋出售方】【由甲方和房屋出售方分别】支付。

（二）由甲方支付的经纪服务费用，按【房屋成交总价的＿＿＿＿％计收】【房屋成交总价分档计收，分别为：＿＿＿＿＿＿】【＿＿＿＿＿＿】。支付方式为下列第＿＿＿种（注：只可选其中一种）：

1. 一次性支付，自乙方达到本合同第三条约定的经纪服务完成标准之日起＿＿日内，支付经纪服务费用。

2. 分期支付，具体为：＿＿＿＿＿＿＿＿＿＿＿＿＿＿＿＿＿＿＿。

3. 其他方式：＿＿＿＿＿＿＿＿＿＿＿＿＿＿＿＿＿＿＿＿＿＿。

（三）如果因乙方过错导致房屋买卖合同无法履行的，则甲方无需向乙方支付经纪服务费用。如果甲方已支付的，则乙方应在收到甲方书面退还要求之日起10 个工作日内将经纪服务费用退还甲方。

（四）其他：＿＿＿＿＿＿＿＿＿＿＿＿＿＿＿＿＿＿＿＿＿＿。

乙方收到经纪服务费用后，应向甲方开具正式发票。

第五条　资料提供和退还

甲方应向乙方提供完成本合同第二条约定的经纪服务内容所需要的相关有效身份证明等资料，乙方应向甲方开具规范的收件清单，对甲方提供的资料应妥善保管并负保密义务，除法律法规另有规定外，不得提供给其他任何第三方。乙方完成经纪服务内容后，除归档留存的复印件外，其余的资料应及时退还甲方。

第六条　违约责任

（一）乙方违约责任

1. 乙方在为甲方提供经纪服务过程中应勤勉尽责，维护甲方的合法权益，如果有隐瞒、虚构信息或与他人恶意串通等损害甲方利益的，甲方有权单方解除本合同，乙方应退还甲方已支付的相关款项。如果由此给甲方造成损失的，乙方应承担赔偿责任。

2. 乙方应对经纪活动中知悉的甲方个人隐私和商业秘密予以保密，如果有不当泄露甲方个人隐私或商业秘密的，甲方有权单方解除本合同。如果由此给甲方造成损失的，乙方应承担赔偿责任。

3. 乙方遗失甲方提供的资料原件，给甲方造成损失的，乙方应依法给予甲方经济补偿。

4. 其他：＿＿＿＿＿＿＿＿＿＿＿＿＿＿＿＿＿＿＿＿＿＿＿＿。

（二）甲方违约责任

1. 甲方故意隐瞒影响房屋交易的重大事项，或提供虚假的证明等相关资料，乙方有权单方解除本合同。如果由此给乙方造成损失的，甲方应承担赔偿责任。

2. 甲方自行与乙方引见的房屋出售人签订房屋买卖合同的，应按照【本合同第四条约定的经纪服务费用标准】【＿＿＿＿＿】向乙方支付经纪服务费用。

3. 甲方泄露由乙方提供的房屋出售人资料，给乙方、房屋出售人造成损失的，应依法承担赔偿责任。

4. 其他：_____。

（三）逾期支付责任

甲方与乙方之间有付款义务而延迟履行的，应按照逾期天数乘以应付款项的万分之五计算违约金支付给对方，但违约金数额最高不超过应付款总额。

第七条　合同变更和解除

变更本合同条款的，经甲乙双方协商一致，可达成补充协议。补充协议为本合同的组成部分，与本合同具有同等效力，如果有冲突，以补充协议为准。

甲乙双方应严格履行本合同，经甲乙双方协商一致，可签署书面协议解除本合同。如果任何一方单方解除本合同，应书面通知对方。因解除本合同给对方造成损失的，除不可归责于己方的事由和本合同另有约定外，应赔偿对方损失。

第八条　争议处理

因履行本合同发生争议，甲乙双方协商解决。协商不成的，可由当地房地产经纪行业组织调解。不接受调解或调解不成的，【提交_____仲裁委员会仲裁】【依法向房屋所在地人民法院起诉】【_____】。

第九条　合同生效

本合同一式_____份，其中甲方_____份、乙方_____份，具有同等效力。

本合同自甲乙双方签订之日起生效。

甲方（签章）：_____　　甲方代理人（签章）：_____

乙方（签章）：_____

房地产经纪人/协理（签名）：_____　　证书编号：_____

房地产经纪人/协理（签名）：_____　　证书编号：_____

联系电话：_____

　　　　　　　　　　　　　　　　　签订日期：_____年___月___日

附　件

房屋购买人及其代理人（有代理人的）的有效身份证明复印件。

三、房屋出租经纪服务合同

房屋出租委托人（甲方）： _____

【身份证号】【护照号】【营业执照注册号】【统一社会信用代码】

【_____】：_____

【住址】【住所】：_____

联系电话：_____

代理人：_____

【身份证号】【护照号】【_____】：_____

住址：_____

联系电话：_____

房地产经纪机构（乙方）： _____

【法定代表人】【执行合伙人】：_____

【营业执照注册号】【统一社会信用代码】：_____

房地产经纪机构备案证明编号：_____

住所：_____

联系电话：_____

　　根据《中华人民共和国民法典》《中华人民共和国城市房地产管理法》《房地产经纪管理办法》等法律法规，甲乙双方遵循自愿、公平、诚信原则，经协商，就甲方委托乙方提供房屋出租经纪服务达成如下合同条款。

　　第一条　房屋基本状况

　　委托出租的房屋（以下称房屋）【不动产权证书号】【房屋所有权证号】

【_____】：_____；

　　房屋坐落：_____

　　规划用途：【住宅】【商业】【办公】【_____】；

　　房屋权利凭证记载【建筑面积】【套内建筑面积】【____】：_____平方米；

　　户型：_____室_____厅_____厨_____卫；朝向：_____；

　　所在楼层：_____层；地上总层数：_____层；电梯：【有】【无】。

　　第二条　房屋出租基本要求

　　（一）租金和押金

　　甲方要求房屋出租的挂牌租金为【____元/月（大写_____元/月）】【_____】。租金按【月】【_____】支付，押金为【____个月租金】【＿＿＿＿＿＿＿＿＿＿＿＿】。

（二）租赁期限

房屋租赁期限：【不限】【最短＿＿＿年】【最长＿＿＿年】【＿＿＿年至＿＿＿年】【＿＿＿＿＿＿＿＿＿】；房屋最早交付日期：＿＿＿年＿＿＿月＿＿＿日。

（三）出租形式

房屋出租形式：【整套出租】【按间出租】【不限】。

房屋用于居住的，居住人数最多不得超过＿＿＿人。

（四）其他要求：＿＿＿＿＿＿＿＿＿＿＿＿＿＿＿＿＿＿＿。

甲方如果变更房屋出租要求信息，应及时通知乙方。

第三条　经纪服务内容

乙方为甲方提供的房屋出租经纪服务内容包括：

（一）提供相关房地产信息咨询；

（二）编制房屋状况说明书；

（三）发布房屋的房源信息，寻找意向承租人；

（四）接待意向承租人咨询和实地查看房屋；

（五）协助甲方与房屋承租人签订房屋租赁合同；

（六）协助甲方与房屋承租人交接房屋；

（七）其他：＿＿＿＿＿＿＿＿＿＿＿＿＿＿＿＿＿＿。

第四条　服务期限和完成标准

经纪服务期限【自＿＿＿年＿＿＿月＿＿＿日起至＿＿＿年＿＿＿月＿＿＿日止】【自本合同签订之日起至甲方与房屋承租人签订房屋租赁合同之日止】【＿＿＿＿】。

乙方为甲方提供经纪服务的完成标准为：【在经纪服务期限内，甲方与乙方引见的房屋承租人签订房屋租赁合同】【＿＿＿＿＿＿＿＿＿＿＿＿＿】。

第五条　委托权限

（一）在经纪服务期限内，甲方【放弃】【保留】自己出租及委托其他机构出租房屋的权利。（注：如果勾选【放弃】，则房屋在经纪服务期限内即使不是由乙方出租，甲方仍可能须向乙方支付经纪服务费用。因此，当勾选【放弃】时，甲方应谨慎考虑，并关注本合同第八条的违约责任。）

（二）甲方【同意】【不同意】在经纪服务期限内将房屋的钥匙交乙方保管，供乙方接待意向承租人实地查看房屋时使用。

第六条　经纪服务费用

（一）乙方达到本合同第四条约定的经纪服务完成标准的，经纪服务费用【全由甲方】【全由房屋承租方】【由甲方和房屋承租方分别】支付。

（二）由甲方支付的经纪服务费用，标准为【＿＿个月租金】【＿＿＿＿＿】。支付方式为下列第＿＿＿＿种（注：只可选其中一种）：

1. 自【乙方达到本合同第四条约定的经纪服务完成标准之日起＿＿＿＿＿日内】【甲方与房屋承租人完成房屋交接手续之日起＿＿＿＿＿日内】，一次性支付经纪服务费用。

2. 其他方式：＿＿＿＿＿＿＿＿＿＿＿＿＿＿＿＿＿＿＿＿＿＿＿＿＿。

（三）如果因乙方过错导致房屋租赁合同无法履行的，则甲方无需向乙方支付经纪服务费用。如果甲方已支付的，则乙方应在收到甲方书面退还要求之日起10 个工作日内将经纪服务费用退还甲方。

（四）其他：＿＿＿＿＿＿＿＿＿＿＿＿＿＿＿＿＿＿＿＿＿＿＿＿＿。

乙方收到经纪服务费用后，应向甲方开具正式发票。

第七条　资料提供和退还

甲方应向乙方提供完成本合同第三条约定的经纪服务内容所需要的相关有效身份证明、不动产权属证书等资料，乙方应向甲方开具规范的收件清单，对甲方提供的资料应妥善保管并负保密义务，除法律法规另有规定外，不得提供给其他任何第三方。乙方完成经纪服务内容后，除归档留存的复印件外，其余的资料应及时退还甲方。

第八条　违约责任

（一）乙方违约责任

1. 乙方在为甲方提供经纪服务过程中应勤勉尽责，维护甲方的合法权益，如果有隐瞒、虚构信息或与他人恶意串通等损害甲方利益的，甲方有权单方解除本合同，乙方应退还甲方已支付的相关款项。如果由此给甲方造成损失的，乙方应承担赔偿责任。

2. 乙方应对经纪活动中知悉的甲方个人隐私和商业秘密予以保密，如果有不当泄露甲方个人隐私或商业秘密的，甲方有权单方解除本合同。如果由此给甲方造成损失的，乙方应承担赔偿责任。

3. 乙方遗失甲方提供的资料原件，给甲方造成损失的，乙方应依法给予甲方经济补偿。

4. 其他：＿＿＿＿＿＿＿＿＿＿＿＿＿＿＿＿＿＿＿＿＿＿＿＿＿。

（二）甲方违约责任

1. 甲方故意隐瞒影响房屋交易的重大事项，或提供虚假的房屋状况和相关资料，乙方有权单方解除本合同。如果由此给乙方造成损失的，甲方应承担赔偿责任。

2. 甲方自行与乙方引见的意向承租人签订房屋租赁合同的，应按照【本合同第六条约定的经纪服务费用标准】【＿＿＿＿＿＿＿＿】向乙方支付经纪服务费用。

3. 甲方放弃自己出租及委托其他机构出租房屋的权利，在本合同约定的经纪服务期限内自行或通过其他机构与第三人签订房屋租赁合同的，应按照【本合同第六条约定的经纪服务费用标准】【＿＿＿＿＿＿＿＿】向乙方支付经纪服务费用。

4. 其他：＿＿＿＿＿＿＿＿＿＿＿＿＿＿＿＿＿＿＿＿＿＿＿＿＿＿＿。

（三）逾期支付责任

甲方与乙方之间有付款义务而延迟履行的，应按照逾期天数乘以应付款项的万分之五计算违约金支付给对方，但违约金数额最高不超过应付款总额。

第九条 合同变更和解除

变更本合同条款的，经甲乙双方协商一致，可达成补充协议。补充协议为本合同的组成部分，与本合同具有同等效力，如果有冲突，以补充协议为准。

甲乙双方应严格履行本合同，经甲乙双方协商一致，可签署书面协议解除本合同。如果任何一方单方解除本合同，应书面通知对方。因解除本合同给对方造成损失的，除不可归责于己方的事由和本合同另有约定外，应赔偿对方损失。

第十条 争议处理

因履行本合同发生争议，甲乙双方协商解决。协商不成的，可由当地房地产经纪行业组织调解。不接受调解或调解不成的，【提交＿＿＿＿＿＿仲裁委员会仲裁】【依法向房屋所在地人民法院起诉】【＿＿＿＿＿＿＿＿＿＿＿＿＿＿＿＿＿＿＿】。

第十一条 合同生效

本合同一式＿＿＿＿＿份，其中甲方＿＿＿＿＿份、乙方＿＿＿＿＿份，具有同等效力。

本合同自甲乙双方签订之日起生效。

甲方（签章）：＿＿＿＿＿＿＿＿　　甲方代理人（签章）：＿＿＿＿＿＿＿

乙方（签章）：＿＿＿＿＿＿＿＿

房地产经纪人/协理（签名）：＿＿＿＿＿＿　　证书编号：＿＿＿＿＿＿

房地产经纪人/协理（签名）：＿＿＿＿＿＿　　证书编号：＿＿＿＿＿＿

联系电话：＿＿＿＿＿＿＿＿＿

签订日期：＿＿＿＿年＿＿月＿＿日

附　件

1. 房屋所有权人及其代理人（有代理人的）的有效身份证明复印件。
2. 房屋的不动产权证书或房屋所有权证或其他房屋来源证明复印件。
3. 房屋所有权人出具的合法的授权委托书（代理人办理房屋出租事宜的）。
4. 房屋共有权人同意出租房屋的书面证明（房屋属于共有的）。
5. 房屋所有权人同意转租房屋的证明（房屋转租的）。

四、房屋承租经纪服务合同

房屋承租委托人（甲方）： _____

【身份证号】【护照号】【营业执照注册号】【统一社会信用代码】

【_____】：_____

【住址】【住所】：_____

联系电话：_____

代理人：_____

【身份证号】【护照号】【_____】：_____

住址：_____

联系电话：_____

房地产经纪机构（乙方）： _____

【法定代表人】【执行合伙人】：_____

【营业执照注册号】【统一社会信用代码】：_____

房地产经纪机构备案证明编号：_____

住所：_____

联系电话：_____

根据《中华人民共和国民法典》《中华人民共和国城市房地产管理法》《房地产经纪管理办法》等法律法规，甲乙双方遵循自愿、公平、诚信原则，经协商，就甲方委托乙方提供房屋承租经纪服务达成如下合同条款。

第一条　房屋需求基本信息

规划用途：【住宅】【商业】【办公】【_____】；

所在区域：_____

建筑面积：_____平方米至_____平方米；

户型：_____室_____厅_____厨_____卫；

朝向：【南北通透】【不要全朝北】【不限】【_____】；

电梯：【有】【无】【不限】；

租金范围：【_____元/月至_____元/月】【_____】；

租赁期限：【____年】【_____】；最晚入住日期：_____年_____月_____日；

承租形式：【整套承租】【合租】【不限】；

其他要求：_____。

甲方如果变更房屋需求信息，应及时通知乙方。

第二条　经纪服务内容

乙方为甲方提供的房屋承租经纪服务内容包括：

（一）提供相关房地产信息咨询；

（二）寻找符合甲方要求的房屋和带领甲方实地查看；

（三）协助甲方与房屋出租人签订房屋租赁合同；

（四）协助甲方与房屋出租人交接房屋；

（五）其他：_____。

第三条　服务期限和完成标准

经纪服务期限【自_____年_____月_____日起至_____年_____月_____日止】【自本合同签订之日起至甲方与房屋出租人签订房屋租赁合同之日止】【_____】。

乙方为甲方提供经纪服务的完成标准为：【在经纪服务期限内，甲方与乙方引见的房屋出租人签订房屋租赁合同】【_____】。

第四条　经纪服务费用

（一）乙方达到本合同第三条约定的经纪服务完成标准的，经纪服务费用【全由甲方】【全由房屋出租方】【由甲方和房屋出租方分别】支付。

（二）由甲方支付的经纪服务费用，标准为【_____个月租金】【_____】。支付方式为下列第_____种（注：只可选其中一种）：

1. 自【乙方达到本合同第三条约定的经纪服务完成标准之日起_____日内】【甲方与房屋出租人完成房屋交接手续之日起_____日内】，一次性支付经纪服务费用。

2. 其他方式：_____。

（三）如果因乙方过错导致房屋租赁合同无法履行的，则甲方无需向乙方支付经纪服务费用。如果甲方已支付的，则乙方应在收到甲方书面退还要求之日起10 个工作日内将经纪服务费用退还甲方。

（四）其他：_____。

乙方收到服务费用后，应向甲方开具正式发票。

第五条　资料提供和退还

甲方应向乙方提供完成本合同第二条约定的经纪服务内容所需要的相关有效身份证明等资料，乙方应向甲方开具规范的收件清单，对甲方提供的资料应妥善保管并负保密义务，除法律法规另有规定外，不得提供给其他任何第三方。乙方完成经纪服务内容后，除归档留存的复印件外，其余的资料应及时退还甲方。

第六条　违约责任

（一）乙方违约责任

1. 乙方在为甲方提供经纪服务过程中应勤勉尽责，维护甲方的合法权益，如果有隐瞒、虚构信息或与他人恶意串通等损害甲方利益的，甲方有权单方解除本合同，乙方应退还甲方已支付的相关款项。如果由此给甲方造成损失的，乙方应承担赔偿责任。

2. 乙方应对经纪活动中知悉的甲方个人隐私和商业秘密予以保密，如果有不当泄露甲方个人隐私或商业秘密的，甲方有权单方解除本合同。如果由此给甲方造成损失的，乙方应承担赔偿责任。

3. 乙方遗失甲方提供的资料原件，给甲方造成损失的，乙方应依法给予甲方经济补偿。

4. 其他：_____。

（二）甲方违约责任

1. 甲方故意隐瞒影响房屋交易的重大事项，或提供虚假的证明等相关资料，乙方有权单方解除本合同。如果由此给乙方造成损失的，甲方应承担赔偿责任。

2. 甲方自行与乙方引见的房屋出租人签订房屋租赁合同的，应按照【本合同第四条约定的经纪服务费用标准】【_____】向乙方支付经纪服务费用。

3. 甲方泄露由乙方提供的房屋出租人资料，给乙方、房屋出租人造成损失的，应依法承担赔偿责任。

4. 其他：_____。

（三）逾期支付责任

甲方与乙方之间有付款义务而延迟履行的，应按照逾期天数乘以应付款项的万分之五计算违约金支付给对方，但违约金数额最高不超过应付款总额。

第七条 合同变更和解除

变更本合同条款的，经甲乙双方协商一致，可达成补充协议。补充协议为本合同的组成部分，与本合同具有同等效力，如果有冲突，以补充协议为准。

甲乙双方应严格履行本合同，经甲乙双方协商一致，可签署书面协议解除本合同。如果任何一方单方解除本合同，应书面通知对方。因解除本合同给对方造成损失的，除不可归责于己方的事由和本合同另有约定外，应赔偿对方损失。

第八条 争议处理

因履行本合同发生争议，甲乙双方协商解决。协商不成的，可由当地房地产经纪行业组织调解。不接受调解或调解不成的，【提交_____仲裁委员会仲裁】【依法向房屋所在地人民法院起诉】【____】。

第九条 合同生效

本合同一式_____份，其中甲方_____份、乙方_____份，具有同等效力。

本合同自甲乙双方签订之日起生效。

甲方（签章）：_____ 甲方代理人（签章）：_____

乙方（签章）：_____

房地产经纪人/协理（签名）：_____ 证书编号：_____

房地产经纪人/协理（签名）：_____ 证书编号：_____

联系电话：_____

签订日期： 年 月 日

附 件

房屋承租人及其代理人（有代理人的）的有效身份证明复印件。

附录四

常见土地、 房屋各类权属证书式样

1. 国有土地使用证（图1）

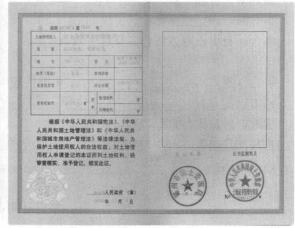

图1　国有土地使用证

2. 房屋所有权证（图 2、图 3）

中华人民共和国住房和城乡建设部监制
建房注册号：□□□□□

根据《中华人民共和国物权法》，房屋所有权证书是权利人享有房屋所有权的证明。

样 本

登记机构（盖章）：

房权证	字第		号
房屋所有权人			
共有情况			
房屋坐落			
登记时间			
房屋性质			
规划用途			

房屋状况	总层数	建筑面积 (m²)	套内建筑面积 (m²)	其 他

土地状况	地号	土地使用权取得方式		土地使用年限
				至止

图 2 房屋所有权证（一）

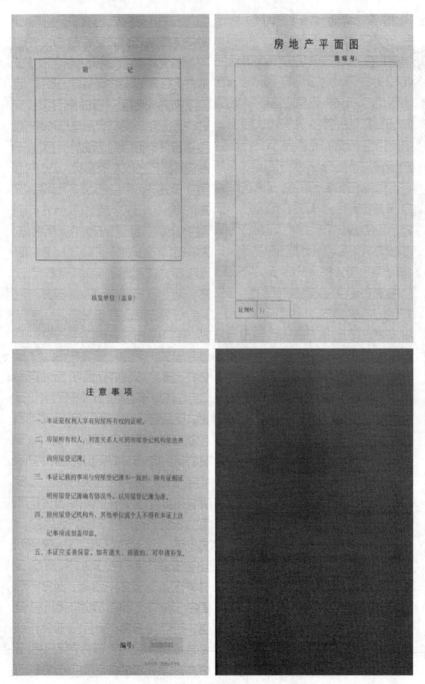

图3　房屋所有权证（二）

3. 房屋他项权证（图4、图5）

中华人民共和国住房和城乡建设部监制

建房注册号：　00000

根据《中华人民共和国物权法》，房屋他项权证书是权利人享有房屋他项权利的证明。

样　本

登记机构（盖章）：

房他证　　字第　　号	
房屋他项权利人	
房屋所有权人	
房屋所有权证号	
房屋坐落	
他项权利种类	
债权数额	
登记时间	

图4　房屋他项权证（一）

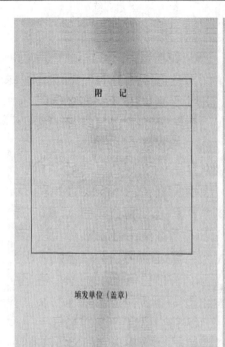

注 意 事 项

一、本证是权利人享有房屋他项权利的证明。

二、房屋他项权利人、利害关系人可到房屋登记
　　机构依法查询房屋登记簿。

三、本证记载的事项与房屋登记簿不一致的，除
　　有证据证明房屋登记簿确有错误外，以房屋
　　登记簿为准。

四、除房屋登记机构外，其他单位或个人不得在
　　本证上注记事项或加盖印章。

五、本证应妥善保管，如有遗失、损毁的，可申
　　请补发。

附　记

填发单位（盖章）

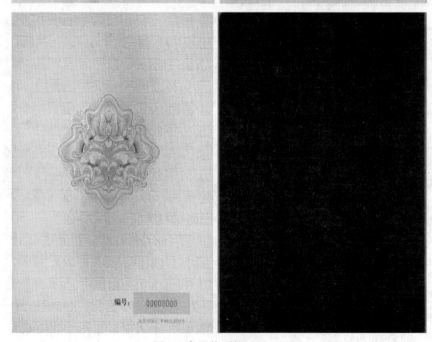

编号：　00000000

图 5　房屋他项权证（二）

4. 房屋预告登记证明（图6、图7）

根据《中华人民共和国物权法》，房屋预告登记证明是房屋预告登记当事人已进行房屋预告登记的证明。

样 本

登记机构（盖章）：

房预	字第	号
预告登记权利人		
预告登记义务人		
房屋坐落		
预告登记业务种类		
登记时间		

图6 房屋预告登记证明（一）

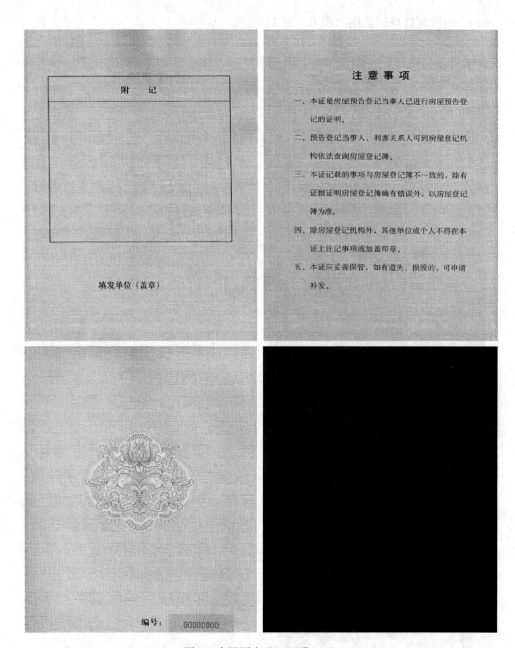

图 7　房屋预告登记证明（二）

5. 在建工程抵押登记证明（图 8、图 9）

中华人民共和国住房和城乡建设部监制

建房注册号： 00000

根据《中华人民共和国物权法》，在建工程抵押登记证明是权利人已进行在建工程抵押登记的证明。

样 本

登记机构（盖章）：

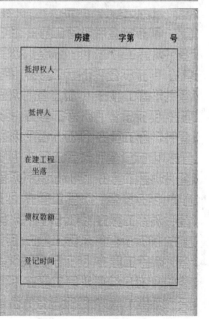

房建　　　字第　　　号	
抵押权人	
抵押人	
在建工程坐落	
债权数额	
登记时间	

图 8　在建工程抵押登记证明（一）

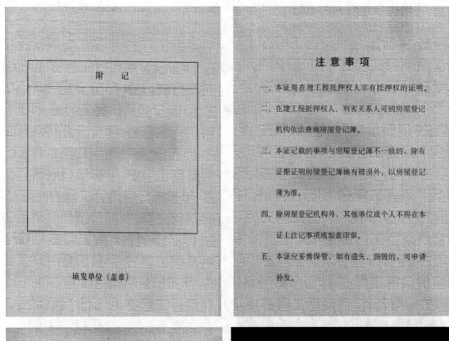

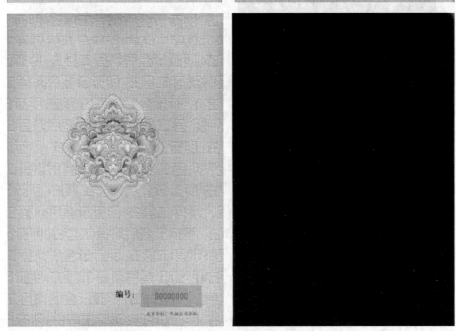

图 9　在建工程抵押登记证明（二）

例题参考答案

【例题 1-1】 参考答案：B

【例题 1-2】 参考答案：A

【例题 1-3】 参考答案：A

【例题 1-4】 参考答案：B

【例题 1-5】 参考答案：A

【例题 2-1】 参考答案：C

【例题 2-2】 参考答案：D

【例题 2-3】 参考答案：D

【例题 2-4】 参考答案：A

【例题 2-5】 参考答案：D

【例题 2-6】 参考答案：A

【例题 2-7】 参考答案：A

【例题 3-1】 参考答案：D

【例题 3-2】 参考答案：ABE

【例题 3-3】 参考答案：C

【例题 3-4】 参考答案：ACD

【例题 4-1】 参考答案：AC

【例题 4-2】 参考答案：ABC

【例题 4-3】 参考答案：B

【例题 4-4】 参考答案：ADE

【例题 4-5】 参考答案：C

【例题 4-6】 参考答案：C

【例题 5-1】 参考答案：D

【例题 5-2】 参考答案：A

【例题 5-3】 参考答案：A

【例题 5-4】 参考答案：B

【例题 5-5】 参考答案：D

【例题 5-6】参考答案：C

【例题 5-7】参考答案：C

【例题 5-8】参考答案：C

【例题 6-1】参考答案：B

【例题 6-2】参考答案：A

【例题 6-3】参考答案：A

【例题 7-1】参考答案：D

【例题 7-2】参考答案：B

【例题 7-3】参考答案：ABC

【例题 8-1】参考答案：D

【例题 8-2】参考答案：D

【例题 8-3】参考答案：A

【例题 8-4】参考答案：ABDE

【例题 8-5】参考答案：ABC

【例题 8-6】参考答案：D

【例题 8-7】参考答案：C

【例题 8-8】参考答案：ADE

【例题 9-1】参考答案：C

【例题 9-2】参考答案：C

【例题 9-3】参考答案：A

【例题 9-4】参考答案：A

【例题 9-5】参考答案：C

后 记

根据中国房地产估价师与房地产经纪人学会的总体安排，2023 年下半年，对全国房地产经纪人协理职业资格考试用书《房地产经纪操作实务（第四版）》进行修编。本次修编的总体思路是依据最新的法律法规，对书中不相适应的内容进行修改，并结合房地产经纪业务发展实践，对与实践不相一致以及新兴起的一些服务方式及内容进行了修订和补充。总体上，《房地产经纪操作实务（第五版）》主要做了以下几个方面的修编。

第一，根据有关规定，将原代办不动产登记从延伸服务调整为基本服务内容，改为协助办理不动产登记，并将代办抵押登记扩充为单独一章，对代办各类抵押贷款的要求和流程进行了细化。

第二，与实践相结合，在第四章、第五章、第九章中增加了线上看房、线上签约、网络礼仪等方面的内容。

第三，对全书内容进行了通读、修正。结合业务实践及各地房地产相关政策变化，对相关业务流程、操作要点进行了更新和完善，对书中表述不规范及错误的用语用词进行了修改。

本次修编主要由中国房地产估价师与房地产经纪人学会的王霞副秘书长，沈阳工程学院的黄英教授、同济大学的曹伊清教授、沈阳工程学院的郑帅老师、大连华商基业管理咨询有限公司的陈俊英老师等共同完成，在此谨向她们表示衷心的感谢！

尽管本书已经过四次修订，但限于编者水平，难免仍存在错误和疏漏之处，恳请广大读者指出不足、提出修改意见建议，以便下次修编继续完善。

编者
2023 年 10 月